授業の理解から入試対策まで

よくわかる
数学Ⅱ
問題集

山下　元　　早稲田大学名誉教授
津田　栄　　国学院高等学校校長
我妻健人　　攻玉社中学校・高等学校教諭
田村　淳　　中央大学附属中学校・高等学校教諭
江川博康　　一橋学院・中央ゼミ講師

本書の使い方

本書の特色

1 数学Ⅱの重要な問題をもれなく収録
本書は, 平成24年度からの学習指導要領に対応した, 数学Ⅱで必要とされる重要な問題を精選してとりあげました。数学Ⅱの実力養成には本書1冊で十分です。

2 2色刷りでわかりやすい
本誌, 別冊ともポイントがわかりやすい2色刷りです。
別冊の解答・解説では, 解答に関連した重要な公式や考え方を POINT としてまとめました。

3 「実戦問題」で試験対策も安心
「実戦問題」で試験対策も安心です。
各節の最後には, 中間試験・期末試験に出やすい問題を100点満点のテスト形式で掲載してあります。試験前にやっておけば安心して試験に臨めます。

本書の効果的な使い方

1 「これだけはおさえよう」で要点はバッチリ
各節の冒頭に重要な事項・用語をまとめてあります。しっかり覚えましょう。

2 レベル表示を利用して, 効率的に学習しよう
問題は基本と応用の2レベルに分かれています。まず基本問題を学習し, そのあと応用問題にとりかかりましょう。

3 中間試験, 期末試験の直前には「実戦問題」をやろう
中間試験・期末試験の出題範囲がわかったら, その範囲の「実戦問題」で腕試しをしてみましょう。

4 参考書とセットでより効果的な活用を
本書は参考書『よくわかる 数学Ⅱ・B』の姉妹編として作成してあります。本書を単独で使っても十分効果的な学習ができることはいうまでもありませんが, 参考書の学習とあわせて活用すると, さらに効果的な学習をすることができます。

CONTENTS もくじ

本書の使い方 ……………… 2

第1章　いろいろな式
第1節　式と証明 …………………………………………………… 4
　実戦問題① ……………………………………………………… 18
第2節　複素数と方程式 …………………………………………… 20
　実戦問題② ……………………………………………………… 32

第2章　図形と方程式
第1節　点と直線 …………………………………………………… 34
　実戦問題① ……………………………………………………… 42
第2節　円 …………………………………………………………… 44
　実戦問題② ……………………………………………………… 50
第3節　軌跡と領域 ………………………………………………… 52
　実戦問題③ ……………………………………………………… 60

第3章　三角関数
第1節　三角関数 …………………………………………………… 62
　実戦問題① ……………………………………………………… 70
第2節　加法定理 …………………………………………………… 72
　実戦問題② ……………………………………………………… 82

第4章　指数関数・対数関数
第1節　指数関数 …………………………………………………… 84
　実戦問題① ……………………………………………………… 90
第2節　対数関数 …………………………………………………… 92
　実戦問題② ……………………………………………………… 100

第5章　微分法・積分法
第1節　微分法 ……………………………………………………… 102
　実戦問題① ……………………………………………………… 117
第2節　積分法 ……………………………………………………… 119
　実戦問題② ……………………………………………………… 130

三角関数表 ………………………………………………………… 132

第1章 いろいろな式

第1節 式と証明

これだけはおさえよう

1 3次式の展開公式
① $(a+b)^3 = a^3 + 3a^2b + 3ab^2 + b^3$
② $(a-b)^3 = a^3 - 3a^2b + 3ab^2 - b^3$ ㋐
③ $(a+b)(a^2-ab+b^2) = a^3 + b^3$
④ $(a-b)(a^2+ab+b^2) = a^3 - b^3$ ㋐

㋐ ②, ④は①, ③で b の代わりに $-b$ とおくと得られる。

2 3次式の因数分解の公式
① $a^3 + b^3 = (a+b)(a^2-ab+b^2)$
② $a^3 - b^3 = (a-b)(a^2+ab+b^2)$ ㋑

㋑ ②は①で b の代わりに $-b$ とおくと得られる。

3 二項定理
$(a+b)^n = {}_nC_0 a^n + {}_nC_1 a^{n-1}b + {}_nC_2 a^{n-2}b^2 + \cdots$
$\cdots + {}_nC_r a^{n-r}b^r + \cdots + {}_nC_n b^n$

ここで,係数 ${}_nC_r$ ㋒ を **二項係数** という。

㋒ ${}_nC_0 = 1$
${}_nC_r = \dfrac{n(n-1)(n-2)\cdots\cdots(n-r+1)}{r!}$
$= \dfrac{n!}{(n-r)!\cdot r!}$

4 二項係数の関係
二項係数の間には次のような関係が成り立つ。
① ${}_nC_r = {}_nC_{n-r}$ ㋓ $(0 \leq r \leq n)$
② ${}_nC_r = {}_{n-1}C_{r-1} + {}_{n-1}C_r$ ㋔ $(1 \leq r \leq n-1)$

㋓ ①を用いると,例えば
${}_{10}C_8 = {}_{10}C_2 = \dfrac{10 \cdot 9}{2 \cdot 1} = 45$
となり,簡単に計算できる。

㋔ ②を用いると,5 パスカルの三角形ができる。

5 パスカルの三角形
$n = 1, 2, 3, \cdots$ のとき, $(a+b)^n$ の展開式の係数は ㋕ 右図のような左右対称な三角形を作る。これを **パスカルの三角形** という。

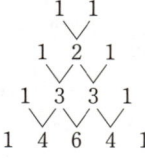

① 各行の両端の数は 1 である。
② 2 行目以降の両端以外の数は,左上と右上の 2 数の和に等しい。

㋕ それぞれの数字は下の式の各係数を表している。
$(a+b)^1 = a+b$
$(a+b)^2 = a^2 + 2ab + b^2$
$(a+b)^3 = a^3 + 3a^2b + 3ab^2 + b^3$
$(a+b)^4 = a^4 + 4a^3b + 6a^2b^2 + 4ab^3 + b^4$

6 多項定理
$(a+b+c)^n$ の展開式の一般項は
$\dfrac{n!}{p!q!r!} a^p b^q c^r \quad (p+q+r=n)$

7 整式の除法

x の整式 A を x の整式 B で割ったとき㋖の商を Q、余りを R とすると

$$A = BQ + R \quad (R \text{ の次数}) < (B \text{ の次数})$$

これを、**除法の原理**という。

A が B で割り切れるのは、$R = 0$ のときである。

8 分数式の計算㋗

① $\dfrac{A}{B} \times \dfrac{C}{D} = \dfrac{AC}{BD}$, $\dfrac{A}{B} \div \dfrac{C}{D} = \dfrac{A}{B} \times \dfrac{D}{C} = \dfrac{AD}{BC}$

② $\dfrac{A}{C} + \dfrac{B}{C} = \dfrac{A+B}{C}$, $\dfrac{A}{C} - \dfrac{B}{C} = \dfrac{A-B}{C}$

9 恒等式㋘の係数の求め方

① **係数比較法**㋙

両辺の同じ次数の文字の係数を比べる。
$ax^2 + bx + c = px^2 + qx + r$ ならば
$\quad a = p, \ b = q, \ c = r$
特に $ax^2 + bx + c = 0$ ならば $\quad a = b = c = 0$

② **数値代入法**

n 次の整式の場合、$(n+1)$ 個の適当な数値を代入して係数を求める。

10 等式の証明方法

① 一方の辺の式を変形して、㋛他方の辺の式を導く。
② 左辺と右辺を別々に変形して、㋜同じ式を導く。
③ (左辺) − (右辺) = 0 を示す。

このとき条件式が与えられれば、その条件式を1つの文字について解いて、式に代入㋝する。また、条件式が比例式のときは、(比例式) = k ㋞とおく。

11 不等式の証明方法

① $A - B \geqq 0$ を示す。
- $A - B$ を積の形にし、それぞれの正・負の符号を調べる。
- (実数)$^2 \geqq 0$ が利用できる形㋟に変形する。

② **(相加平均) ≧ (相乗平均)** の関係㋠を使う。

③ $A > 0, \ B > 0$ のとき
$\quad A \geqq B \iff A^2 \geqq B^2$ を利用する。

㋖ 整式の除法の計算

1つの文字について降べきの順に整理して、たて書きの計算をする。

$$\begin{array}{r} 3x-3 \\ x+1 \overline{)\ 3x^2 -1} \\ \underline{3x^2 + 3x } \\ -3x - 1 \\ \underline{-3x - 3} \\ 2 \end{array}$$

このとき
$3x^2 - 1 = (x+1)(3x-3) + 2$
が成り立つ。

㋗ 分数式の乗法・除法や加法・減法の結果は、できるだけ約分して既約分数式で表す。

㋘ 等式に含まれている文字に、どんな数値を代入しても成り立つ等式を、その文字についての恒等式という。恒等式は、整式の乗法公式や因数分解の公式のような式の変形で導かれる。

㋙ $ax^2 + bx + c = px^2 + qx + r$

㋛ 複雑な形をしているほうの辺の式を変形する。

㋜ 両辺がともに複雑な形をしているときは、左辺と右辺を別々に変形する。

㋝ 式の中の文字を減らす方針で。

㋞ 例えば、条件式を
$\dfrac{b}{a} = \dfrac{d}{c} = k$
とおくと $\quad b = ak, \ d = ck$
これを式に代入する。

㋟ $A - B$ を、(実数)^2、(実数)^2 + (実数)^2、(実数)^2 + (正の数) の形のいずれかに変形する。

㋠ $a > 0, \ b > 0$ のとき
$$\dfrac{a+b}{2} \geqq \sqrt{ab}$$
等号が成り立つのは、$a = b$ のときである。

3 次式の展開と因数分解

1 基本 次の式を展開せよ。
(1) $(2x+y)^3$
(2) $(x-2)^3$
(3) $(x+2y)(x^2-2xy+4y^2)$
(4) $(x-2)(x^2+2x+4)$

2 基本 次の式を展開せよ。
(1) $(x-2)^3(x+2)^3$
(2) $(x+y)(x-y)(x^2+xy+y^2)(x^2-xy+y^2)$
(3) $(x-1)(x^2+x+1)(x^6+x^3+1)$

重要例題 1 因数分解

次の式を因数分解せよ。
(1) x^4-8x
(2) x^6-1

考え方 (1) まず共通因数 x をくくり出す。
(2) まず, x^3 をかたまりと考える。

解答 (1) $x^4-8x \underset{㋐}{=} x(x^3-2^3) \underset{㋑}{}$
$\qquad = x(x-2)(x^2+2x+4)$ ……**答**

(2) $x^6-1 = (x^3)^2-1^2 \underset{㋒}{}$
$\qquad = (x^3+1)(x^3-1)$
$\qquad = (x+1)(x^2-x+1)(x-1)(x^2+x+1) \underset{㋓}{}$ ……**答**

アドバイス
㋐ x が共通因数
㋑ a^3-b^3
$= (a-b)(a^2+ab+b^2)$
を用いる。
㋒ $a^2-1=(a+1)(a-1)$
を用いる。
㋓ a^3+b^3
$= (a+b)(a^2-ab+b^2)$
a^3-b^3
$= (a-b)(a^2+ab+b^2)$
を用いた。

---

3 基本 次の式を因数分解せよ。
(1) x^3-64
(2) $8x^3+y^3$
(3) x^4-x
(4) x^3-3x^2+3x-1
(5) x^6-y^6

ヒント
1 展開公式を利用。
2 展開の順番, 組合せなどを工夫する。
3 因数分解の公式を用いる形に変形する。

二項定理の基本

解答・解説は別冊 p.2

4 基本 次の式の展開式を，二項定理を使って求めよ。
(1) $(x+2)^5$ (2) $(x-1)^4$

重要例題 2 パスカルの三角形と二項係数

パスカルの三角形をかいて，$(x+1)^4$ の展開式を求めよ。

考え方 パスカルの三角形を右の要領で作り，各項の係数だけを求める。

上から順に足し算を繰り返す

解答 パスカルの三角形を4行目までかくと，右のようになる。
よって
$(x+1)^4 = x^4+4x^3+6x^2+4x+1$ ……**答**

```
1 1
1 2 1
1 3 3 1
1 4 6 4 1
```

アドバイス

```
1 3 3 1
① 4 6 4 ①
```

右上と左上の2数の和を求め，両端に1を書き加える。

---

5 基本 パスカルの三角形をかいて，次の式の展開式を求めよ。
(1) $(a+b)^6$
(2) $(a-b)^5$
(3) $(2x-1)^4$

ヒント 4 二項定理を用いて，まず $_nC_r$ を含む式で表す。
5 パスカルの三角形を6段まで作る。

二項定理の応用

6 基本 次の式の展開式において，[ ]内に指定された項の係数を求めよ。
(1) $(3x-2)^6$ $[x^3]$
(2) $(2x+3y)^5$ $[x^2y^3]$

重要例題3 多項定理

$(2a+b+c)^6$ の展開式における a^2b^3c の係数を求めよ。

考え方 $(2a+b+c)^6=\{2a+(b+c)\}^6$ とみて二項定理を用いる。すると一般項は ${}_6C_r(2a)^{6-r}\cdot(b+c)^r$ になる。ここで r の値を決めたあとで $(b+c)^r$ について再び二項定理を用いる。

解答 $(2a+b+c)^6=\{2a+(b+c)\}^6$ の展開式の一般項は
$$\quad {}_6C_r(2a)^{6-r}\cdot(b+c)^r \quad \cdots\cdots ①$$
だから，a^2b^3c が生じるためには $\quad 6-r=2$
よって $\quad r=4$
このとき，①は $\quad {}_6C_4(2a)^2\cdot(b+c)^4$
$(b+c)^4$ の展開式の一般項は
$$\quad {}_4C_s b^{4-s}\cdot c^s \quad \cdots\cdots ②$$
ここで，b^3c が生じるためには $\quad 4-s=3, \ s=1$
このとき，②は $\quad {}_4C_1 b^3c=4b^3c$
よって，①から $\quad {}_6C_4(2a)^2\cdot 4b^3c=240a^3b^3c$
したがって，a^2b^3c の係数は ㋐ **240** ……答

> **アドバイス**
> ㋐ 多項定理から
> $$\frac{6!}{2!3!1!}(2a)^2\cdot b^3\cdot c^1$$
> $$=\frac{6\cdot5\cdot4\cdot3\cdot2\cdot1}{2\cdot1\cdot3\cdot2\cdot1}\cdot 4a^2b^3c$$
> $$=240a^2b^3c$$
> よって，a^2b^3c の係数は 240 としてもよい。

---

7 基本 $(a-b+2c)^5$ の展開式における a^2b^2c の係数を求めよ。

8 基本 $(1+x)^n$ の展開式を用いて，次の等式を証明せよ。
(1) $2^n={}_nC_0+{}_nC_1+{}_nC_2+\cdots+{}_nC_n$
(2) ${}_nC_0-{}_nC_1+{}_nC_2-\cdots+(-1)^n{}_nC_n=0$

> **ヒント** 6 二項展開したときのどの項にあたるかを考える。
> 7 $\{(a-b)+2c\}^5$ と考えるか，多項定理を用いる。
> 8 $(1+x)^n$ を二項展開し，$x=1$，$x=-1$ を代入する。

整式の除法

解答・解説は別冊 p.3

9 基本 次の計算をして，商と余りを求めよ。
(1) $(2x^3-4x+1)\div(x-2)$
(2) $(3x^3-11x^2+7x-1)\div(x^2-3x+1)$
(3) $(6x^3+7x^2-10x+5)\div(2x^2+3x-4)$
(4) $(x^3+3x^2y-2xy^2-16y^3)\div(x-2y)$

重要例題 4 　**商・余りの関係**

(1) 整式 A を整式 B で割ったときの商を Q，余りを R とするとき，A は B, Q, R のどのような式で表されるか。

(2) x の整式 A を $2x^2-3x+1$ で割ったら，商が $4x-3$ で，余りが $3x+7$ になった。このとき，整式 A を求めよ。

考え方 (1) $A\div B$ は右のようになり，$R=A-BQ$ である。
このとき，R の次数は B の次数より低いことに注意する。
(2) (1)で求めた A, B, Q, R の関係式に，それぞれの式を代入する。

$$\begin{array}{r} Q \\ B\overline{)A} \\ BQ \\ \hline R \leftarrow A-BQ \end{array}$$

解答 (1) $A=BQ+R$ 　（R の次数）＜（B の次数） ……**答**
(2) (1)から㋐
$A=(2x^2-3x+1)(4x-3)+3x+7$
$=(8x^3-18x^2+13x-3)+3x+7$
$=8x^3-18x^2+16x+4$ ……**答**

アドバイス
㋐ (1)で求めた式に
$B=2x^2-3x+1$
$Q=4x-3$
$R=3x+7$
を代入する。

---

10 応用 x の整式 A を x^2+x+1 で割ったら，商が $x-1$ で，余りが $2x+1$ になった。このとき，整式 A を求めよ。

11 応用 x^3+3x^2-x+9 をある整式 B で割ると，商が $x+3$，余りが $2x+18$ になった。このとき，整式 B を求めよ。

12 応用 $x=2-\sqrt{2}$ のとき，x^2-4x+2, $x^4-4x^3+5x^2-7x-4$ の値を求めよ。

ヒント 9 計算の途中で，割る式の次数より次数の低い式が現れたとき，それが余りである。
12 $x^4-4x^3+5x^2-7x-4$ を x^2-4x+2 で割った商と余りを求めて，除法の原理を利用する。

分数式

13 基本 次の分数式を約分せよ。

(1) $\dfrac{4x^2y^3z}{6xy^4z^3}$ (2) $\dfrac{4x+2}{2x^2-3x-2}$ (3) $\dfrac{2x^2-5x+3}{x^2+2x-3}$

14 基本 次の式を計算せよ。

(1) $\dfrac{a^2-ab}{a+b} \times \dfrac{ab+b^2}{a-b}$ (2) $\dfrac{x}{x-1} \times \dfrac{2x^2-x-1}{x^2-3x}$

(3) $\dfrac{x^2-9}{x+2} \div \dfrac{x^2-x-6}{x^2-4}$ (4) $\dfrac{x^2-5x+6}{x^2+4x+4} \div \dfrac{x^2+x-6}{x^2-2x-8}$

15 基本 次の式を計算せよ。

(1) $\dfrac{1}{x+1} - \dfrac{1}{x-1}$ (2) $\dfrac{x+4}{x^2-x-2} - \dfrac{x+3}{x^2-1}$ (3) $\dfrac{x-2}{x^2-x+1} - \dfrac{1}{x+1} + \dfrac{x^2+x+3}{x^3+1}$

重要例題 5　分数式の計算

次の式を簡単にせよ。

$$\dfrac{2}{1+a} + \dfrac{2^2}{1+a^2} + \dfrac{2}{1-a} + \dfrac{2^3}{1+a^4}$$

（武庫川女大）

考え方 分母の最小公倍数を求めて，一度に通分するのではなく，式の形から項の組合せを考える。

まず，$\dfrac{2}{1+a} + \dfrac{2}{1-a}$ を計算し，この結果に $\dfrac{2^2}{1+a^2}$ を，さらに $\dfrac{2^3}{1+a^4}$ を加える。

解答
$$\dfrac{2}{1+a} + \dfrac{2^2}{1+a^2} + \dfrac{2}{1-a} + \dfrac{2^3}{1+a^4}$$
$$= \underline{\dfrac{2}{1+a} + \dfrac{2}{1-a}}_{\text{⑦}} + \dfrac{2^2}{1+a^2} + \dfrac{2^3}{1+a^4}$$
$$= \dfrac{4}{1-a^2} + \dfrac{4}{1+a^2} + \dfrac{8}{1+a^4}$$
$$= \dfrac{8}{1-a^4} + \dfrac{8}{1+a^4}$$
$$= \dfrac{16}{1-a^8} \quad \cdots\cdots \text{答}$$

アドバイス

⑦ $\dfrac{2}{1+a} + \dfrac{2}{1-a}$
$= \dfrac{2(1-a)+2(1+a)}{(1+a)(1-a)}$
$= \dfrac{4}{1-a^2}$

この式に $\dfrac{2^2}{1+a^2}$ を加える。

---

16 応用 次の式を簡単にせよ。

(1) $\dfrac{3}{x^2+x-6} - \dfrac{5}{x^2-x-12} + \dfrac{2}{x^2-6x+8}$ （国士舘大）

(2) $\left(x-y-\dfrac{4y^2}{x-y}\right) \times \left(x+y-\dfrac{4x^2}{x+y}\right) \div \left\{3(x+y)-\dfrac{8xy}{x-y}\right\}$ （広島電機大）

ヒント 15 (3) 分母の最小公倍数は $(x^2-x+1)(x+1)=x^3+1$
16 (2) まず，3つの項をそれぞれ整理する。

恒等式

17 基本　次の等式のうち恒等式はどれか。
(1) $4x+3=2(2x+1)+1$
(2) $x^2-10x+16=(x-4)^2$
(3) $(x+y)(x+5y)-y^2=(x+2y)^2$
(4) $x^3+y^3=(x+y)^3-3xy(x+y)$

18 基本　次の式が x についての恒等式となるように，a, b, c の値を定めよ。
(1) $(a+2)x^2+(4-b)x-c+2=0$
(2) $9x^2+ax+4=(bx+c)^2$
(3) $\dfrac{x-5}{(x+1)(2x-1)}=\dfrac{a}{x+1}+\dfrac{b}{2x-1}$
(4) $x^2+1=ax(x+1)+bx(x-1)+c(x+1)(x-1)$

19 応用　次の式が x, y についての恒等式となるように，a, b, c の値を定めよ。
(1) $ax^2+10xy-3y^2=(4x+by)(cx+3y)$
(2) $x^2-y^2-ax+4y-3=(x+y+b)(x-y+c)$

重要例題 6　**置き換え**

次の □ にあてはまる数を求めよ。
$$x^3+1=(x-1)^3+\square(x-1)^2+\square(x-1)+\square$$

考え方　左の □ から順に，a, b, c とおいて，その値を求める。

解答　$x^3+1=(x-1)^3+a(x-1)^2+b(x-1)+c$ とおくと
$x-1=t$ ⑦ とおくと　　$x=t+1$
このとき
$$(t+1)^3+1=t^3+at^2+bt+c$$
$$t^3+3t^2+3t+2=t^3+at^2+bt+c$$
よって　　$a=3$, $b=3$, $c=2$
したがって，左から順に　　**3, 3, 2** ……答

アドバイス
⑦ $x-1=t$ とおくのがポイント。

---

20 応用　次の □ にあてはまる数を求めよ。
(1) $(2x+1)^3=\square(x+1)^3-\square(x+1)^2+\square(x+1)-\square$
(2) $\dfrac{x}{(x^2-1)(x+2)}=\dfrac{\square}{x-1}+\dfrac{\square}{x+1}+\dfrac{\square}{x+2}$

ヒント　18　(1), (2), (3)は係数比較法，(4)は数値代入法による。
(3) 右辺を通分するか，両辺に $(x+1)(2x-1)$ をかける。　(4) $x=0$, ± 1 を代入。

重要例題7　整式の除法と係数の決定

x についての整式 x^3-x^2+ax+b を x^2+x+3 で割ったときの余りが $x+2$ であるという。このとき，a，b の値を求めよ。

考え方　3次式を2次式で割ったときの商は，1次式である。

解答　3次式を2次式で割ったときの商は1次式だから，
商を $x+m$ とおくと㋐
$$x^3-x^2+ax+b=(x^2+x+3)(x+m)+(x+2)$$
$$=x^3+(m+1)x^2+(m+4)x+(3m+2)$$
係数を比較して　　$m+1=-1$，$m+4=a$，$3m+2=b$
これを解いて　　　$m=-2$，$a=2$，$b=-4$　……答

アドバイス
㋐　$x^3 \div x^2 = x$
から，商の x の係数は1である。

---

21 応用　次のそれぞれについて，a，b の値を求めよ。

(1) x^3+3x^2+ax+b を x^2-2x+2 で割ったときの余りが $x-1$ である。

(2) x^3+ax^2+bx+2 が x^2+x+1 で割り切れる。

重要例題8　完全平方式

x についての整式 $x^4+6x^3+7x^2+ax+b$ が，x についての2次式の平方になるように，a，b の値を定めよ。

考え方　x についての2次式は，lx^2+mx+n と表せる。

解答　$x^4+6x^3+7x^2+ax+b=(x^2+mx+n)^2$ ㋐
と表せるから
　　　　（右辺）$=x^4+2mx^3+(m^2+2n)x^2+2mnx+n^2$
係数を比較して　　$6=2m$，$7=m^2+2n$，$a=2mn$，$b=n^2$
これを解いて　　　$m=3$，$n=-1$，$a=-6$，$b=1$　……答

アドバイス
㋐　$x^4=(x^2)^2$
だから，考え方の式で $l=1$ である。

---

22 応用　x についての整式 $4x^4-ax^3+bx^2-40x+16$ が x についての2次式の平方になるように，a，b の値を定めよ。

ヒント　
21　割ったときの商は，(1)で $x+m$，(2)で $x+2$ とおける。
22　$4x^4-ax^3+bx^2-40x+16=(2x^2+mx+n)^2$ とおける。

等式の証明

23 基本 次の等式が成り立つことを証明せよ。
(1) $(a+b)(a-b)+b^2=a^2$
(2) $(x+y)^2-(x-y)^2=4xy$
(3) $a(b-c)+b(c-a)+c(a-b)=0$

24 基本 次の等式が成り立つことを証明せよ。
(1) $(x^2-1)(y^2-1)=(xy+1)^2-(x+y)^2$
(2) $(a^2+b^2)(c^2+d^2)=(ac+bd)^2+(ad-bc)^2$
(3) $x^2(y+z)+y^2(z+x)+z^2(x+y)+2xyz=(x+y)(y+z)(z+x)$

重要例題 9 条件つきの等式の証明

$a+b+c=0$ のとき，次の等式が成り立つことを証明せよ。
$$ab(a+b)^2+bc(b+c)^2+ca(c+a)^2=0$$

考え方 条件式を1つの文字について解いて，これを代入する。

解答 $a+b+c=0$ から $c=-(a+b)$ ㋐
$ab(a+b)^2+bc(b+c)^2+ca(c+a)^2$
$=ab(a+b)^2-b(a+b)\times(-a)^2-(a+b)a\times(-b)^2$
$=ab(a+b)\{(a+b)-a-b\}$
$=0$
よって $ab(a+b)^2+bc(b+c)^2+ca(c+a)^2=0$

アドバイス
㋐ a または b について解いて代入しても，同じ結果が得られる。

25 応用 $a+b+c=0$ のとき，次の等式が成り立つことを証明せよ。
(1) $a^2-bc=b^2-ca=c^2-ab$
(2) $a^2(b+c)+b^2(c+a)+c^2(a+b)+3abc=0$
(3) $a^3+b^3+c^3+(a+b)(b+c)(c+a)=2abc$

ヒント 23 左辺を変形して，右辺を導く。
24 両辺を別々に展開して，同じ式になることを示す。
25 左辺－右辺＝0 を示す。

26 基本 $\dfrac{a}{b}=\dfrac{c}{d}$ のとき，次の等式が成り立つことを証明せよ。

(1) $\dfrac{2a-3b}{4a-5b}=\dfrac{2c-3d}{4c-5d}$

(2) $\dfrac{ab}{a^2+b^2}=\dfrac{cd}{c^2+d^2}$

27 基本 $\dfrac{x}{a}=\dfrac{y}{b}=\dfrac{z}{c}$ のとき，次の等式が成り立つことを証明せよ。

(1) $\dfrac{x-y+z}{x+y-z}=\dfrac{a-b+c}{a+b-c}$

(ただし，$xyz \neq 0$)

(2) $(b-c)x+(c-a)y+(a-b)z=0$

重要例題 10 条件が比例式のときの式の値

$\dfrac{x+y}{3}=\dfrac{y+z}{4}=\dfrac{z+x}{5}$ ($\neq 0$) のとき，次の式の値を求めよ。

$$\dfrac{xy+yz+zx}{x^2+y^2+z^2}$$

考え方 (条件式)$=k$ とおいて，x，y，z を k で表し，与えられた式に代入する。

解答 $\dfrac{x+y}{3}=\dfrac{y+z}{4}=\dfrac{z+x}{5}=k$ とおくと

$x+y=3k$ ……①, $y+z=4k$ ……②, $z+x=5k$ ……③

この 3 式を辺々加えて 2 で割ると

$x+y+z=6k$ ……④

④－②, ④－③, ④－① から $\underline{x=2k,\ y=k,\ z=3k}$ ㋐ ($k \neq 0$)

したがって $\dfrac{xy+yz+zx}{x^2+y^2+z^2}=\dfrac{2k^2+3k^2+6k^2}{4k^2+k^2+9k^2}$

$=\dfrac{11k^2}{14k^2}=\dfrac{11}{14}$ ……答

> **アドバイス**
>
> ㋐ $x=(x+y+z)-(y+z)$
> $=6k-4k$
> $y=(x+y+z)-(z+x)$
> $=6k-5k$
> $z=(x+y+z)-(x+y)$
> $=6k-3k$

---

28 応用 $x:y:z=4:2:3$ で，$x+2y+z=-33$ のとき，x^2+2y^2+xz の値を求めよ。

ヒント
26 $\dfrac{a}{b}=\dfrac{c}{d}=k$ とおいて，$a=bk$，$c=dk$ としてから代入する。

27 $\dfrac{x}{a}=\dfrac{y}{b}=\dfrac{z}{c}=k$ とおいて，$x=ak$，$y=bk$，$z=ck$ としてから代入する。

28 $x:y:z=4:2:3$ ということは，$\dfrac{x}{4}=\dfrac{y}{2}=\dfrac{z}{3}$ と同じ。

不等式の証明

29 次の(1)～(4)のそれぞれについて，正しいかどうかを調べ，正しいものについては，証明をせよ。また，正しくないものについては，成り立たない例を1つあげよ。

(1) $a>b$, $c>d$ ならば，$a+c>b+d$
(2) $a>b$, $c>d$ ならば，$a-c>b-d$
(3) $a>b$, $c>d$ ならば，$ac>bd$
(4) $a>b$ ならば，$\dfrac{1}{a}<\dfrac{1}{b}$

30 次の不等式が成り立つことを証明せよ。

(1) $a>b$ ならば，$\dfrac{a+2b}{3}>\dfrac{a+3b}{4}$
(2) $a>1$, $b>1$ ならば，$ab+1>a+b$

重要例題11 （実数）$^2 \geqq 0$ を使った不等式の証明

$a^2+ab+b^2 \geqq 0$ を示せ。また，等号が成り立つのはどのようなときか。

考え方 （実数）$^2+$（実数）$^2 \geqq 0$ であることを利用する。

解答
$$a^2+ab+b^2 = \left(a^2+ab+\dfrac{b^2}{4}\right)+\dfrac{3}{4}b^2$$
$$= \left(a+\dfrac{b}{2}\right)^2+\dfrac{3}{4}b^2 \geqq 0$$

よって $a^2+ab+b^2 \geqq 0$
等号が成り立つのは，$a=b=0$ のとき⑦ …… 答

アドバイス

⑦ $a+\dfrac{b}{2}=0$, $b=0$ のとき。

---

31 次の不等式を証明せよ。また，等号が成り立つのはどのようなときか。

(1) $a^2+2a+1 \geqq 0$ 　　　(2) $a^2+2ab+2b^2 \geqq 0$
(3) $a^2+b^2+2 \geqq 2(a+b)$ 　　(4) $a^2+b^2+1 \geqq 2(ab+a-b)$
(5) $(a^2+b^2)(c^2+d^2) \geqq (ac+bd)^2$

32 a, b, c, d が正の数であるとき，次の不等式を証明せよ。

(1) $\dfrac{1}{a}+\dfrac{1}{b} \geqq \dfrac{4}{a+b}$ 　　(2) $\dfrac{a}{b}>\dfrac{c}{d}$ ならば，$\dfrac{a}{b}>\dfrac{a+c}{b+d}>\dfrac{c}{d}$

ヒント 31 （実数）$^2 \geqq 0$ または（実数）$^2+$（実数）$^2 \geqq 0$ を利用できる形に変形する。
32 (1), (2)とも（左辺）$-$（右辺）を計算して，それぞれ $\geqq 0$, >0 を示す。
(2) 条件は $ad>bc$ すなわち $ad-bc>0$ である。

重要例題12 相加平均と相乗平均

$a>0$, $b>0$ のとき，次の不等式を証明せよ。
$$(a+b)\left(\frac{1}{a}+\frac{1}{b}\right) \geqq 4$$

考え方 $a>0$, $b>0$ だから，(相加平均)≧(相乗平均) の関係を使う。

解答 $(a+b)\left(\frac{1}{a}+\frac{1}{b}\right) = 1+\frac{a}{b}+\frac{b}{a}+1 = \underline{\frac{b}{a}+\frac{a}{b}+2}$ ㋐

(相加平均)≧(相乗平均) の関係から
$$\frac{b}{a}+\frac{a}{b}+2 \geqq 2\sqrt{\frac{b}{a} \times \frac{a}{b}} + 2 = 4$$

よって $(a+b)\left(\frac{1}{a}+\frac{1}{b}\right) \geqq 4$

等号は $\frac{b}{a}=\frac{a}{b}$ ($a>0$, $b>0$) のとき，すなわち $\underline{a=b\text{ のとき}}$ ㋑ 成り立つ。

アドバイス
㋐ 相加平均と相乗平均の関係が使える形まで，整理する。
㋑ $a>0$, $b>0$ だから
$\frac{b}{a}=\frac{a}{b}$
$b^2=a^2$
$a=b$

---

33 応用 $a>0$, $b>0$ のとき，次の不等式を証明せよ。

(1) $a+\dfrac{4}{a} \geqq 4$

(2) $\dfrac{3b}{4a}+\dfrac{4a}{3b} \geqq 2$

(3) $\dfrac{1}{a+b}+a+b \geqq 2$

34 応用 次の不等式を証明せよ。ただし，文字はすべて正の数とする。

(1) $\left(a+\dfrac{1}{a}\right)\left(b+\dfrac{1}{b}\right) \geqq 4$

(2) $\left(\dfrac{a}{b}+\dfrac{b}{c}\right)\left(\dfrac{b}{c}+\dfrac{c}{a}\right)\left(\dfrac{c}{a}+\dfrac{a}{b}\right) \geqq 8$

35 応用 次の不等式を証明せよ。ただし，文字はすべて正の数とする。

(1) $a+2b+\dfrac{1}{a}+\dfrac{2}{b} \geqq 6$

(2) $\dfrac{b}{a}+\dfrac{c}{b}+\dfrac{d}{c}+\dfrac{a}{d} \geqq 4$

ヒント 35 逆数になっている文字の組を作り，それぞれの相加平均と相乗平均の関係を使う。最後に辺々を加える。

重要例題13 不等式の証明

$a > 0$, $b > 0$ のとき,次の不等式を証明せよ.
$$\sqrt{a+4b} < \sqrt{a} + 2\sqrt{b}$$

考え方 両辺を平方したものの差をとる.

解答 $a > 0$, $b > 0$ だから
$$(\sqrt{a} + 2\sqrt{b})^2 - (\sqrt{a+4b})^2$$
$$= a + 4\sqrt{ab} + 4b - (a + 4b)$$
$$= 4\sqrt{ab} > 0$$
よって $(\sqrt{a} + 2\sqrt{b})^2 > (\sqrt{a+4b})^2$
$\sqrt{a+4b} > 0$, $\sqrt{a} + 2\sqrt{b} > 0$ ㋐
したがって $\sqrt{a+4b} < \sqrt{a} + 2\sqrt{b}$

アドバイス

㋐ 両辺が正ならば,不等号の向きは変わらない.

---

36 応用 次の不等式を証明せよ.

(1) $3\sqrt{a} + 2\sqrt{b} > \sqrt{9a + 4b}$ $(a > 0, b > 0)$

(2) $\sqrt{1-a} < 1 - \dfrac{a}{2}$ $(0 < a < 1)$

37 応用 a, b が実数のとき,次の不等式を証明せよ.

(1) $|a+b| \leqq |a| + |b|$ (2) $|a-b| \leqq |a| + |b|$

(3) $|a+b+c| \leqq |a| + |b| + |c|$

38 応用 $a > 0$, $b > 0$ のとき,次の3つの数の大小関係を調べよ.
$$\sqrt{a+b}, \quad \sqrt{2(a+b)}, \quad \sqrt{a} + \sqrt{b}$$

39 応用 次の3つの数の大小関係を調べよ.
$$\sqrt{a^2 + b^2}, \quad \sqrt{2(a^2 + b^2)}, \quad |a| + |b|$$

ヒント 38 $a = 4$, $b = 1$ とすると $\sqrt{a+b} = \sqrt{5}$, $\sqrt{2(a+b)} = \sqrt{10}$, $\sqrt{a} + \sqrt{b} = 3$ となり,$\sqrt{a+b} < \sqrt{a} + \sqrt{b} < \sqrt{2(a+b)}$ と予想できる.これから,$\sqrt{a+b} < \sqrt{a} + \sqrt{b}$,$\sqrt{a} + \sqrt{b} < \sqrt{2(a+b)}$ を示すという方針で証明していく.等号が成り立つ場合もあるので注意する.

実戦問題①

1 次の問いに答えよ。 (各5点 計10点)
(1) $n^3 - 64$ を因数分解せよ。
(2) n が自然数のとき、$n^3 - 64$ が素数になるように n を定めよ。

2 $\left(x + \dfrac{1}{x}\right)^8$ を展開したとき、次の項の係数を求めよ。 (各5点 計15点)
(1) x^8 (2) 定数項 (3) x^2

3 次の式を計算せよ。 (各5点 計15点)
(1) $\dfrac{6x^2 - 7x - 20}{x^2 - 4} \div \dfrac{6x - 15}{x^2 - x - 2} \times \dfrac{x^2 + 2x}{3x^2 + 7x + 4}$

(2) $\dfrac{bc}{(a-b)(a-c)} + \dfrac{ca}{(b-c)(b-a)} + \dfrac{ab}{(c-a)(c-b)}$

(3) $1 - \dfrac{\dfrac{1}{a} - \dfrac{2}{a+1}}{\dfrac{1}{a} - \dfrac{2}{a-1}}$

4 $a + b + c = 0$, $abc \neq 0$ のとき、次の等式を証明せよ。 (7点)

$$a\left(\dfrac{1}{b} + \dfrac{1}{c}\right) + b\left(\dfrac{1}{c} + \dfrac{1}{a}\right) + c\left(\dfrac{1}{a} + \dfrac{1}{b}\right) = -3$$

5 a, b が異なる正の数のとき

$$x = \sqrt{ab}, \quad y = \sqrt{\dfrac{a^2 + b^2}{2}}, \quad z = \dfrac{2ab}{a+b}$$

を小さい順に並べよ。 (10点)

6 次の式が x についての恒等式となるように，a, b, c の値を定めよ。　　(8点)

$$\frac{1}{x^3-1} = \frac{a}{x-1} + \frac{bx+c}{x^2+x+1}$$

7 a, b, c が正の数のとき，次の不等式を証明せよ。　　(各5点　計10点)

(1) $(a+b+c)\left(\dfrac{1}{a+b}+\dfrac{1}{c}\right) \geqq 4$

(2) $(a+4b)\left(\dfrac{1}{a}+\dfrac{1}{b}\right) \geqq 9$

8 整式 $2x^4+3x^3-10x^2+24x+m$ が x^2+2x+n で割り切れるように，m, n の値を定めよ。　　(9点)

9 次の問いに答えよ。　　(各8点　計16点)

(1) 整式 $6x^3-4x^2+3x-1$ を2次の整式 A で割ったら，商が $3x+1$，余りが $2x-2$ であるとき，A を求めよ。

(2) 整式 x^4-2x^2+3x を整式 B で割ったら，商が B，余りが $3x-1$ であるとき，B を求めよ。

第2節　複素数と方程式

1 複素数
有理数と無理数を合わせて**実数**という。実数 a, b に対して $a+bi$ ($i=\sqrt{-1}$：虚数単位) の形で表される数を**複素数**といい，a を**実部**，b を**虚部**㋐という。

2 負の数の平方根
① $a>0$ のとき，$-a$ の平方根は $\sqrt{a}\,i$, $-\sqrt{a}\,i$
② $a>0$ のとき，$\sqrt{-a}=\sqrt{a}\,i$

3 2次方程式の解と判別式
実数係数の2次方程式 $ax^2+bx+c=0$ ㋑ で
① 解の公式　$x=\dfrac{-b\pm\sqrt{b^2-4ac}}{2a}$
② 判別式　$D=b^2-4ac$ ㋒
　$D>0 \iff$ 異なる2つの実数解をもつ
　$D=0 \iff$ 重解(実数)をもつ
　$D<0 \iff$ 異なる2つの虚数解をもつ

4 解と係数の関係 ㋓
2次方程式 $ax^2+bx+c=0$ の2つの解を α, β とすると
① $\alpha+\beta=-\dfrac{b}{a}$, $\alpha\beta=\dfrac{c}{a}$
② $ax^2+bx+c=a(x-\alpha)(x-\beta)$

5 剰余の定理と因数定理
① **除法の原理**
x の整式 $A(x)$ を整式 $B(x)$ で割ったときの商を $Q(x)$，余りを $R(x)$ とすると
$$A(x)=B(x)Q(x)+R(x)$$ ㋔
② **剰余の定理**
x の整式 $P(x)$ を $x-\alpha$ で割ったときの余り R は
$$R=P(\alpha)$$
③ **因数定理** ㋕　x の整式 $P(x)$ について
$$x-\alpha \text{ を因数にもつ} \iff P(\alpha)=0$$

6 高次方程式
① **高次方程式の解き方**
(1) 因数分解の公式を利用する。
(2) 置き換えを利用して，次数を下げる。
(3) **因数定理を用いて** ㋖ 1次式または2次式の積の形にする。
② **1の虚数立方根** ㋗
$$\omega^3=1,\ \omega^2+\omega+1=0$$

これだけはおさえよう

㋐　$b\neq 0$ のとき，複素数 $a+bi$ を虚数といい，特に，$a=0$ なら bi を純虚数という。
　　複素数の計算では，虚数単位 i をふつうの文字と同じように取り扱い，i^2 が現れたら，それを -1 と置き換える。

㋑　特に，$b=2b'$ のとき
$$x=\dfrac{-b'\pm\sqrt{b'^2-ac}}{a}$$
$$\dfrac{D}{4}=b'^2-ac$$

㋒　実数解をもつ $\iff D\geq 0$

㋓　2次方程式の解と係数の関係は，解が実数・虚数にかかわらず成り立つ。

㋔　整式の除法について成り立つ等式で $R(x)$ の次数 $< B(x)$ の次数

㋕　因数定理は，剰余の定理で $R=0$ の特別な場合である。

㋖　因数定理を用いて，$x-\alpha$ の因数を見つけるには
$$\alpha=\pm\dfrac{\text{定数項の約数}}{\text{最高次の項の係数の約数}}$$
としてみる。

㋗　$x^3=1$ から　$(x-1)(x^2+x+1)=0$
虚数 ω は $x^2+x+1=0$ の解である。

複素数

40 [基本] 次の計算をせよ。
(1) $(-3+5i)+(2-3i)$
(2) $(4-3i)-(5+7i)$
(3) $(2-3i)(4+2i)$
(4) $\dfrac{-3+2i}{2+i}$

41 [基本] 次の計算をせよ。
(1) $(5-2i)^2$
(2) $(2+\sqrt{5}\,i)(2-\sqrt{5}\,i)$
(3) $\dfrac{(2-i)^2}{2+3i}$
(4) $\left(\dfrac{1+\sqrt{3}\,i}{2}\right)^3$
(5) $i+i^2+i^3+i^4+\dfrac{1}{i}$

42 [基本] 次の等式を満たす実数 x, y の値を求めよ。
(1) $(1+i)x-(1-i)y=3+i$
(2) $(2-i)(x+yi)=1+i$

43 [基本] 次の複素数に共役な複素数をいえ。
(1) $2+3i$
(2) $-1-\sqrt{5}\,i$
(3) $3i$
(4) -4

44 [応用] 次の等式を満たす実数 a, x の値を求めよ。
$$(1+i)x^2-(a+2i)x+1=0$$

45 [応用] 任意の複素数 z について,次のことを証明せよ。
実部は $\dfrac{1}{2}(z+\overline{z})$, 虚部は $\dfrac{1}{2i}(z-\overline{z})$ で表される。

ヒント 41 (4) まず,$(1+\sqrt{3}\,i)^3$ を展開する。$i^3=i^2i=-i$ (5) $i^4=(i^2)^2=1$
45 $z=x+yi$ (x, y は実数)とおく。

負の数の平方根

解答・解説は別冊 p.12

46 基本　次の方程式を解け。
(1) $x^2+3=0$
(2) $25x^2=-16$
(3) $9x^2+2=0$

47 基本　次の数の平方根を求めよ。
(1) -9
(2) -12

重要例題14 $\sqrt{-a}\ (a>0)$ の計算

i を用いて，次の計算をせよ。
(1) $\sqrt{-4}+\sqrt{-9}$
(2) $-\sqrt{-8}+3\sqrt{-2}$
(3) $\sqrt{-2}\times\sqrt{-14}$
(4) $\dfrac{\sqrt{30}}{\sqrt{-6}}$

考え方 ルート内の数が負のとき，すなわち $a>0$ のとき，$\sqrt{-a}=\sqrt{a}\,i$ に従って，i を根号の外に出してから，無理数の計算をする。

解答
(1) $\sqrt{-4}+\sqrt{-9}=\sqrt{4}\,i+\sqrt{9}\,i$
　　$=2i+3i=5i$　……**答**

(2) $-\sqrt{-8}+3\sqrt{-2}=\underline{-\sqrt{8}\,i}_{\text{⑦}}+3\sqrt{2}\,i$
　　$=-2\sqrt{2}\,i+3\sqrt{2}\,i=\sqrt{2}\,i$　……**答**

(3) $\sqrt{-2}\times\sqrt{-14}=\sqrt{2}\,i\times\sqrt{14}\,i$
　　$=\underline{\sqrt{2\times14}\,i^2}_{\text{④}}=-2\sqrt{7}$　……**答**

(4) $\dfrac{\sqrt{30}}{\sqrt{-6}}=\dfrac{\sqrt{30}}{\sqrt{6}\,i}=\sqrt{\dfrac{30}{6}}\cdot\dfrac{i}{i^2}$
　　$=\sqrt{5}\cdot\dfrac{i}{-1}=-\sqrt{5}\,i$　……**答**

アドバイス
⑦　$\sqrt{8}=\sqrt{4\times2}=2\sqrt{2}$

④　$\sqrt{2\times14\,i^2}$
　$=\sqrt{2^2\times7\times(-1)}$
　$=-2\sqrt{7}$

---

48 応用　次の2つの計算をそれぞれ行って，結果を比較せよ。
(1) $\sqrt{-3}\times\sqrt{-12}$, $\sqrt{(-3)\times(-12)}$
(2) $\sqrt{3}\times\sqrt{-12}$, $\sqrt{3\times(-12)}$
(3) $\dfrac{\sqrt{7}}{\sqrt{-28}}$, $\sqrt{\dfrac{7}{-28}}$
(4) $\dfrac{\sqrt{-7}}{\sqrt{-28}}$, $\sqrt{\dfrac{-7}{-28}}$

ヒント　**48** まず，$a>0$ のとき $\sqrt{-a}=\sqrt{a}\,i$ で i をルートの外に出す。

2次方程式の解の判別

49 基本 次の2次方程式を解け。
(1) $3x^2-5x-2=0$
(2) $(x-2)(x-4)=-1$

50 基本 解の公式を使って，次の2次方程式を解け。
(1) $2x^2-5x-1=0$
(2) $3x^2-2\sqrt{6}\,x+2=0$
(3) $3x^2+2x+1=0$
(4) $-0.1x^2+0.8x-2.1=0$
(5) $3(x+1)^2=x+2-2x(x-1)$
(6) $(x+1)^2+(x+2)^2=(x-3)^2$

51 基本 次の2次方程式の解を判別せよ。
(1) $2x^2-7x+5=0$
(2) $2x^2-3x+2=0$
(3) $4x^2-20x+25=0$

重要例題15 解の判別

k を定数とするとき，次の2次方程式の解を判別せよ。
$$x^2+2kx+k+2=0$$

考え方 2次方程式の判別式を D とすると
$D>0 \iff$ 異なる2つの実数解をもつ
$D=0 \iff$ 重解(実数)をもつ
$D<0 \iff$ 異なる2つの虚数解をもつ

解答 2次方程式 $x^2+2kx+k+2=0$ の判別式を D⑦ とすると
$$\frac{D}{4}=k^2-(k+2)=k^2-k-2=(k-2)(k+1)$$
(ア) $D>0$ すなわち $k<-1,\ 2<k$ のとき 異なる2つの実数解
(イ) $D=0$ すなわち $k=-1,\ 2$ のとき 重解(実数)
(ウ) $D<0$ すなわち $-1<k<2$ のとき 異なる2つの虚数解 ……**答**

アドバイス
⑦ 2次方程式の x の係数が $2k$ だから，判別式 D の代わりに $\dfrac{D}{4}$ をとる。

---

52 基本 a を実数とするとき，次の2次方程式の解を判別せよ。
(1) $3x^2-ax-1=0$
(2) $x^2-4ax+5a^2=0$
(3) $x^2-2(a+2)x+a^2+3a=0$

ヒント 50 (4) 両辺を -10 倍する。 (5), (6) $ax^2+bx+c=0$ の形に整理。
52 a の値の範囲によって変わる。

53 基本 2次方程式 $x^2+(m+1)x+m^2-2m+2=0$ が実数解をもつように，定数 m の値の範囲を定めよ。

54 基本 2次方程式 $ax^2+4x+a-3=0$ が虚数解をもつように，定数 a の値の範囲を定めよ。

55 基本 m を実数の定数とするとき，x の2次方程式 $x^2+(m+1)x+1=0$ が重解をもつように，m の値を定め，そのときの解を求めよ。

重要例題16 **2つの2次方程式と解の判別**

2つの2次方程式 $x^2+2ax+8a=0$，$x^2-4ax-3a+1=0$
のうち，どちらか一方だけが実数解をもつように，実数 a の値の範囲を定めよ。

考え方 それぞれの判別式を D_1，D_2 とすると，どちらか一方だけが実数解をもつのは
$$D_1 \geqq 0 \quad かつ \quad D_2 < 0, \quad D_2 \geqq 0 \quad かつ \quad D_1 < 0$$
の2通りの場合がある。まず，$\dfrac{D_1}{4}$, $\dfrac{D_2}{4}$ を求めてみよう。

解答 $x^2+2ax+8a=0$ ……①, $x^2-4ax-(3a-1)=0$ ……②
この判別式をそれぞれ D_1, D_2 とすると
$$\dfrac{D_1}{4}=a^2-8a=a(a-8)$$
$$\dfrac{D_2}{4}=(-2a)^2+(3a-1)=4a^2+3a-1=(4a-1)(a+1)$$

(ア) ①が実数解をもち，②が虚数解をもつとき $D_1 \geqq 0$, $D_2 < 0$
だから $a(a-8) \geqq 0$ かつ $(4a-1)(a+1) < 0$
よって $a \leqq 0$, $8 \leqq a$ かつ $-1 < a < \dfrac{1}{4}$
したがって $-1 < a \leqq 0$

(イ) ②が実数解をもち，①が虚数解をもつとき $D_2 \geqq 0$, $D_1 < 0$
だから $(4a-1)(a+1) \geqq 0$ かつ $a(a-8) < 0$
よって $a \leqq -1$, $\dfrac{1}{4} \leqq a$ かつ $0 < a < 8$
したがって $\dfrac{1}{4} \leqq a < 8$

(ア), (イ)から，a の値の範囲は $-1 < a \leqq 0$, $\dfrac{1}{4} \leqq a < 8$ ……**答**

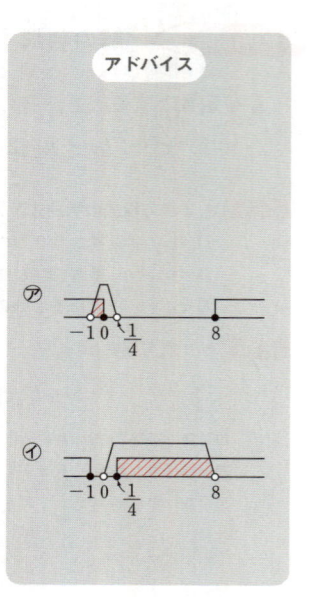
アドバイス

---

56 応用 2つの2次方程式 $x^2+2ax-2a=0$，$x^2+(a-1)x+a^2=0$ がともに虚数解をもつような実数 a の値の範囲を求めよ。また，少なくとも一方が虚数解をもつような実数 a の値の範囲を求めよ。

ヒント **56** 前半は $D_1<0$ かつ $D_2<0$，後半は $D_1<0$ または $D_2<0$

解と係数の関係

57 基本 次の2次方程式の2つの解の和と積をそれぞれ求めよ。
(1) $x^2+5x+1=0$　　　　　　(2) $x^2-5x+6=0$
(3) $4x^2-2x-3=0$　　　　　(4) $5x^2+4=0$

58 基本 $x^2-3x+5=0$ の2つの解を α, β とするとき，次の式の値を求めよ。
(1) $(\alpha+1)(\beta+1)$　　　　　(2) $\alpha^2+\alpha\beta+\beta^2$
(3) $(\alpha-\beta)^2$　　　　　　　(4) $\dfrac{\beta}{\alpha}+\dfrac{\alpha}{\beta}$

重要例題17　対称式の値

2次方程式 $(x-1)(x-2)+(x-2)x+x(x-1)=0$
の2つの解を α, β とするとき，次の式の値を求めよ。

(1) $(\alpha-1)(\beta-1)$

(2) $\dfrac{1}{\alpha\beta}+\dfrac{1}{(\alpha-1)(\beta-1)}+\dfrac{1}{(\alpha-2)(\beta-2)}$

考え方 与えられた2次方程式はこのままの形ではどうにもならないから，まず $ax^2+bx+c=0$ の形に整理し，解と係数の関係によって $\alpha+\beta$, $\alpha\beta$ の値を求める。(1), (2)とも，α, β の対称式だから，その基本対称式 $\alpha+\beta$, $\alpha\beta$ で表すことができるはず。

解答 $(x-1)(x-2)+(x-2)x+x(x-1)=0$
展開して　$x^2-3x+2+(x^2-2x)+(x^2-x)=0$
$3x^2-6x+2=0$
この方程式の2つの解が α, β だから
$$\alpha+\beta=-\dfrac{-6}{3}=2,\ \alpha\beta=\dfrac{2}{3}\ \ \cdots\cdots\text{①}$$
㋐

(1) $(\alpha-1)(\beta-1)=\alpha\beta-(\alpha+\beta)+1$
$=\dfrac{2}{3}-2+1=-\dfrac{1}{3}\ \ \cdots\cdots\text{②}$……答

(2) $(\alpha-2)(\beta-2)=\alpha\beta-2(\alpha+\beta)+4$
$=\dfrac{2}{3}-2\cdot2+4=\dfrac{2}{3}\ \ \cdots\cdots\text{③}$

①，②，③から
$$\dfrac{1}{\alpha\beta}+\dfrac{1}{(\alpha-1)(\beta-1)}+\dfrac{1}{(\alpha-2)(\beta-2)}=\dfrac{3}{2}-3+\dfrac{3}{2}=0$$……答

アドバイス
㋐ $\alpha+\beta$ の符号に注意すること。

ヒント 58 各々の与えられた式を $\alpha+\beta$, $\alpha\beta$ で表し，解と係数の関係を使う。

59 応用　2次方程式 $2x^2-4x+1=0$ の2つの解を α, β とするとき，次の式の値を求めよ。

(1) $\dfrac{1}{\alpha}+\dfrac{1}{\beta}$
(2) $\dfrac{\beta}{\alpha-2}+\dfrac{\alpha}{\beta-2}$
(3) $\alpha^4+\beta^4$

60 基本　解の公式を使って，次の2次式を複素数の範囲で因数分解せよ。

(1) $x^2+20x+96$
(2) $2x^2+7x-15$
(3) $3x^2-2x-7$
(4) $2x^2+3x+2$

61 基本　次の2つの数を解とする2次方程式を1つ作れ。

(1) $-\dfrac{3}{4}, \dfrac{1}{3}$
(2) $2+\sqrt{3}, 2-\sqrt{3}$
(3) $\dfrac{-1+\sqrt{3}\,i}{2}, \dfrac{-1-\sqrt{3}\,i}{2}$

重要例題18　**2次方程式の作成**

2次方程式　$2x^2-x-5=0$
の2つの解を α, β とするとき，次の2数を解とする x の2次方程式を1つ作れ。

(1) $\alpha-1, \beta-1$
(2) $\alpha+\dfrac{1}{\beta}, \beta+\dfrac{1}{\alpha}$

考え方　一般に，2数 p, q を解とする x の2次方程式は，x^2 の係数を1として
$$(x-p)(x-q)=0 \iff x^2-(p+q)x+pq=0$$
これは，和 $p+q$ と積 pq の値を求めよ，ということである。

解答　α, β は $2x^2-x-5=0$ の2つの解だから
$$\alpha+\beta=\dfrac{1}{2},\ \alpha\beta=-\dfrac{5}{2}$$

(1) $(\alpha-1)+(\beta-1)=\alpha+\beta-2=\dfrac{1}{2}-2=-\dfrac{3}{2}$

$(\alpha-1)(\beta-1)=\alpha\beta-(\alpha+\beta)+1=-\dfrac{5}{2}-\dfrac{1}{2}+1=-2$

よって，$\underline{\alpha-1, \beta-1\text{ を解とする2次方程式は}}$ ㋐
$$x^2+\dfrac{3}{2}x-2=0 \quad \text{すなわち} \quad 2x^2+3x-4=0 \quad \cdots\cdots\text{答}$$

(2) $\left(\alpha+\dfrac{1}{\beta}\right)+\left(\beta+\dfrac{1}{\alpha}\right)=\alpha+\beta+\dfrac{\alpha+\beta}{\alpha\beta}=\dfrac{1}{2}+\dfrac{1}{2}\cdot\left(-\dfrac{2}{5}\right)=\dfrac{3}{10}$

$\left(\alpha+\dfrac{1}{\beta}\right)\left(\beta+\dfrac{1}{\alpha}\right)=\alpha\beta+\dfrac{1}{\alpha\beta}+2=-\dfrac{5}{2}-\dfrac{2}{5}+2=-\dfrac{9}{10}$

よって，求める2次方程式は
$$x^2-\dfrac{3}{10}x-\dfrac{9}{10}=0 \quad \text{すなわち} \quad 10x^2-3x-9=0 \quad \cdots\cdots\text{答}$$

アドバイス

㋐　2次方程式は
$\{x-(\alpha-1)\}$
　$\times\{x-(\beta-1)\}=0$
$x^2-\{(\alpha-1)+(\beta-1)\}x$
　$+(\alpha-1)(\beta-1)=0$

ヒント　**61**　まず，2つの数の和と積を求める。

62 基本 2次方程式 $x^2-3x+5=0$ の2つの解を α, β とするとき，次の2数を2つの解とする2次方程式を1つ作れ。
(1) $-\alpha, -\beta$
(2) α^2, β^2
(センター試験／改)

63 応用 2次方程式 $x^2+px+q=0$ の2つの解を α, β とするとき，$\alpha+2, \beta+2$ を解とする2次方程式が $x^2-qx-p=0$ となるように，定数 p, q の値を定めよ。

64 応用 2次方程式 $x^2-(a-2)x-3a-1=0$ の2つの解を α, β とするとき，$\alpha^2+\beta^2=\alpha\beta+1$ となるような定数 a の値を求めよ。

65 応用 k を実数の定数とするとき，x の2次方程式 $x^2+kx+3=0$ の2つの解の差が2になるように，k の値を定めよ。また，そのときの解を求めよ。

66 応用 2次方程式 $x^2+mx+m^2-12=0$ の2つの解のうち，一方が他方の -2 倍になるように，定数 m の値を定めよ。

67 応用 2次方程式 $x^2+2ax+a+2=0$ が，次の条件を満たすように，定数 a の値の範囲を定めよ。
(1) 異なる2つの負の実数解をもつ。
(2) 正と負の実数解をもつ。

ヒント　**63** $\alpha+2, \beta+2$ を解とする2次方程式を作る。
　　　65 2つの解を $\alpha, \alpha+2$ とおく。　**66** 2つの解を $\alpha, -2\alpha$ とおく。
　　　67 (1) $D>0, \alpha+\beta<0, \alpha\beta>0$　(2) $\alpha\beta<0$

第2節　複素数と方程式

剰余の定理と因数定理

解答・解説は別冊 p.16

68 基本 次の整式を，[ ]内の1次式で割ったときの余りを求めよ。
(1) $3x^2-2x+1$ 　　$[x-1]$
(2) $2x^3-5x^2+3x+1$ 　　$[x+2]$
(3) x^4-2x^2+5 　　$[x+1]$

重要例題19 剰余の定理

整式 $P(x)$ を1次式 $ax+b$ で割ったときの余り R は，$R=P\left(-\dfrac{b}{a}\right)$ であることを示せ。

考え方 一般に，x の整式 $A(x)$ を整式 $B(x)$ で割ったときの商を $Q(x)$，余りを $R(x)$ とすると
除法の原理：$A(x)=B(x)Q(x)+R(x)$，$R(x)$ の次数 $<B(x)$ の次数
が成り立つ。ここでは，$B(x)$ は1次式だから，$R(x)$ は定数である。

解答 整式 $P(x)$ を1次式 $ax+b$ で割ったときの商を $Q(x)$ とすると
$$P(x)=(ax+b)Q(x)+R_⑦$$
$x=-\dfrac{b}{a}$ とおくと，余り R は $R=P\left(-\dfrac{b}{a}\right)$

アドバイス
⑦ 余り R は定数である。

---

69 基本 次の整式を，[ ]内の1次式で割ったときの余りを求めよ。
(1) $4x^3-2x^2-7$ 　　$[2x-3]$
(2) $9x^3-10x-3$ 　　$[3x+1]$

70 基本 $4x^3-4x^2-x+a$ を $2x+1$ で割ったときの余りが -2 となるように，定数 a の値を定めよ。

71 基本 次の第1式が第2式で割り切れるように，定数 a の値を定めよ。
(1) x^3-ax^2-5x-6，$x+2$
(2) $ax^3-2x^2-12x+8$，$3x-2$

72 基本 x^3+ax^2+bx-6 が $(x+1)(x-2)$ で割り切れるように，定数 a，b の値を定めよ。

ヒント 72 $x+1$，$x-2$ の両方で割り切れるようにすればよい。

73 応用　整式 $P(x)$ を $x+1$ で割れば -5 余り，$x-2$ で割れば 1 余る。$P(x)$ を x^2-x-2 で割ったときの余りを求めよ。

重要例題20　整式の除法

整式 $P(x)$ を $2x+1$ で割ると余りは 7，x^2+x-6 で割ると余りは $2x-2$ である。整式 $P(x)$ を $2x^2+7x+3$ で割ったときの余りを求めよ。

考え方 $P(x)$ を $2x^2+7x+3$ で割ったときの余りは1次以下であるから，商を $Q(x)$ とすると
$$P(x)=(2x^2+7x+3)Q(x)+ax+b$$
とおくことができる。ここで　$2x^2+7x+3=(2x+1)(x+3)$
に着目して，2つの条件から a，b の値を求めることを考えればよい。

解答 $P(x)$ を $2x^2+7x+3$ で割ったときの商を $Q(x)$，余りを $ax+b$ とすると
$$P(x)=(2x^2+7x+3)Q(x)+ax+b \quad ⑦$$
$$=(2x+1)(x+3)Q(x)+ax+b \quad \cdots\cdots ①$$
$P(x)$ を $2x+1$ で割ったときの余りは 7 だから
$$P\left(-\frac{1}{2}\right)=7 \quad \cdots\cdots ② \quad ⑦$$
また，$P(x)$ を x^2+x-6 で割ったときの商を $Q'(x)$ とすると
$$P(x)=(x^2+x-6)Q'(x)+2x-2$$
$$=(x-2)(x+3)Q'(x)+2x-2 \quad \cdots\cdots ③$$
①，②から　$P\left(-\frac{1}{2}\right)=-\dfrac{a}{2}+b=7$

①，③から　$P(-3)=-3a+b=-6-2$

整理して　$-a+2b=14$，$3a-b=8$　⑦

よって　$a=6$，$b=10$　　したがって，余りは　$6x+10$　……答

アドバイス

⑦　除法の原理から。

⑦　剰余の定理から。

⑦　$-a+2b=14$ 　……④
　　$3a-b=8$ 　……⑤
　④＋⑤×2 から
　　$5a=30$
　よって　$a=6$

---

74 応用　整式 $P(x)$ を x^2-3x+2 で割ると 7 余り，x^2-4x+3 で割ると x 余るとき，$P(x)$ を x^2-5x+6 で割ったときの余りを求めよ。

75 応用　$x^{20}-x$ を x^2-1 で割った余りを求めよ。

76 応用　因数定理を利用して，次の式を因数分解せよ。

(1) x^3-3x+2　　　(2) $3x^3+x^2-8x+4$　　　(3) $2x^3+9x^2+13x+6$

ヒント　**73** $P(x)=(x^2-x-2)Q(x)+ax+b$ とおく。
　　　　　74 3つの2次式を因数分解し，共通な因数に着目する。
　　　　　75 余りは $ax+b$ と表せるから，商を $Q(x)$ とすると　$x^{20}-x=(x^2-1)Q(x)+ax+b$

第2節　複素数と方程式

高次方程式

解答・解説は別冊 p.17

77 基本 次の方程式を解け。
(1) $x^3+27=0$
(2) $x^3=-125$

78 基本 次の方程式を解け。
(1) $x^4+x^2-2=0$
(2) $x^4-13x^2+36=0$
(3) $x^4+10x^2+9=0$

79 基本 次の方程式を解け。
(1) $(x^2+x)^2-5(x^2+x)-6=0$
(2) $(x^2-6x+7)(x^2-6x+6)=2$

80 基本 次の方程式を解け。
(1) $x^3-4x+3=0$
(2) $x^3+3x^2-2=0$
(3) $x^3+x^2-8x-12=0$
(4) $2x^3-x^2-3x-6=0$
(5) $x^4-2x^3-4x^2+2x+3=0$

重要例題21 因数定理と高次方程式

次の方程式を解け。
$$(x-1)(x-2)(x-3)=24$$

考え方 展開して $f(x)=0$ の形の3次方程式にし，因数定理を利用するのは当然であるが，その前に
　　　$4\cdot3\cdot2=24$　だから　$x=5$　は1つの解
であることがわかる。

解答 $(x-1)(x-2)(x-3)=24$
展開して　$x^3-6x^2+11x-30=0$　㋐
$x=5$ は1つの解だから，左辺は $x-5$ を因数にもつ。
したがって　$(x-5)(x^2-x+6)=0$
よって　$x=5,\ \dfrac{1\pm\sqrt{23}i}{2}$　……**答**

アドバイス

㋐
$P(x)=x^3-6x^2+11x-30$
とおくと，実際に
$P(5)=125-150+55-30$
$\quad =0$

ヒント 79 (1)で $x^2+x=y$, (2)で $x^2-6x+6=y$ とおく。

81 応用　次の方程式を解け。
(1) $x(x+2)(x+4) = 2 \cdot 4 \cdot 6$
(2) $x(x+1)(x+2) = 60$

82 応用　1の3乗根を 1, ω_1, ω_2 とするとき，次の問いに答えよ。
(1) $\omega_1 + \omega_2 = -1$, $\omega_1 \omega_2 = 1$ となることを示せ。
(2) $\omega_1^2 + \omega_2^2$, $\omega_1^3 + \omega_2^3$, $\omega_1^4 + \omega_2^4$ の値を求めよ。

83 応用　3次方程式 $x^3 + ax^2 + bx - 8 = 0$ の解のうち，2つは1と2であるという。定数 a, b の値と，他の解を求めよ。

84 応用　4次方程式 $x^4 + ax^3 - 3x^2 + 11x + b = 0$ の2つの解が3と-2であるとき，次の問いに答えよ。
(1) 定数 a, b の値を求めよ。
(2) 他の解を求めよ。

85 応用　3次方程式 $x^3 - x^2 + ax + b = 0$ が解 $1+i$ をもつとき，次の問いに答えよ。
(1) 実数の定数 a, b の値を求めよ。
(2) 他の2つの解を求めよ。

86 応用　$(x+yi)^2 = 7 + 24i$ を満たす実数 x, y の値を求めよ。

ヒント　81　(1) 解の1つは $x=2$　(2) $60 = 3 \cdot 4 \cdot 5$ から，解の1つは $x=3$
　　　　82　$x^3 = 1$ から　$(x-1)(x^2+x+1) = 0$
　　　　85　$x = 1+i$ を代入して，実部$=0$，虚部$=0$ から。
　　　　86　左辺を展開整理して，x, y についての連立方程式を作る。

実戦問題②

1 次の等式を満たす実数 a, b の値を求めよ。 (各5点 計10点)

(1) $\dfrac{a+bi}{2+3i} = \dfrac{5}{13} - \dfrac{1}{13}i$

(2) $\dfrac{(1+2i)(a+bi)}{3-2i} = 3+4i$

2 a, b は実数とする。方程式 $x^2+ax+b=0$ が実数解をもつとき、次の方程式は異なる2つの実数解をもつことを証明せよ。
$$x^2+(a+2)x+a+b=0$$
(10点)

3 A, B 2人で同じ2次方程式を解いたが、A は1次の項の係数を、B は定数項を書き誤ったために、それぞれ
$$-2,\ 6 \quad および \quad -2\pm 2\sqrt{2}\,i$$
となる解を得た。正しい解を求めよ。 (15点)

4 実数を係数とする2次方程式 $x^2+px+q=0$ の解の1つが $2+3i$ であるとき、次の問いに答えよ。 (各5点 計10点)

(1) p, q の値を求めよ。

(2) もう1つの解を求めよ。

5 3次の項の係数が1である3次の整式 $P(x)$ を $x+1$ で割ると -6 余り，$x-3$ で割ると 6 余る。このとき，次の問いに答えよ。

(各10点　計20点)

(1) $P(x)$ を $(x+1)(x-3)$ で割ったときの余り $R(x)$ を求めよ。

(2) $P(x)$ の各項の係数(定数項も含む)の和がちょうど 0 になる。$P(x)$ を因数分解せよ。

6 3次方程式 $x^3-3x^2+7x-5=0$ の解を，α, β, γ とするとき，次の各式の値を求めよ。

((1)6点　(2)(3)各7点　計20点)

(1) $\alpha+\beta+\gamma$

(2) $(1+\alpha)(1+\beta)(1+\gamma)$

(3) $(\alpha+\beta)(\beta+\gamma)(\gamma+\alpha)$

7 縦 12cm，横 16cm の長方形の厚紙から，図のように斜線部分を切り落として，容積が 96cm^3 の，ふたのついた直方体の箱を作った。

x の値を求めよ。

(15点)

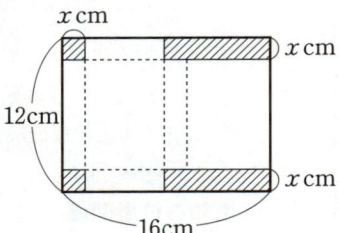

第2章　図形と方程式

第1節　点と直線

1 直線上の点

数直線上の2点 $A(a)$, $B(b)$ について

① 2点 A, B 間の距離　　$AB = |b - a|$ ㋐

② 線分 AB を $m:n$ に内分する点，外分する点

内分点…$\dfrac{na + mb}{m + n}$　　外分点…$\dfrac{-na + mb}{m - n}$ ㋑

2 平面上の点

座標平面上の2点 $A(x_1, y_1)$, $B(x_2, y_2)$ について

① 2点間の距離　　$AB = \sqrt{(x_2 - x_1)^2 + (y_2 - y_1)^2}$ ㋒

② 線分 AB を $m:n$ に内分する点，外分する点

内分点…$\left(\dfrac{nx_1 + mx_2}{m + n}, \dfrac{ny_1 + my_2}{m + n} \right)$ ㋓

外分点…$\left(\dfrac{-nx_1 + mx_2}{m - n}, \dfrac{-ny_1 + my_2}{m - n} \right)$

③ $\triangle ABC$ において，$A(x_1, y_1)$, $B(x_2, y_2)$, $C(x_3, y_3)$ とするとき，$\triangle ABC$ の重心 G の座標

$$G\left(\dfrac{x_1 + x_2 + x_3}{3}, \dfrac{y_1 + y_2 + y_3}{3} \right)$$

3 直線の方程式

① 傾きが m の直線の方程式 ㋔

(i) y 切片が n のとき　　$y = mx + n$

(ii) 点 (x_1, y_1) を通るとき　　$y - y_1 = m(x - x_1)$

② 2点 (x_1, y_1), (x_2, y_2) を通る直線の方程式 ㋕

(i) $x_1 \neq x_2$ のとき　　$y - y_1 = \dfrac{y_2 - y_1}{x_2 - x_1}(x - x_1)$

(ii) $x_1 = x_2$ のとき　　$x = x_1$

③ 一般に，直線の方程式は，x と y の1次式

$ax + by + c = 0$ ㋖

4 2直線の位置関係

① 2直線 $y = mx + n$, $y = m'x + n'$ において ㋗

平行 $\iff m = m'$

垂直 $\iff mm' = -1$

② 点 $P(x_1, y_1)$ と直線 $ax + by + c = 0$ との距離 d は

$$d = \dfrac{|ax_1 + by_1 + c|}{\sqrt{a^2 + b^2}}$$

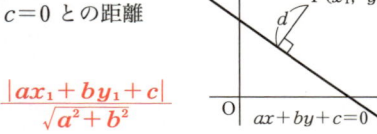

これだけはおさえよう

㋐　$b \geq a$ のとき　　$|b - a| = b - a$
　　$b < a$ のとき　　$|b - a| = a - b$

㋑　"$m:n$ に外分する" は，"$m:(-n)$ に内分する" と考えて，内分点の公式で，n を $-n$ に置き換える。

㋒　原点 O と点 A との距離
　　$OA = \sqrt{x_1{}^2 + y_1{}^2}$

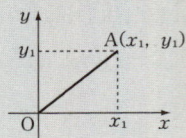

㋓　AB の中点は，$1:1$ に内分する点だから
　　中点 $\left(\dfrac{x_1 + x_2}{2}, \dfrac{y_1 + y_2}{2} \right)$

㋔　y 軸に平行な直線は含まない。

㋕　特に，$(a, 0)$, $(0, b)$, $(a \neq 0, b \neq 0)$ を通る直線の方程式は
　　$\dfrac{x}{a} + \dfrac{y}{b} = 1$　（切片形）

㋖　a と b は，同時に 0 にならない。
　　$b \neq 0$ のとき　　$y = mx + n$ の形
　　$b = 0$ ($a \neq 0$) のとき　　$x = k$ の形
　　だから，すべての直線を表す。

㋗　2直線 $ax + by + c = 0$ と
　　$a'x + b'y + c' = 0$ において
　　平行 $\iff ab' - ba' = 0$
　　垂直 $\iff aa' + bb' = 0$
　　ただし，「平行」は2直線が一致する場合も含むものとする。

直線上の点

解答・解説は別冊 p.23

87 基本 数直線上の次の2点間の距離を求めよ。
(1) A(-2), B(4) (2) A(4), B(1)
(3) A(-6), B(-2) (4) A(3), B(-2)

88 基本 2点 A(-9), B(1) を結ぶ線分 AB について,次の点の座標を求めよ。
(1) 中点 M (2) $1:4$ に内分する点 P
(3) $1:4$ に外分する点 Q (4) $3:2$ に外分する点 R

重要例題22 内分点・外分点と距離

2点 A(-2), B(5) を結ぶ線分 AB を $3:4$ に内分する点を P,外分する点を Q とするとき,線分 PQ の長さを求めよ。

考え方 2点 A(a), B(b) を両端とする線分 AB を $m:n$ に内分する点 P の座標は $\dfrac{na+mb}{m+n}$,外分する点 Q の座標は $\dfrac{-na+mb}{m-n}$ である。この公式を利用する。

解答 A(-2), B(5) のとき,線分 AB を $3:4$ に
内分する点 P の座標は $\dfrac{4\cdot(-2)+3\cdot 5}{3+4}=1$ ⑦
外分する点 Q の座標は $\dfrac{-4\cdot(-2)+3\cdot 5}{3-4}=-23$
よって,線分 PQ の長さは
$$PQ=|-23-1|=24 \quad \cdots\cdots 答$$

アドバイス
⑦ 内分点の公式で
$a=-2$, $b=5$
$m=3$, $n=4$
とおく。

---

89 基本 数直線上の2点 A(-2), B(7) を両端とする線分 AB を $2:1$ に内分する点を P, $2:3$ に外分する点を Q とする。P, Q 間の距離を求めよ。

90 応用 数直線上の2点 A(a), B($-3a$) について,次の問いに答えよ。
(1) 2点 A, B間の距離が6であるような a の値を求めよ。
(2) 線分 AB を $2:1$ に内分する点 C,外分する点 D の座標を求めよ。
(3) (2)で,CD $=10$ となる a の値を求めよ。

ヒント 89 まず,点 P(x_1), Q(x_2) の座標を求める。2点 P, Q 間の距離は $PQ=|x_2-x_1|$
90 $|a|=p$ $(p>0)$ となる a の値は $a=\pm p$

第1節 点と直線

平面上の点

解答・解説は別冊 p.24

91 基本 次の2点間の距離を求めよ。
(1) A(1, −1), B(4, 3) (2) O(0, 0), B(−2, −3)
(3) A(3, −2), B(3, −19)

重要例題23 三角形の形状

3点 A(1, 0), B(5, 3), C(−2, 4) を頂点とする △ABC はどんな三角形か。

考え方 座標平面上の3点が作る三角形の形状を調べるためには，まず，3辺の長さを求め，その間に成り立つ関係を見つける。

解答 A(1, 0), B(5, 3), C(−2, 4) のとき
$AB^2 = (5-1)^2 + (3-0)^2 = 16 + 9 = 25$
$BC^2 = (-2-5)^2 + (4-3)^2 = 49 + 1 = 50$
$AC^2 = (-2-1)^2 + (4-0)^2 = 9 + 16 = 25$
したがって　AB = AC　㋐
$AB^2 + AC^2 = BC^2$　㋑
よって，△ABC は　∠A が直角の直角二等辺三角形　……答

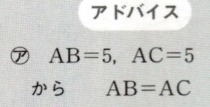

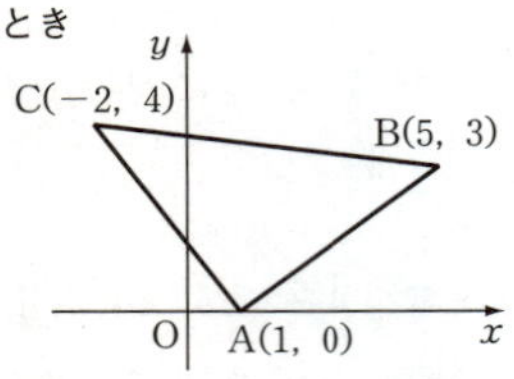

アドバイス
㋐ AB = 5, AC = 5
　から　AB = AC

㋑ $AB^2 + AC^2$
　$= 25 + 25 = 50$
　だから
　　$AB^2 + AC^2 = BC^2$

92 基本 次の3点 A, B, C を頂点とする △ABC は，どんな三角形か。
(1) A(5, 4), B(3, −2), C(1, 2)
(2) A(1, 0), B(−1, −4), C($2\sqrt{3}$, $-2-\sqrt{3}$)

93 基本 次の点 P の座標を求めよ。
(1) x 軸上にあって，2点 A(0, 2), B(5, 3) から等距離にある点 P
(2) y 軸上にあって，2点 A(3, 1), B(−2, 4) から等距離にある点 P

94 応用 平面上に長方形 ABCD がある。この平面上の任意の点 P に対して，次の等式が成り立つことを証明せよ。
$$PA^2 + PC^2 = PB^2 + PD^2$$

ヒント 92 まず，3辺の長さを求め，その間に成り立つ関係を見つける。
93 (1) 点 P の座標を P(x, 0) とおき，AP = BP から x の値を求める。 (2) P(0, y) とおく。
94 長方形 ABCD の頂点の座標を A(a, b), B($-a$, b), C($-a$, $-b$), D(a, $-b$) とおく。

95 基本 2点 A(-3, 2), B(4, 5) を結ぶ線分 AB について,次の点の座標を求めよ。
(1) $2:1$ に内分する点 　　(2) $2:1$ に外分する点
(3) $2:3$ に外分する点 　　(4) 中点

96 基本 点 A(-1, 4) に関して,点 P(3, 2) と対称な点 Q の座標を求めよ。

重要例題24 ▶ **平行四辺形の頂点**

3頂点が A(-1, -3), B(5, -1), C(3, 3) である平行四辺形 ABCD の残りの頂点 D の座標を求めよ。

考え方 ▶ 平行四辺形 ABCD の対角線 AC,BD はそれぞれの中点で交わるから,AC の中点の座標と BD の中点の座標は一致する。

解答 ▶ 平行四辺形 ABCD の残りの頂点 D の座標を D(x, y) とする。
対角線 AC の中点と対角線 BD の中点は一致するから
$$\frac{-1+3}{2}=\frac{5+x}{2}, \quad \frac{-3+3}{2}=\frac{-1+y}{2} \quad ⑦$$
すなわち $2=5+x$, $0=-1+y$
よって $x=-3$, $y=1$
したがって,点 D の座標は D(-3, 1) ……答

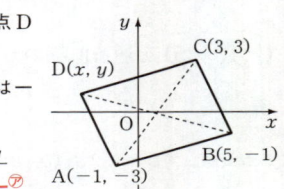

アドバイス
⑦ A(x_1, y_1), B(x_2, y_2) の中点を M(x, y) とすると
$$x=\frac{x_1+x_2}{2}$$
$$y=\frac{y_1+y_2}{2}$$

---

97 応用 三角形の各辺の中点の座標が (-2, -1),(3, 3),(5, 4) であるとき,この三角形の3つの頂点の座標を求めよ。

98 基本 次の3点 A,B,C を頂点とする △ABC の重心 G の座標を求めよ。
(1) A(-2, 4), B(1, -2), C(7, 1)
(2) A(3, 5), B(-2, 0), C(5, -2)

99 応用 3点 A(3, 2), B(5, -2), C(4, 1) を頂点とする △ABC について,次の問いに答えよ。
(1) 辺 BC,CA,AB を $2:1$ に内分する点を,それぞれ D,E,F とするとき,D,E,F の座標を求めよ。
(2) △DEF と △ABC の重心は一致することを示せ。

ヒント　96　点 A は線分 PQ の中点と一致する。
　　　　97　三角形の3つの頂点の座標を (x_1, y_1),(x_2, y_2),(x_3, y_3) とする。
　　　　99 (2)　△DEF,△ABC のそれぞれの重心の座標を求める。

直線の方程式

解答・解説は別冊 p.26

100 基本　次の直線の方程式を求めよ。
(1) 点 $(2, 5)$ を通り，傾きが -3 の直線
(2) 点 $(1, 3)$ を通り，x 軸に平行な直線
(3) 点 $(2, -1)$ を通り，x 軸に垂直な直線

101 基本　次の2点を通る直線の方程式を求めよ。
(1) $(3, -6)$, $(12, -2)$
(2) $(5, 0)$, $(0, -4)$
(3) $(2, -1)$, $(-3, -1)$
(4) $(-3, 3)$, $(-3, -5)$

重要例題25　**直線の方程式**

x 切片と y 切片が等しく，点 $(-1, -5)$ を通る直線の方程式を求めよ。ただし，この直線は原点を通らないものとする。

考え方　x 切片が a，y 切片が b である直線，すなわち2点 $(a, 0)$, $(0, b)$ を通る直線の方程式は
$$\frac{x}{a} + \frac{y}{b} = 1 \quad (a \neq 0, \ b \neq 0)$$
ここでは，x 切片と y 切片が等しいから，$a = b$　また，点 $(-1, -5)$ を通るから，直線の方程式に $x = -1$, $y = -5$ を代入して，a の値を求める。

解答　x 切片と y 切片がともに a $(a \neq 0)$ である直線の方程式は
$$\frac{x}{a} + \frac{y}{a} = 1 \quad ㋐$$
$$x + y = a$$
この直線が点 $(-1, -5)$ を通るから
$$-1 - 5 = a \quad \text{よって} \quad a = -6$$
したがって　$x + y = -6$ ……答

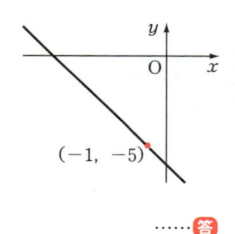

アドバイス
㋐　この形の直線の方程式を切片形ということがある。

---

102 基本　x 切片と y 切片が等しく，点 $(1, 2)$ を通る直線の方程式を求めよ。ただし，これらの切片は0ではないとする。

103 応用　次の3点が同一直線上にあるとき，a の値を求めよ。
(1) $A(1, 4)$, $B(-1, 2)$, $C(5, a)$
(2) $A(3, 4)$, $B(-2, -3)$, $C(a+3, a)$

ヒント
100 (3) x 軸に垂直な直線は，y 軸に平行な直線だから $x = x_1$ の形になる。
101 (2) 2点 $(a, 0)$, $(0, b)$ を通る直線の方程式は　$\dfrac{x}{a} + \dfrac{y}{b} = 1$ $(a \neq 0, \ b \neq 0)$
103 まず，A, B を通る直線の方程式を求め，点 C がその直線上にあるような a の値を求める。

2 直線の位置関係

解答・解説は別冊 p.26

104 基本 次の 2 直線の交点の座標を求めよ。
(1) $3x+2y=2$, $6x-2y=1$
(2) $2x-3y-7=0$, $3x+2y-4=0$

105 基本 2 直線 $3x-y+6=0$, $6x+5y-30=0$ の交点の座標を求めよ。また，これらの 2 直線と x 軸とで囲まれる三角形の重心の座標を求めよ。　　　　　　　　　　　　　　　　（北海道薬大）

106 応用 次の 3 直線が 1 点で交わるような定数 a の値を求めよ。
$$x-y=3-2a, \quad 2x+y=5-a, \quad x+2y=8-a$$
（麻布大）

107 基本 次の直線のうち，互いに平行なもの，互いに垂直なものをいえ。
(1) $x+2y=1$ 　　　　(2) $y=-x$ 　　　　(3) $2x+4y=3$
(4) $3x-y=1$ 　　　　(5) $x+3y+2=0$ 　　(6) $x+y-2=0$

108 基本 点 $(3, -2)$ を通り，次の直線に平行な直線，および垂直な直線の方程式をそれぞれ求めよ。
(1) $3x-2y+5=0$ 　　　　　　　　　(2) $y=-5x+3$

109 応用 △ABC について，次の(1)と(2)を証明せよ。
(1) 3 つの頂点から対辺またはその延長に引いた垂線は 1 点で交わる。
(2) 3 つの辺の垂直二等分線は 1 点で交わる。

ヒント　105　2 直線の交点，2 直線と x 軸とのそれぞれの交点が，三角形の頂点になる。
　　　　　106　まず，直線 $x-y=3-2a$ と $2x+y=5-a$ の交点の座標を求める。この交点が直線 $x+2y=8-a$ の上にあるような a の値を求める。
　　　　　109　BC を x 軸，頂点 A を通り BC に垂直な直線を y 軸にとる。

重要例題26　2直線の平行・垂直条件

2直線　$ax+by+c=0$, $a'x+b'y+c'=0$
について，次のことを証明せよ。ただし，$b \neq 0$, $b' \neq 0$ とする。
(1) 平行となるとき　$ab'-ba'=0$
(2) 垂直となるとき　$aa'+bb'=0$

考え方　直線 $ax+by+c=0$ $(b \neq 0)$ の傾きは $-\dfrac{a}{b}$, $a'x+b'y+c'=0$ $(b' \neq 0)$ の傾きは $-\dfrac{a'}{b'}$ である。また，2直線 $y=mx+n$, $y=m'x+n'$ において，$m=m'$ のとき，2直線は平行，$mm'=-1$ のとき，2直線は垂直である。

解答　$ax+by+c=0$ ……①, $a'x+b'y+c'=0$ ……②
$b \neq 0$, $b' \neq 0$ のとき
①から　$y=-\dfrac{a}{b}x-\dfrac{c}{b}$　　傾きは　$-\dfrac{a}{b}$　㋐
②から　$y=-\dfrac{a'}{b'}x-\dfrac{c'}{b'}$　　傾きは　$-\dfrac{a'}{b'}$

(1) 2直線が平行のとき　㋑
$$-\dfrac{a}{b}=-\dfrac{a'}{b'}, \quad -ab'=-ba'$$
したがって　$ab'-ba'=0$　㋒

(2) 2直線が垂直のとき
$$\left(-\dfrac{a}{b}\right)\left(-\dfrac{a'}{b'}\right)=-1$$
$$\dfrac{aa'}{bb'}=-1 \quad \text{よって} \quad aa'=-bb'$$
したがって　$aa'+bb'=0$

アドバイス

㋐　$ax+by+c=0$ $(b \neq 0)$
　　$by=-ax-c$
　　$y=-\dfrac{a}{b}x-\dfrac{c}{b}$

㋑　2直線①，②において傾きが等しく，かつ $\dfrac{c}{b}=\dfrac{c'}{b'}$ のとき，2直線は一致する。

㋒　$b=0$, $b'=0$ のとき
　　①から　$ax+c=0$
　　②から　$a'x+c'=0$
　　2直線は平行だから $b=0$, $b'=0$ のときも条件 $ab'-ba'=0$ は成り立つ。

---

110 基本　2直線 $2x+5y-6=0$, $3x+ky-5=0$ は，$k=\boxed{}$ のとき直交し，$k=\boxed{}$ のとき平行になる。
（東海大）

111 応用　2直線 $ax+(a+2)y=3$, $x+ay=1$ が次のようになるときの定数 a の値を求めよ。
(1) 2直線が平行
(2) 2直線が垂直

112 基本　次の点と直線との距離を求めよ。
(1) 原点 O と直線 $y=2x-5$
(2) 点 $(2, 1)$ と直線 $3x-4y+5=0$

113 基本　直線 $y=3x+1$ と直線 $y=3x+2$ との距離を求めよ。

ヒント　110, 111　重要例題26 の公式を利用する。

114 応用 3点 A(4, 3), B(1, 4), C(5, 1) について, 次の問いに答えよ。
(1) 線分 BC の長さを求めよ。　　(2) 直線 BC の方程式を求めよ。
(3) 点 A と直線 BC の距離を求めよ。　　(4) △ABC の面積を求めよ。

115 応用 次の点の座標を求めよ。
(1) 直線 $y=x$ に関して, 点 A(3, 2) と対称な点
(2) 直線 $3x+y-1=0$ に関して, 点 A(2, 5) と対称な点

重要例題27　直線の定点通過

k を定数とするとき, 直線　$(1+2k)x+(1-k)y-(4k+5)=0$
は, k の値に関係なくある定点を通ることを示せ。また, その定点の座標を求めよ。

考え方 直線の方程式 $(ax+by+c)+k(a'x+b'y+c')=0$ において
連立方程式 $\begin{cases} ax+by+c=0 \\ a'x+b'y+c'=0 \end{cases}$ の解 $x=x_1$, $y=y_1$ は k がどのような値をとっても, もとの直線の方程式を満たしているから, この直線は k がどのような値をとっても, 定点 (x_1, y_1) を通る。

解答 $(1+2k)x+(1-k)y-(4k+5)=0$　……①
①を k について整理すると
　　　$(x+y-5)+k(2x-y-4)=0$　……②
連立方程式 $\begin{cases} x+y-5=0 \\ 2x-y-4=0 \end{cases}$ の解 $x=3$, $y=2$ ㋐ は, k の値に関係なくつねに方程式②を満たしている。
したがって, 直線①は, k がどのような値をとっても, つねに定点を通る。
また, その定点の座標は　(3, 2)　……答
注意 k を定数とするとき, 方程式 $(x+y-5)+k(2x-y-4)=0$ は2直線 $x+y-5=0$, $2x-y-4=0$ の交点 (3, 2) を通る直線を表す。ただし, 直線 $2x-y-4=0$ を除く。

アドバイス
㋐　$x+y-5=0$
　+) $2x-y-4=0$
　　$3x-9=0$
よって　$x=3$
上の式に代入して
　$3+y-5=0$
よって　$y=2$

---

116 応用 次の方程式は, 定数 k がどんな値をとっても, つねに定点を通る直線を表すことを示せ。
　　$(k+1)x-(3k-2)y+k-1=0$

117 応用 2直線 $x-3y+1=0$, $2x+y-5=0$ の交点を通り, 次の条件を満たす直線の方程式を求めよ。
(1) 傾きが -3　　(2) 点 $(-1, -5)$ を通る

ヒント 115 (2) 求める点を B とすると, 直線 $3x+y-1=0$ と直線 AB は垂直であり, 線分 AB の中点は直線 $3x+y-1=0$ 上にある。
117 2直線 $ax+by+c=0$, $a'x+b'y+c'=0$ の交点を通る直線の式は, k を定数として $(ax+by+c)+k(a'x+b'y+c')=0$ と表される。

実戦問題①

1 数直線上に点 A(-4), P(x) がある。このとき，次の問いに答えよ。 **(各5点 計15点)**

(1) $x=-2$ のとき，2点 A，P 間の距離 AP を求めよ。

(2) AP$=1$ を満たす点 P の座標を求めよ。

(3) AP<2 を満たす点 P が存在するような x の範囲を求めよ。

2 2点 A(-6, 2)，B(4, 7) を結ぶ線分 AB を $2:3$ に内分する点を C，$2:3$ に外分する点を D とする。このとき，次の問いに答えよ。 **((1)7点，(2)8点 計15点)**

(1) 点 C の座標を求めよ。

(2) 線分 CD の長さを求めよ。

3 △ABC の重心を G とするとき，次の等式が成り立つことを証明せよ。 **(15点)**

$$AB^2+AC^2=BG^2+CG^2+4AG^2$$

4 次の直線の方程式を求めよ。 (各5点 計15点)

(1) 2点 (3, 1), (4, -5) を通る直線

(2) 点 (1, 3) を通り，直線 $2x+y+4=0$ に垂直な直線

(3) 点 (-1, 4) を通り，2点 (0, -3), (2, 0) を通る直線に平行な直線

5 3点 O(0, 0), A(1, 3), B(-2, 2) について，次の問いに答えよ。
((1) 8点, (2) 7点 計15点)

(1) 原点 O から直線 AB に下ろした垂線の長さ h を求めよ。

(2) △OAB の面積を求めよ。

6 2直線 $x+y=2$, $2x-y=6$ の交点を通り，さらに次の条件を満たす直線の方程式を求めよ。 (各5点 計10点)

(1) 原点 O(0, 0) を通る直線

(2) 直線 $y=x$ に垂直な直線

7 2点 O(0, 0), A(-5, 4) と直線 $\ell : 3x+2y-6=0$ がある。次の問いに答えよ。
((1) 7点, (2) 8点 計15点)

(1) 直線 ℓ に関して，点 A と対称な点 B の座標を求めよ。

(2) 点 P が直線 ℓ 上を動くとき，OP+AP の最小値および，そのときの点 P の座標を求めよ。

第2節　円

1 円の方程式

❶ 点 C(a, b) を中心とし，半径 r の円の方程式は
$$(x-a)^2+(y-b)^2=r^2 \quad ⑦$$

❷ 一般に，円の方程式は，l, m, n を定数として
$$x^2+y^2+lx+my+n=0$$
逆に，この方程式は　$l^2+m^2-4n>0$ のとき
$$中心\left(-\frac{l}{2}, -\frac{m}{2}\right), 半径\frac{\sqrt{l^2+m^2-4n}}{2} \quad ④$$
の円を表す。

2 円と直線

❶ 円と直線の共有点の座標

円と直線の方程式を連立させたときの実数解として得られる。

❷ 円と直線の共有点の個数

円と直線の方程式から y を消去して得られる x の 2 次方程式⑦の判別式を D ④ として

$D>0 \iff$ 共有点が 2 つ
$ \iff$ 異なる 2 点で交わる
$D=0 \iff$ 共有点が 1 つ $\iff$ 1 点で接する
$D<0 \iff$ 共有点がない

❸ 半径 r の円 C の中心と直線 ℓ との距離を d とすると，円 C と直線 ℓ の位置関係は

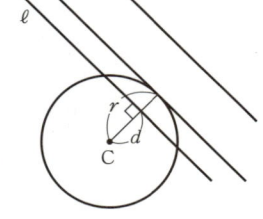

$d<r \iff$ 異なる 2 点で交わる
$d=r \iff$ 1 点で接する
$d>r \iff$ 共有点がない

3 円の接線 ⑦

円 $x^2+y^2=r^2$ の周上の点 (x_1, y_1) における接線の方程式は　$x_1x+y_1y=r^2$

4 円と直線の交点を通る円 ⑦

円　　$x^2+y^2+lx+my+n=0$
と直線　$ax+by+c=0$
が 2 点で交わるとき，その交点を通る円の方程式は，k を定数として
$$(x^2+y^2+lx+my+n)+k(ax+by+c)=0$$

これだけはおさえよう

⑦ 特に，原点 O を中心とし，半径 r の円の方程式は　　$x^2+y^2=r^2$

④ $x^2+y^2+lx+my+n=0$
$x^2+2\cdot\frac{l}{2}x+\left(\frac{l}{2}\right)^2+y^2+2\cdot\frac{m}{2}y+\left(\frac{m}{2}\right)^2$
$=-n+\left(\frac{l}{2}\right)^2+\left(\frac{m}{2}\right)^2$
$\left(x+\frac{l}{2}\right)^2+\left(y+\frac{m}{2}\right)^2=\frac{l^2+m^2-4n}{4}$

これは，$l^2+m^2-4n>0$ のとき，円を表す。

⑦ 円と直線の方程式から x を消去して，y についての 2 次方程式を考えてもよい。

④ 円と直線の方程式から y を消去して得られる x の 2 次方程式を $ax^2+bx+c=0$ とする。
この方程式の判別式は $D=b^2-4ac$ で，
$D>0 \iff$ 異なる 2 つの実数解をもつ
$D=0 \iff$ 1 つの実数解(重解)をもつ
$D<0 \iff$ 異なる 2 つの虚数解をもつ

⑦ 円 $(x-a)^2+(y-b)^2=r^2$ の周上の点 (x_1, y_1) における接線の方程式は
$$(x_1-a)(x-a)+(y_1-b)(y-b)=r^2$$
(この式は公式として使用するのではなく，求めた接線の式の検算用とする)

⑦ 一般には，2 つの直線，または 2 つの円
$$f(x, y)=0, g(x, y)=0$$
が交わるとき，その交点を通る直線，または円の方程式は，k を定数として
$$f(x, y)+kg(x, y)=0$$
ただし，$g(x, y)=0$ は表さない。

円の方程式

118 基本　次の円の方程式を求めよ。
(1) 点$(-3, -4)$を中心とし，原点を通る円
(2) 点$(2, -4)$を通り，x軸にもy軸にも接する円
(3) 2点$(-2, 3)$, $(4, 1)$を直径の両端とする円

重要例題28　円の方程式

xy 平面上の2点 $\left(4, \dfrac{5}{2}\right)$, $\left(\dfrac{1}{2}, -1\right)$ を通り，中心が直線 $y=1$ の上にある円の方程式を求めよ。
(東京工芸大)

考え方　中心が直線 $y=1$ の上にあるから，中心の座標を $(a, 1)$ とすると，半径 r の円の方程式は $(x-a)^2+(y-1)^2=r^2$ とおける。2点 $\left(4, \dfrac{5}{2}\right)$, $\left(\dfrac{1}{2}, -1\right)$ を通ることから，a, r の値を求める。

解答　中心の座標を $(a, 1)$ とすると，円の方程式は
$(x-a)^2+(y-1)^2=r^2$ ㋐ とおける。
2点 $\left(4, \dfrac{5}{2}\right)$, $\left(\dfrac{1}{2}, -1\right)$ を通るから
$$(4-a)^2+\left(\dfrac{5}{2}-1\right)^2=r^2 \quad \cdots\cdots ①$$
$$\left(\dfrac{1}{2}-a\right)^2+(-1-1)^2=r^2 \quad \cdots\cdots ②$$
①-②から　$(4-a)^2-\left(\dfrac{1}{2}-a\right)^2+\dfrac{9}{4}-4=0$
$-7a+14=0$ ㋑　よって　$a=2$
①に代入して　$r^2=(4-2)^2+\dfrac{9}{4}=\dfrac{25}{4}$
したがって，求める円の方程式は　$(x-2)^2+(y-1)^2=\dfrac{25}{4}$　……答

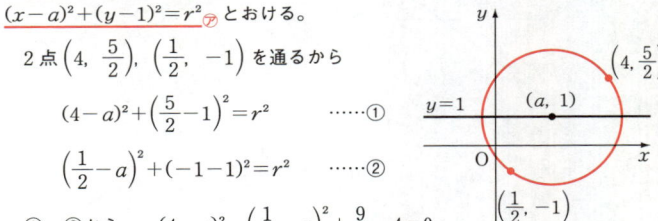

アドバイス
㋐ 中心が(a, b), 半径rの円の方程式は
$(x-a)^2+(y-b)^2=r^2$
㋑ 上の式を展開すると
$(16-8a+a^2)$
$-\left(\dfrac{1}{4}-a+a^2\right)-\dfrac{7}{4}=0$
$16-8a+a^2$
$-\dfrac{1}{4}+a-a^2-\dfrac{7}{4}=0$
よって　$-7a+14=0$

119 応用　直線 $y=-4x+5$ の上に中心をもち，両座標軸に接する円の方程式を求めよ。（実践女大）

120 基本　次の方程式は，どのような曲線を表すか。
(1) $x^2+y^2+4x-6y+12=0$
(2) $(x-2)(x+4)+(y-3)(y-1)=0$
(3) $4x^2+4y^2-8x+24y+15=0$

121 基本　x, y の方程式 $x^2+y^2+6ax-2ay+28a+6=0$ が円を表すとき，a の値の範囲は □ である。
（千葉工大）

ヒント　121　方程式を$(x-x_1)^2+(y-y_1)^2=R$の形に変形する。方程式が円を表すためには，$R>0$であることからaの値の範囲を求める。

122 基本 円 $x^2+y^2+6x-2y+1=0$ について，次の問いに答えよ。

(1) 中心の座標と半径を求め，この円をかけ。

(2) この円と中心が同じで，面積が2倍の円の方程式を求めよ。

重要例題29 　**三角形の外接円**

次の3直線で囲まれた三角形の外接円の方程式を求めよ。
$$2x-y=0, \quad x+2y-5=0, \quad 3x-4y-5=0$$

考え方　まず，3直線で囲まれた三角形の頂点の座標を求める。外接円の方程式を
$$x^2+y^2+ax+by+c=0$$
として，この円が三角形の3つの頂点を通ることから，a, b, cについての連立1次方程式を作る。

解答　$2x-y=0$ …①, $x+2y-5=0$ …②, $3x-4y-5=0$ …③

①，②を連立させると　$x=1$, $y=2$
②，③を連立させると　$x=3$, $y=1$
③，①を連立させると　$x=-1$, $y=-2$

したがって，直線①と②の交点をA，②と③の交点をB，③と①の交点をCとすると
$$A(1, 2), \quad B(3, 1), \quad C(-1, -2)$$

このとき，△ABCの外接円の方程式を
$$x^2+y^2+ax+by+c=0 \quad \text{㋐} \quad \cdots\cdots ④$$
とすると，3点A，B，Cを通ることから
$$1^2+2^2+a+2b+c=0 \quad \cdots\cdots ⑤$$
$$3^2+1^2+3a+b+c=0 \quad \cdots\cdots ⑥$$
$$(-1)^2+(-2)^2-a-2b+c=0 \quad \cdots\cdots ⑦$$

⑤，⑥，⑦を解くと　$a=-2$, $b=1$, $c=-5$　㋑

④に代入して　$x^2+y^2-2x+y-5=0$ 　……**答**

アドバイス

㋐　2直線①，②が垂直であることに気づけば，中心は線分BCの中点
$$\left(1, -\frac{1}{2}\right)$$
半径は
$$\frac{1}{2}BC = \frac{5}{2}$$

㋑　⑤＋⑦から
$2c+10=0$, $c=-5$
⑤に代入して
$a+2b=0$ 　……⑧
⑥に代入して
$3a+b=-5$ 　……⑨
⑧，⑨から
$a=-2$, $b=1$

---

123 基本　次の問いに答えよ。

(1) 3点 $(-3, 5)$, $(-2, 6)$, $(4, -2)$ を通る円の方程式を求めよ。

(2) (1)の円がさらに点 $(5, k)$ を通るとき，k の値を求めよ。

124 応用　円周上の点Cから直径ABへ下ろした垂線をCDとすると，$CD^2=AD \cdot DB$ が成り立つことを，座標を使って証明せよ。

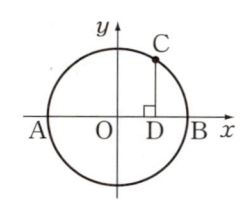

ヒント　**123** (1) 円の方程式を $x^2+y^2+ax+by+c=0$ とおいて，3点の座標を代入し，a, b, c についての連立方程式を解く。

円と直線

125 基本 次の円と直線の位置関係を調べよ。また，共有点があればその点の座標を求めよ。
(1) $x^2+y^2=2$, $x-y=-2$
(2) $x^2+y^2=25$, $3x-y-5=0$
(3) $x^2+y^2=4$, $x+y-4=0$

126 基本 円 $x^2+y^2=4$ と直線 $y=-3x+a$ との共有点の個数は，定数 a の値によってどのように変わるか調べよ。

重要例題30 円と直線の関係

直線 $2x-y+n=0$ が，円 $x^2+y^2-4y-1=0$ と異なる2点で交わるような定数 n の値の範囲を求めよ。また，直線が円に接するとき，定数 n の値と接点の座標を求めよ。

考え方 2つの方程式 $2x-y+n=0$, $x^2+y^2-4y-1=0$ から y を消去して，x についての2次方程式を導く。この2次方程式の判別式を D とすると

　　直線と円が異なる2点で交わるとき $D>0$，　接するとき $D=0$

解答 $2x-y+n=0$ ……①，$x^2+y^2-4y-1=0$ ……②
①，②から y を消去して
　　$x^2+(2x+n)^2-4(2x+n)-1=0$ ⑦
　　$5x^2+4(n-2)x+n^2-4n-1=0$ ……③
①，②が異なる2点で交わるとき，③は異なる2実数解をもつから，判別式を D とすると
$$\frac{D}{4}=\{2(n-2)\}^2-5(n^2-4n-1)>0$$
　　　　$-n^2+4n+21>0$
　　　　$(n-7)(n+3)<0$　よって $-3<n<7$ ……答
また，①，②が接するとき，③は重解をもつから $D=0$
　　$(n-7)(n+3)=0$　よって $n=7, -3$
$n=7$ のとき，③は $5x^2+20x+20=0$, $5(x+2)^2=0$, $x=-2$
①から $y=2\cdot(-2)+7=3$
$n=-3$ のとき，③は $5x^2-20x+20=0$, $5(x-2)^2=0$, $x=2$
①から $y=2\cdot 2-3=1$
したがって，接点の座標は ⑦
　　$n=7$ のとき，$(-2, 3)$　　$n=-3$ のとき，$(2, 1)$ ……答

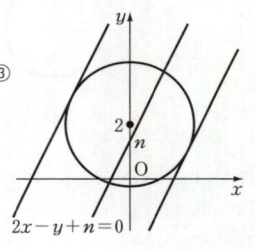

アドバイス

⑦ ①から $y=2x+n$
これを②に代入する。

⑦ $x^2+y^2-4y-1=0$ は
$x^2+(y-2)^2=5$
円の中心 $(0, 2)$ を通り，直線①に垂直な直線
$x+2y-4=0$
と，$n=7, -3$ のときの①との交点を求めてもよい。

127 応用 直線 $y=mx-2$ と円 $x^2+y^2-4y+3=0$ が異なる2点で交わるとき，定数 m のとり得る値の範囲を求めよ。また，直線と円が接するとき，m の値と接点の座標を求めよ。

> **ヒント** 127 直線と円の方程式を連立させて，y を消去して得られる x についての2次方程式の判別式 D を考える。異なる2点で交わるときは $D>0$，接するときは $D=0$

128 基本 直線 $3x+4y+k=0$ と円 $(x-1)^2+y^2=4$ が共有点をもつような定数 k の値の範囲を求めよ。
(千葉工大)

129 基本 次の円の方程式を求めよ。
(1) 点 $(2, 3)$ を中心とし，直線 $y=2x-6$ に接する円
(2) 中心が第1象限にあって，x 軸，y 軸，および直線 $3x+4y-12=0$ に接する円

130 基本 次の円周上の与えられた点 P における接線の方程式を求めよ。
(1) $x^2+y^2=5$, $P(1, -2)$
(2) $x^2+y^2=25$, $P(-4, 3)$

重要例題31 円外の点からの接線

点 $P(4, -2)$ を通り，円 $x^2+y^2=10$ に接する直線の方程式を求めよ。 (福岡大)

考え方 円 $x^2+y^2=r^2$ の周上の点 (x_1, y_1) における接線の方程式は $x_1x+y_1y=r^2$
この接線が $P(4, -2)$ を通ることから，x_1, y_1 の値を求める。

解答 円 $x^2+y^2=10$ の周上の点 (x_1, y_1)
における接線の方程式は
$$x_1x+y_1y=10 \quad \cdots\cdots ①$$
直線①が，点 $P(4, -2)$ を通るから
$$4x_1-2y_1=10$$
よって $\underline{y_1=2x_1-5}_{㋐} \quad \cdots\cdots ②$
また，点 (x_1, y_1) は円周上にあるから
$$x_1^2+y_1^2=10 \quad \cdots\cdots ③$$
②を③に代入して $x_1^2+(2x_1-5)^2=10$, $5x_1^2-20x_1+15=0$
$(x_1-3)(x_1-1)=0$ よって $x_1=3, 1$
②から $x_1=3$ のとき $y_1=2\cdot3-5=1$
$x_1=1$ のとき $y_1=2\cdot1-5=-3$
したがって，①から接線の方程式は $\underline{3x+y=10, x-3y=10}_{㋑} \quad \cdots\cdots$ **答**

注意 点 $P(4, -2)$ を通り，y 軸に平行な直線は，円の接線とはならないから，接線の方程式を $y+2=m(x-4) \quad \cdots\cdots ④$ とおき，円の方程式と④から y を消去して x の2次方程式を導き，判別式 $D=0$ から m の値を求めてもよい。

アドバイス

㋐ ①で，$x=4$, $y=-2$ とおくと
$x_1\cdot4+y_1\cdot(-2)=10$
$4x_1-2y_1=10$
$-2y_1=-4x_1+10$
$y_1=2x_1-5$

㋑ ①で
$x_1=3$, $y_1=1$ のとき
$3x+y=10$
$x_1=1$, $y_1=-3$ のとき
$x-3y=10$

---

131 応用 点 $P(3, -1)$ を通り，円 $x^2+y^2=5$ に接する直線の方程式と，接点の座標を求めよ。また，その2つの接点を通る直線の方程式を求めよ。

ヒント 131 接点の座標を (x_1, y_1) として接線の方程式を作り，点 P の座標を代入した式と，点 (x_1, y_1) が円 $x^2+y^2=5$ 上にあることから得られる $x_1^2+y_1^2=5$ を連立させて x_1, y_1 の値を求める。

132 基本 円 $(x-2)^2+(y-1)^2=5$ 上の点 A(4, 2) における接線を ℓ とする。次の問いに答えよ。
(1) ℓ の傾きを求めよ。　　　　　　(2) ℓ の方程式を求めよ。

133 応用 円 $(x-1)^2+(y-3)^2=25$ が直線 $2x-y+k=0$ から切り取る線分の長さが，$\sqrt{80}$ であるとき，k の値を求めよ。
(大東文化大)

134 応用 円 $x^2+y^2-2x-4y=0$ が直線 $y=3x-1$ から切り取る線分の中点の座標と，線分の長さを求めよ。
(岐阜聖徳学園大)

重要例題32　円と直線の交点を通る円

k がどのような定数であっても，方程式
$$x^2+y^2-1+k(2x+3y-1)=0$$
は，円 $x^2+y^2=1$ と直線 $2x+3y-1=0$ との交点を通る円を表すことを証明せよ。
また，この円が点 (1, 1) を通るように k の値を定めよ。

考え方 円 $x^2+y^2=1$ の中心 (0, 0) から直線 $2x+3y-1=0$ への距離は
$\dfrac{|-1|}{\sqrt{2^2+3^2}}=\dfrac{1}{\sqrt{13}}<1$ だから，円の半径より小さい。よって，円と直線は異なる 2 点で交わる。この交点を (x_1, y_1) とおく。

解答 $x^2+y^2-1+k(2x+3y-1)=0$ ……①
円　$x^2+y^2=1$ ……②，　直線　$2x+3y-1=0$ ……③
①を変形すると　$(x+k)^2+\left(y+\dfrac{3}{2}k\right)^2=\dfrac{13}{4}k^2+k+1$　㋐
$\dfrac{13}{4}k^2+k+1=\dfrac{13}{4}\left(k+\dfrac{2}{13}\right)^2+\dfrac{12}{13}>0$ だから，①は円を表す。㋑
また，円②と直線③の交点を (x_1, y_1) とすると，②，③から
$x_1^2+y_1^2=1$，$2x_1+3y_1-1=0$
よって，k がどのような定数であっても
$(x_1^2+y_1^2-1)+k(2x_1+3y_1-1)=0$
が成り立つ。
したがって，①は円②と直線③との交点を通る円を表す。
また，この円が点 (1, 1) を通るとき，①に $x=1$，$y=1$ を代入して
$1^2+1^2-1+k(2\cdot1+3\cdot1-1)=0$　よって　$k=-\dfrac{1}{4}$ ……答

アドバイス
㋐ ①から
$x^2+2kx+y^2+3ky$
$\qquad\qquad=1+k$
$(x+k)^2+\left(y+\dfrac{3}{2}k\right)^2$
$=1+k+k^2+\dfrac{9}{4}k^2$
$=\dfrac{13}{4}k^2+k+1$

㋑ 円①の中心は
$\left(-k, -\dfrac{3}{2}k\right)$
半径は
$\sqrt{\dfrac{13}{4}k^2+k+1}$

---

135 応用 円 $x^2+y^2=25$ と直線 $7x+y-25=0$ の 2 つの交点および原点を通る円の方程式を求めよ。

ヒント 133　円の中心から直線までの距離 d，円の半径 r，切り取られた線分の長さ l の間には，三平方の定理から $\left(\dfrac{l}{2}\right)^2+d^2=r^2$ が成り立つ。

実戦問題②

1 次の円の方程式を求めよ。 (各5点 計15点)

(1) 中心が $(3, -1)$ で，点 $(-1, 0)$ を通る円

(2) x 軸と y 軸に接し，点 $(2, 1)$ を通る円

(3) 点 $(2, 3)$ を中心とし，2 点 $(-1, -1)$, $(3, 1)$ を通る直線に接する円

2 3 点 $(2, -1)$, $(2, 3)$, $(4, 1)$ を通る円の方程式を求めよ。 (10点)

3 直線 $y = mx + 2$ と円 $x^2 + y^2 = 3$ がある。このとき，次の問いに答えよ。

(各5点 計15点)

(1) 直線と円が異なる 2 点で交わるとき，m の値の範囲を求めよ。

(2) 直線と円が接するとき，m の値を求めよ。

(3) 直線と円の共有点がないとき，m の値の範囲を求めよ。

4 点 $(3, 3)$ から，円 $x^2 + y^2 = 3$ に引いた接線の方程式を求めよ。 (15点)

5 次の問いに答えよ。 ((1) 8 点, (2) 7 点　計 15 点)

(1) 点 A(2, 1) から，円 $x^2+y^2=2$ に引いた接線の長さを求めよ。

(2) 直線 $y=2x-1$ が円 $x^2+y^2=2$ によって切り取られる線分の長さを求めよ。

6 点 $(7, -1)$ を中心とし，円 $x^2+y^2+10x-8y+16=0$ に接する円の方程式を求めよ。

(15 点)

7 2 円 $x^2+y^2-4=0$, $x^2+y^2+4x+2y+1=0$ の交点と原点 O を通る円の方程式を求めよ。

(15 点)

第3節　軌跡と領域

1 軌跡
　ある条件を満たす点全体の作る図形を，その条件を満たす点の軌跡⑦という。座標を用いて軌跡を求めるには以下の手順で考える。
❶ 座標軸を適当に定め，動点の座標を (x, y) とする。
❷ 条件を x, y の関係式で表す。
❸ ❷の関係式から，軌跡を表す図形をかく。

2 媒介変数で表される点の軌跡
　動点 (x, y) の x, y が媒介変数 t によって
$$x=f(t),\ y=g(t)$$
の形で表されるとき，この2つの方程式から t を消去した x と y だけの関係式が，求める軌跡の方程式である。

3 不等式の表す領域
❶ 1次不等式の表す領域⑦
- $y>mx+n$ の表す領域
　　$\Longrightarrow$ 直線 $y=mx+n$ の**上側の部分**
- $y<mx+n$ の表す領域
　　$\Longrightarrow$ 直線 $y=mx+n$ の**下側の部分**
- $x>k \Longrightarrow$ 直線 $x=k$ の右側の部分
- $x<k \Longrightarrow$ 直線 $x=k$ の左側の部分

❷ 円と領域⑦
　円 $C:(x-a)^2+(y-b)^2=r^2$ について
- $(x-a)^2+(y-b)^2<r^2$ の表す領域
　　$\Longrightarrow$ 円 C の**内部**
- $(x-a)^2+(y-b)^2>r^2$ の表す領域
　　$\Longrightarrow$ 円 C の**外部**

4 正領域・負領域⑨
- $y>f(x)$ の表す領域 $\Longrightarrow y-f(x)>0$ の表す領域 $\Longrightarrow y-f(x)$ の正領域
- $y<f(x)$ の表す領域 $\Longrightarrow y-f(x)<0$ の表す領域 $\Longrightarrow y-f(x)$ の負領域

5 連立不等式の表す領域
　連立不等式 $\begin{cases} f(x,\ y)>0 \\ g(x,\ y)>0 \end{cases}$ の表す領域
　　$\Longrightarrow$ それぞれの不等式の表す領域の共通部分
　　　（2つの不等式を同時に満たす点の集まり）

これだけはおさえよう

⑦ 基本的な軌跡
(i) 2定点 A, B から等距離にある点
　　$\Longrightarrow$ 線分 AB の垂直二等分線
(ii) 2定点からの距離の比 $m:n\ (m\neq n)$ が一定である点
　　$\Longrightarrow$ アポロニウスの円
(iii) 定点から一定の距離にある点
　　$\Longrightarrow$ 定点を中心とする円
(iv) 定線分を見込む角が $90°$ である点
　　$\Longrightarrow$ 定線分を直径とする円
　　（線分の両端を除く）
(v) 交わる2直線から等距離にある点
　　$\Longrightarrow$ 2直線のなす角の二等分線

④ $y>mx+n$　　$y<mx+n$
境界は含まない 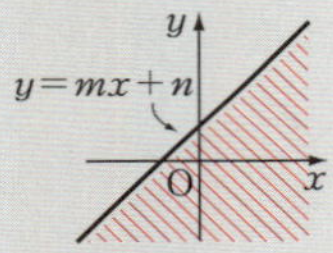　　境界は含まない

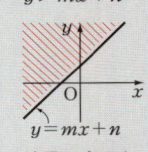

これと同様に曲線 $C:y=f(x)$ について
$y>f(x)$ の表す領域 $\Longrightarrow C$ の上側
$y<f(x)$ の表す領域 $\Longrightarrow C$ の下側

⑦ $(x-a)^2+(y-b)^2<r^2$
境界は含まない

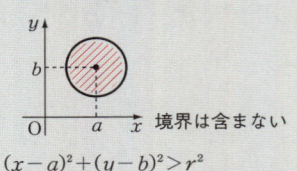

$(x-a)^2+(y-b)^2>r^2$ 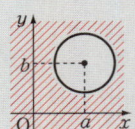
境界は含まない

① $f(x,\ y)=ax+by+c$ のとき
・正領域 $\Longrightarrow ax+by+c>0$
・負領域 $\Longrightarrow ax+by+c<0$

軌跡の方程式

解答・解説は別冊 p.34

136 基本 2点 A(1, 0), B(3, 2) から等距離にある点の軌跡を求めよ。

137 基本 2定点 A(−3, 0), B(3, 0) に対して，次の条件を満たす点 P の軌跡を求めよ。
(1) $PA^2 + PB^2 = 50$
(2) $PA^2 - PB^2 = 24$

重要例題33 正三角形と軌跡

正三角形 ABC に対して，次の条件を満たす点 P の軌跡を求めよ。
$$2AP^2 = BP^2 + CP^2$$

考え方 正三角形の1辺の長さと高さの比は $2 : \sqrt{3}$ だから，$a > 0$ として頂点の座標を $A(0, \sqrt{3}a)$，$B(-a, 0)$，$C(a, 0)$ とする。与えられた条件を満たす点 P の座標を (x, y) として，x, y の関係式を求める。

解答 右図のように，頂点の座標が
$A(0, \sqrt{3}a)$，$B(-a, 0)$，$C(a, 0)$ ㋐ $(a > 0)$
である正三角形を △ABC とする。
点 P の座標を (x, y) とすると
$$2AP^2 = BP^2 + CP^2$$
から
$\underline{2\{x^2 + (y - \sqrt{3}a)^2\} = (x+a)^2 + y^2 + (x-a)^2 + y^2}$ ㋑
$-4\sqrt{3}ay + 6a^2 = 2a^2$，$4\sqrt{3}ay = 4a^2$
$a \neq 0$ だから $y = \dfrac{a}{\sqrt{3}}$ ……①

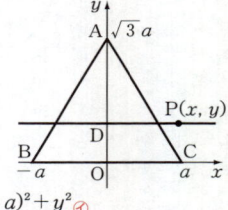

直線①と y 軸との交点を $D\left(0, \dfrac{a}{\sqrt{3}}\right)$ とすると
$$AD : DO = \left(\sqrt{3}a - \dfrac{a}{\sqrt{3}}\right) : \dfrac{a}{\sqrt{3}} = 2 : 1$$
したがって，求める軌跡は
<u>△ABC の重心</u>㋒を通り，辺 BC に平行な直線 ……答

アドバイス
㋐ △ABC は正三角形だから
$OC : AO = 1 : \sqrt{3}$
$BO = OC$

㋑ $AP^2 = (x-0)^2 + (y - \sqrt{3}a)^2$
$BP^2 = \{x - (-a)\}^2 + (y-0)^2$
$CP^2 = (x-a)^2 + (y-0)^2$

㋒ 三角形の重心は，中線を $2:1$ の比に内分する。

---

138 基本 3点 A(0, 3), B(−3, −3), C(3, 0) に対して，次の条件を満たす点 P の軌跡を求めよ。
(1) $AP^2 = BP^2 + CP^2$
(2) $AP^2 + BP^2 = 2CP^2$

139 応用 a が実数全体を動くとき，曲線の集まり $y = ax^2 + (a+1)x + 1 - 2a$ はつねに2定点を通る。この2点から等距離にある点の軌跡の方程式を求めよ。 （芝浦工大）

ヒント 139 2定点は曲線の集まりの式を $f(x, y) + ag(x, y) = 0$ の形に直し，$f(x, y) = 0$，$g(x, y) = 0$ を連立させて解く。

第3節 軌跡と領域 53

140 基本　2点 A$(-4, 0)$, B$(2, 0)$ に対して，AP：BP＝2：1 となる点 P の軌跡は円になる。この円の中心の座標と半径を求めよ。
　　　　　　　　　　　　　　　　　　　　　　　　　　　　　　　　　　　　（国士舘大）

重要例題34 　**内分点の軌跡**

　点 P が放物線 $y=x^2$ の上を動くとき，点 A$(1, 2)$ と P とを結ぶ線分 AP を 2：1 に内分する点の軌跡を求めよ。

考え方　点 P の座標を (p, q)，線分 AP を 2：1 に内分する点 Q の座標を (x, y) とすると，点 A$(1, 2)$ から
$$x=\frac{1\cdot 1+2\cdot p}{2+1}, \quad y=\frac{1\cdot 2+2\cdot q}{2+1}$$
また，点 P は放物線 $y=x^2$ の上を動くから　　$q=p^2$

解答　放物線 $y=x^2$ の上を動く点 P の座標を (p, q) とすると
　　　　$\underline{q=p^2}$ ⑦　……①
点 A$(1, 2)$ と点 P(p, q) を結ぶ線分 AP を 2：1 に内分する点 Q の座標を (x, y) とすると
$$x=\frac{1\cdot 1+2\cdot p}{2+1}, \quad y=\frac{1\cdot 2+2\cdot q}{2+1}$$
よって　　$p=\dfrac{3x-1}{2}, \quad q=\dfrac{3y-2}{2}$ 　……②

②を①に代入して　$\underline{\dfrac{3y-2}{2}=\left(\dfrac{3x-1}{2}\right)^2}$ ④

$2(3y-2)=(3x-1)^2$，$6y=9x^2-6x+5$

したがって，求める軌跡は　　放物線 $y=\dfrac{3}{2}x^2-x+\dfrac{5}{6}$　……**答**

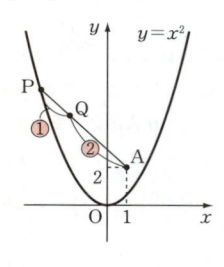

アドバイス

⑦　P(p, q) は与えられた放物線上にあるから，点 P の座標はその方程式を満たす。

④　点 Q の軌跡は x, y の関係式から求められるから，①，②から p, q を消去する。

---

141 基本　点 P が円 $x^2+y^2=4$ の周上を動くとき，点 A$(4, 4)$ と点 P とを結ぶ線分 AP の中点 Q の軌跡を求めよ。

142 基本　点 Q が直線 $2x+3y-6=0$ 上を動くとき，原点 O と点 Q を結ぶ線分 OQ を 2：1 の比に外分する点 P の軌跡を求めよ。

143 応用　2点 A$(6, 0)$, B$(0, 9)$ があり，点 P が円 $x^2+y^2=4$ 上を動くとき，△PAB の重心 G の軌跡を求めよ。

ヒント　**143**　点 P(p, q) は円 $x^2+y^2=4$ 上にあることから，$p^2+q^2=4$ が成り立つ。また，△PAB の重心を G(x, y) とすると，G の座標は 3 点 P，A，B の座標で表すことができる。

重要例題35 線分の中点の軌跡

実数 m が変化するとき，直線 $y=mx$ と円 $(x-5)^2+y^2=4$ の2つの交点P，Qを結ぶ線分PQの中点Rはどんな曲線を描くか。 （愛知学院大）

考え方 直線 $y=mx$ ……① と円 $(x-5)^2+y^2=4$ ……② との交点の x 座標は，①，②から y を消去した x の2次方程式 $(x-5)^2+m^2x^2=4$ の2つの解 α，β になる。

P$(\alpha, m\alpha)$，Q$(\beta, m\beta)$ のとき，線分PQの中点Rの座標は $\left(\dfrac{\alpha+\beta}{2}, \dfrac{m\alpha+m\beta}{2}\right)$ と表される。

解答 直線 $y=mx$ ……①
円 $(x-5)^2+y^2=4$ ……②
①，②から，y を消去して
$(x-5)^2+(mx)^2=4$
$(1+m^2)x^2-10x+21=0$ ……③
この方程式の解を α，β とすると
$\alpha+\beta=\dfrac{10}{1+m^2}$ ……④ ㋐

直線①と円②との交点P，Qの座標をP$(\alpha, m\alpha)$，Q$(\beta, m\beta)$，線分PQの中点Rの座標をR(x, y) とすると

$x=\dfrac{\alpha+\beta}{2}$, $y=\dfrac{m\alpha+m\beta}{2}$ ㋑

④から $x=\dfrac{5}{1+m^2}$, $y=\dfrac{m(\alpha+\beta)}{2}=\dfrac{5m}{1+m^2}=mx$

この2式から m を消去すると

$x^2+y^2=5x$ ㋒　よって $\left(x-\dfrac{5}{2}\right)^2+y^2=\left(\dfrac{5}{2}\right)^2$

したがって，点Rの描く曲線は

中心 $\left(\dfrac{5}{2}, 0\right)$，半径 $\dfrac{5}{2}$ の円のうち，円②の内部の部分 ……**答**

注意 この問題では，2つの交点P，Qが一致する場合を除いてある。

アドバイス

㋐ 2次方程式
$ax^2+bx+c=0$ が2つの解 α，β をもつとき
$\alpha+\beta=-\dfrac{b}{a}$, $\alpha\beta=\dfrac{c}{a}$

㋑ A(x_1, y_1)，B(x_2, y_2) の中点をM(x, y) とすると
$x=\dfrac{x_1+x_2}{2}$
$y=\dfrac{y_1+y_2}{2}$

㋒ $x(1+m^2)=5$ に
$m=\dfrac{y}{x}$ を代入して
$x\cdot\dfrac{x^2+y^2}{x^2}=5$
から $x^2+y^2=5x$

---

144 応用 放物線 $y=x^2$ と直線 $y=x+a$ が異なる2点P，Qで交わるように定数 a が変化するとき，線分PQの中点Rの軌跡の方程式を求めよ。 （東京電機大）

145 応用 x 軸上の点Qと y 軸上の点Rが，QR=4を満たしながら動くとき，線分QRの中点Pの軌跡を求めよ。

146 基本 2次関数 $y=x^2-px+2p$ について，次の問いに答えよ。
(1) p がどんな値をとっても通るグラフ上の点を求めよ。
(2) p の値が変化するとき，頂点の軌跡を求めよ。 （広島修道大）

ヒント **144** 放物線 $y=x^2$ と直線 $y=x+a$ が異なる2点で交わるのだから，$x^2=x+a$ は異なる2つの実数解をもつ。判別式 $D>0$ から，a の値の範囲に制限がつき，軌跡にも制限がある。

147 基本 点 $(1, -2)$ に関して，点 $Q(a, b)$ と対称な点を P とする。
(1) P の座標を a, b で表せ。
(2) Q が直線 $3x - 2y + 1 = 0$ 上を動くとき，点 P の軌跡を求めよ。

148 応用 直線 $y = 2x$ に関して，点 $Q(x_1, y_1)$ と対称な点を P とする。
(1) P の座標を x_1, y_1 で表せ。
(2) Q が直線 $x + y = 2$ 上を動くとき，点 P の軌跡を求めよ。

149 応用 点 P から 2 つの円 $(x+1)^2 + (y-1)^2 = 1$, $(x-2)^2 + (y-4)^2 = 4$ に引いた接線の長さの比が $1 : 2$ になるとき，点 P の軌跡を求めよ。　　　　　　　　　　　　　　　　　　　　（実践女大）

150 応用 t が実数値をとって変わるとき，2 直線 $\ell : tx - y = t$, $m : x + ty = 2t + 1$ の交点 $P(x, y)$ はどのような図形になるか。その方程式を求めて図示せよ。　　　（名城大）

ヒント　148　(1) 直線 $y = 2x$ と直線 PQ は垂直に交わるから，傾きについての垂直条件を使う。また，PQ の中点は $y = 2x$ 上にある。
　　　　 149　円 $(x-a)^2 + (y-b)^2 = r^2$ の外部の点 (X, Y) から円に引いた接線の長さは，三平方の定理から $\sqrt{(X-a)^2 + (Y-b)^2 - r^2}$ で与えられる。

不等式の表す領域

解答・解説は別冊 p.37

151 基本　次の不等式の表す領域を図示せよ。
(1) $y \leqq 2x - 2$
(2) $3x - y - 1 < 0$
(3) $2x + 4 \geqq 0$
(4) $y - 3 < 0$

152 基本　次の不等式の表す領域を図示せよ。
(1) $x^2 + y^2 < 4$
(2) $x^2 + y^2 > 2y + 3$
(3) $x^2 + y^2 - 2x - 4y + 1 \leqq 0$

153 基本　次の不等式の表す領域を図示せよ。
(1) $\begin{cases} y \geqq x \\ y \leqq -x \end{cases}$
(2) $\begin{cases} 2x + y - 3 \leqq 0 \\ x^2 + y^2 \leqq 9 \end{cases}$
(3) $4x < x^2 + y^2 \leqq 9$
(4) $|x - y| > 1$

重要例題36　不等式の表す領域

次の不等式の表す領域を図示せよ。
(1) $(x - 2)(3x + 4y - 12) \leqq 0$
(2) $(x - y)(x^2 + y^2 - 2x) \geqq 0$

考え方　(1) 不等式 $AB \leqq 0 \iff A \geqq 0, B \leqq 0$ または $A \leqq 0, B \geqq 0$
だから，求める領域は $\begin{cases} x - 2 \geqq 0 \\ 3x + 4y - 12 \leqq 0 \end{cases}$ と $\begin{cases} x - 2 \leqq 0 \\ 3x + 4y - 12 \geqq 0 \end{cases}$
の2つの連立不等式が表す領域を合わせた部分（和集合）である。
(2) $AB \geqq 0 \iff A \geqq 0, B \geqq 0$ または $A \leqq 0, B \leqq 0$

解答　(1) $(x - 2)(3x + 4y - 12) \leqq 0$
$x - 2 \geqq 0$ かつ $3x + 4y - 12 \leqq 0$ ㋐ の表す領域を D_1 ㋑
$x - 2 \leqq 0$ かつ $3x + 4y - 12 \geqq 0$ の表す領域を D_2
とするとき，求める領域は D_1 と D_2 の和集合
$D_1 \cup D_2$ で，右図の斜線部分である。ただし，境界を含む。

(2) $(x - y)(x^2 + y^2 - 2x) \geqq 0$
$x - y \geqq 0$ かつ $x^2 + y^2 - 2x \geqq 0$ ㋒ の表す領域を D_1
$x - y \leqq 0$ かつ $x^2 + y^2 - 2x \leqq 0$ の表す領域を D_2
とするとき，求める領域は D_1 と D_2 の和集合
$D_1 \cup D_2$ で，右図の斜線部分である。ただし，境界を含む。

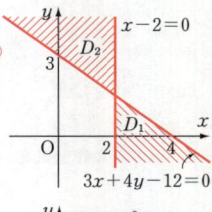

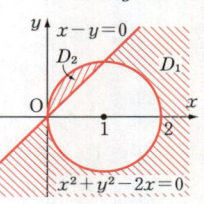

アドバイス

㋐　$3x + 4y - 12 \leqq 0$
　　$4y \leqq -3x + 12$
　　$y \leqq -\dfrac{3}{4}x + 3$

㋑　領域 D_1 は
　　直線 $x - 2 = 0$
　　とその右側
　　直線 $3x + 4y - 12 = 0$
　　とその下側の共通部分。

㋒　$x^2 + y^2 - 2x \geqq 0$
　　$x^2 - 2x + 1 + y^2 \geqq 1$
　　$(x - 1)^2 + y^2 \geqq 1$
　　中心 $(1, 0)$，半径 1 の円
　　とその外部を表す。

ヒント　**153**　(3) 不等号に注意して，境界を含むか含まないかをはっきりさせる。

第3節　軌跡と領域

154 基本 次の不等式の表す領域を図示せよ。
(1) $(3x+2y-6)(x-y+2)>0$
(2) $(x+2y)(x^2+y^2-4) \leqq 0$

155 応用 次の図の斜線部分はどのような不等式で表されるか。ただし，境界線は含まないものとする。

(1)

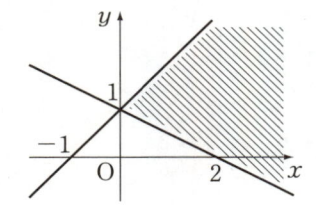

(2)

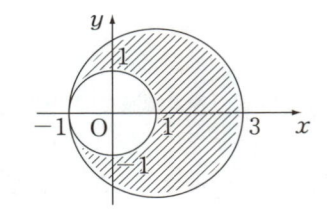

156 応用 $2x-y \geqq 2$, $x^2+y^2 \leqq 25$ を同時に満たす整数の組 (x, y) の個数を求めよ。

重要例題37　正領域・負領域

2点 P$(1, -1)$, Q$(2, 1)$ が，直線 $y=ax+1$ に関して次の位置関係にあるとき，定数 a のとり得る値の範囲を求めよ。

(1) 同じ側にある
(2) 反対側にある

考え方 直線 $y=ax+1$ は，点 $(0, 1)$ を通り，傾きが a だから，点P，Qを通るときの a の値をもとにして，(1)，(2)の場合を傾き a の関係から調べてもよいが，ここは
$$f(x, y)=ax-y+1$$
とおいて，正領域・負領域の考え方を利用するほうが簡単である。

解答 $y=ax+1$ から $ax-y+1=0$ ……①
$f(x, y)=ax-y+1$ とおく。

(1) 2点 P$(1, -1)$, Q$(2, 1)$ が直線①に関して同じ側にあるのは，P，Q がともに $f(x, y)$ の正領域にあるか，ともに $f(x, y)$ の負領域にあるときだから
$$f(1, -1) \cdot f(2, 1)>0 \text{ ⑦}$$
したがって $\{a \cdot 1-(-1)+1\}(a \cdot 2-1+1)>0$
$(a+2) \cdot 2a>0$ よって $a<-2, 0<a$ ……**答**

(2) P, Q の一方が $f(x, y)$ の正領域，他方が負領域にあればよいから
$$f(1, -1) \cdot f(2, 1)<0$$
$(a+2) \cdot 2a<0$ よって $-2<a<0$ ……**答**

アドバイス
⑦ 点P，Qが $f(x, y)$ の正領域にあるとき
$f(1, -1)>0$
$f(2, 1)>0$
負領域にあるとき
$f(1, -1)<0$
$f(2, 1)<0$

---

157 応用 直線 $ax+y+1=0$ が，2点 P$(-1, 4)$, Q$(2, 1)$ を結ぶ線分とただ1つの共有点をもつとき，定数 a の値の範囲を求めよ。

ヒント 157 重要例題37 と同様に，$f(x, y)=ax+y+1$ の正領域，負領域の考え方を利用する。

重要例題38 領域における1次式の最大・最小

実数 x, y が3つの不等式　$2x+y \geqq 0$, $x+2y \leqq 6$, $4x-y \leqq 6$
を満たすとき, $x-y$ の最大値, 最小値を求めよ.

考え方 座標平面上に, 3つの不等式を同時に満たす領域 D を図示して, $x-y=k$ とおき, 領域 D と直線 $x-y=k$ が共有点をもつときの k の値の最大値, 最小値を求める.

解答 $2x+y \geqq 0$, $x+2y \leqq 6$, $4x-y \leqq 6$
を同時に満たす領域 D は, 右図の斜線部分㋐で, 境界を含む.

直線　$2x+y=0$　……①
　　　$x+2y=6$　……②
　　　$4x-y=6$　……③

において, ①と②の交点を A, ②と③の交点を B, ③と①の交点を C とすると
　　A(-2, 4), B(2, 2), C(1, -2)

ここで $x-y=k$ ……④ とおくと, ④は傾きが1, x 切片が k の直線を表す.

右上図から, 直線④が領域 D と共有点をもつとき, k の値が最大となるのは, 直線④が点 C を通る㋑ときで, 最小となるのは点 A を通るときである.

したがって, $x-y$ は
　　$x=1$, $y=-2$ のとき　　最大値　$1-(-2)=3$
　　$x=-2$, $y=4$ のとき　　最小値　$-2-4=-6$　……答

アドバイス

㋐ $2x+y \geqq 0$ の表す領域は
　直線①とその上側
　$x+2y \leqq 6$ の表す領域は
　直線②とその下側
　$4x-y \leqq 6$ の表す領域は
　直線③とその上側

㋑ 直線④の y 切片は $-k$, x 切片は k だから, x 切片で考えた.

158 基本　実数 x, y が不等式 $x^2+y^2 \leqq 4$ を満たしているとき, $x-y$ の最大値と最小値を求めよ.

159 応用　点 (x, y) が領域 $2x+y \geqq 2$, $2x-y \leqq 2$, $y \leqq x$ に属するとき, x^2+y^2 のとる値の最大値, 最小値を求めよ.

160 応用　ある工場では, 2種類の製品 A, B を作っている. それぞれの製品1kgを作るのに必要な電力とガス, および製品1kgより得られる利益は, 右表のようである. 電力は150kW時まで, ガスは11m³ までしか使えないものとして, 次の問いに答えよ.

種類	電力 (kW時)	ガス (m³)	利益 (万円)
A	40	2	3
B	30	5	5

(1) 製品 A を x kg, 製品 B を y kg 作るとき, x, y の満たす不等式を求めよ.
(2) 最大の利益を得るには, 製品 A, B をそれぞれ何 kg 作ればよいか.

ヒント　**160** (2) (1)の領域内で, $3x+5y$ の最大値を求める.

第3節　軌跡と領域

実戦問題③

1 2点 A(−5, 0), B(5, 0) からの距離の比が 3:2 となる点 P の軌跡を求めよ。

(10点)

2 点 Q が直線 $2x-y+1=0$ の上を動くとき,点 A(3, 1) と点 Q を結ぶ線分の中点 P の軌跡を求めよ。

(10点)

3 2点 A(−3, 0), B(3, 0) がある。円 $x^2+y^2-8y-9=0$ 上の任意の点を P とするとき,△ABP の重心 G の軌跡を求めよ。

(15点)

4 3本の直線 $x-y+2=0$, $x+y-14=0$, $7x-y-10=0$ で囲まれる三角形に内接する円の方程式を求めよ。

(15点)

5 次の不等式の表す領域を図示せよ。 (各5点 計20点)

(1) $x+2y+2 \geqq 0$

(2) $x^2+y^2-2x+2y-2 \leqq 0$

(3) $\begin{cases} x^2+y^2-4 \leqq 0 \\ x^2+y^2+x+y \geqq 0 \end{cases}$

(4) $(y-2x)(x^2+y^2-5) \leqq 0$

6 $x \geqq 0,\ y \geqq 0,\ 3x+4y \leqq 12,\ -x+2y \geqq 2$ を同時に満たす領域を D とするとき，次の問いに答えよ。 ((1) 6点, (2)(ア) 7点, (イ) 7点 計20点)

(1) 領域 D を図示せよ。

(2) 点 $(x,\ y)$ が領域 D 内を動くとき，次の値の最大値，最小値を求めよ。

(ア) $3x+y$ (イ) x^2+y^2

7 実数 $x,\ y$ についての次の2つの条件 $p,\ q$ が同値であることを，領域を利用して証明せよ。 (10点)

$p：|x+y|<1$ かつ $|x-y|<1$

$q：|x|+|y|<1$

第3章　三角関数

第1節　三角関数

1 三角関数の定義
原点 O を中心とする半径 r の円と角 θ の動径 OP との交点を $P(x, y)$ とすると
$$\sin\theta = \frac{y}{r}, \quad \cos\theta = \frac{x}{r}, \quad \tan\theta = \frac{y}{x}$$ ㋐

2 弧度法 ㋑
① 1 ラジアン $= \dfrac{180°}{\pi} \fallingdotseq 57.3°$

$1° = \dfrac{\pi}{180}$ ラジアン

② 半径が r, 中心角が θ (ラジアン) の扇形 OAB ㋒ の弧 AB の長さを l, 面積を S とすると
$$l = r\theta, \quad S = \frac{1}{2}r^2\theta = \frac{1}{2}lr$$

3 三角関数の相互関係 ㋓
① $\sin^2\theta + \cos^2\theta = 1$
② $\tan\theta = \dfrac{\sin\theta}{\cos\theta}$
③ $1 + \tan^2\theta = \dfrac{1}{\cos^2\theta}$

4 変換公式 ㋔
n を整数とし,複号同順とすると,以下の公式が成り立つ。

$$\begin{cases} \sin(\theta + 2n\pi) = \sin\theta \\ \cos(\theta + 2n\pi) = \cos\theta \\ \tan(\theta + 2n\pi) = \tan\theta \end{cases} \quad \begin{cases} \sin\left(\dfrac{\pi}{2} \pm \theta\right) = \cos\theta \\ \cos\left(\dfrac{\pi}{2} \pm \theta\right) = \mp\sin\theta \\ \tan\left(\dfrac{\pi}{2} \pm \theta\right) = \mp\dfrac{1}{\tan\theta} \end{cases}$$

$$\begin{cases} \sin(\pi \pm \theta) = \mp\sin\theta \\ \cos(\pi \pm \theta) = -\cos\theta \\ \tan(\pi \pm \theta) = \pm\tan\theta \end{cases} \quad \begin{cases} \sin(-\theta) = -\sin\theta \\ \cos(-\theta) = \cos\theta \\ \tan(-\theta) = -\tan\theta \end{cases}$$

5 三角関数のグラフ ㋕

	$y = \sin\theta$	$y = \cos\theta$	$y = \tan\theta$
値域	$-1 \leq y \leq 1$	$-1 \leq y \leq 1$	実数全体
周期	2π	2π	π
グラフ	原点対称	y 軸対称	原点対称

これだけはおさえよう

㋐ $\sin\theta$, $\cos\theta$, $\tan\theta$ の覚え方

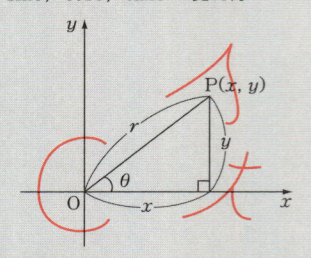

第1象限では s, c, t の形で覚えよう。

㋑ 半径 r の円で,長さ r の弧に対する中心角の大きさは一定で,この中心角の大きさを 1 ラジアンという。
$$180° = \pi (\text{ラジアン})$$

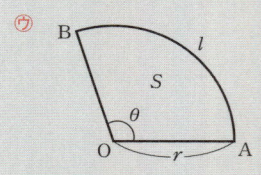

㋒

㋓ 三角関数 $\sin\theta$, $\cos\theta$, $\tan\theta$ のうち,1 つの値がわかれば,相互関係によって残りの2つの値もわかる。

㋔ 変換公式を利用すれば,どのような角に対する三角関数の値も,0 から $\dfrac{\pi}{2}$ までの角に対する三角関数の値で表すことができる。

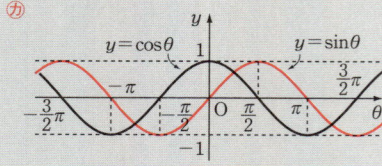

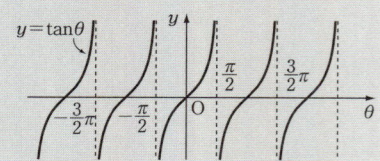

㋕

漸近線 $\theta = \dfrac{\pi}{2} + n\pi$ ($n = 0, \pm1, \pm2, \cdots$)

三角関数

解答・解説は別冊 p.45

161 基本 次の角をそれぞれ図示せよ。
(1) 330°　　(2) −315°　　(3) 420°

162 基本 次の角の動径が表す角の中で，正で最小のものを求めよ。
(1) 930°　　(2) −230°　　(3) −675°

重要例題39 ▶ 三角関数の値

次の値を求めよ。
(1) $\sin(-30°)$　　(2) $\cos 240°$　　(3) $\tan(-120°)$

考え方 単位円の周上にあって，動径の表す角 θ が，−30°，240°，−120° である点 P の座標を求める。

解答 (1) 点 P が単位円の周上にあって，動径 OP の表す角が −30° のとき，点 P の座標は ⑦ $P\left(\dfrac{\sqrt{3}}{2}, -\dfrac{1}{2}\right)$

よって　$\sin(-30°) = -\dfrac{1}{2}$ ……答

(2) (1)と同様に点 P の座標は $P\left(-\dfrac{1}{2}, -\dfrac{\sqrt{3}}{2}\right)$ だから

$\cos 240° = -\dfrac{1}{2}$ ……答

(3) 点 P の座標は $P\left(-\dfrac{1}{2}, -\dfrac{\sqrt{3}}{2}\right)$ だから

$\tan(-120°) = \sqrt{3}$ ……答

アドバイス
⑦ 下図のように動径の長さを 2 にして考えてもよい。

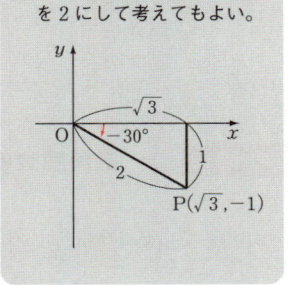

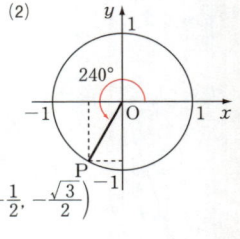

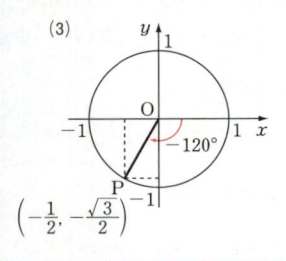

163 基本 次の値を求めよ。
(1) $\sin 750°$　　(2) $\cos(-480°)$　　(3) $\tan 3645°$

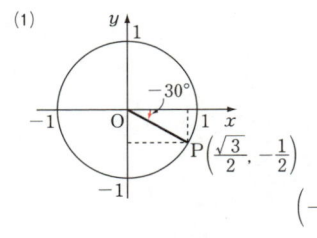

ヒント
161　正の角は，始線から時計の針と反対回りに測る。
162　360°×n は動径が n 周するだけで，動径の位置とは無関係。
163　与えられた角 θ を，$\theta = \alpha + 360° \times n$（$n$ は整数，$-180° < \alpha \leqq 180°$）の形に直し，単位円の周上にあって，動径の表す角が α である点 P の座標を求める。

第1節　三角関数

弧度法

164 基本 次の問いに答えよ。

(1) 次の角を弧度法で表せ。

$$45°, \ -135°, \ 210°, \ 900°$$

(2) 次の角を度数法で表せ。

$$\frac{4}{3}\pi, \ -\frac{5}{4}\pi, \ \frac{13}{6}\pi, \ \frac{11}{3}\pi$$

165 基本 次の θ について，$\sin\theta$，$\cos\theta$，$\tan\theta$ の値を求めよ。

(1) $\theta = \dfrac{3}{4}\pi$ (2) $\theta = \dfrac{13}{6}\pi$ (3) $\theta = -\dfrac{5}{4}\pi$

166 基本 次のような扇形の弧の長さと面積を求めよ。

(1) 半径 3, 中心角 $\dfrac{\pi}{4}$ (2) 半径 10, 中心角 $\dfrac{2}{3}\pi$

三角関数の相互関係

167 基本 次の三角関数の値を求めよ。

(1) $\sin\theta = \dfrac{5}{13}$ $\left(\dfrac{\pi}{2} < \theta < \pi\right)$ のとき，$\cos\theta$，$\tan\theta$

(2) $\cos\theta = -\dfrac{3}{5}$ $\left(\pi < \theta < \dfrac{3}{2}\pi\right)$ のとき，$\sin\theta$，$\tan\theta$

重要例題40 　三角関数の相互関係

$\tan\theta = 3$ $\left(0 < \theta < \dfrac{\pi}{2}\right)$ のとき，$\sin\theta$，$\cos\theta$ の値を求めよ。

考え方 $1 + \tan^2\theta = \dfrac{1}{\cos^2\theta}$ を用いて，まず $\cos^2\theta$ の値を求める。

解答 $\tan\theta = 3$ のとき

$$\dfrac{1}{\cos^2\theta} = 1 + \tan^2\theta = 1 + 3^2 = 10$$

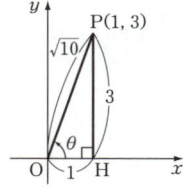

よって　$\cos^2\theta = \dfrac{1}{10}$

$0 < \theta < \dfrac{\pi}{2}$ だから　$\underline{\cos\theta > 0}_{⑦}$

よって　$\cos\theta = \dfrac{1}{\sqrt{10}} = \dfrac{\sqrt{10}}{10}$　……答

$\underline{\sin\theta = \cos\theta\tan\theta}_{④} = \dfrac{\sqrt{10}}{10} \cdot 3 = \dfrac{3\sqrt{10}}{10}$　……答

アドバイス

⑦ 第1象限では
$\cos\theta > 0$

④ $\tan\theta = \dfrac{\sin\theta}{\cos\theta}$ だから
$\sin\theta = \cos\theta\tan\theta$

ヒント 167　$\sin^2\theta + \cos^2\theta = 1$ および $\tan\theta = \dfrac{\sin\theta}{\cos\theta}$ を用いる。

(1) $\dfrac{\pi}{2} < \theta < \pi$ では $\cos\theta < 0$ (2) $\pi < \theta < \dfrac{3}{2}\pi$ では $\sin\theta < 0$

168 応用　$\sin\theta = \dfrac{1}{3}$ のとき，$\cos\theta$，$\tan\theta$ の値を求めよ。

169 基本　次の等式を証明せよ。

(1) $\dfrac{\sin\theta}{1+\cos\theta} + \dfrac{\sin\theta}{1-\cos\theta} = \dfrac{2}{\sin\theta}$

(2) $\tan^2\theta - \sin^2\theta = \tan^2\theta\sin^2\theta$

重要例題41　式の値

$\sin\theta + \cos\theta = \dfrac{1}{\sqrt{2}}$ のとき，次の式の値を求めよ。

(1) $\sin\theta\cos\theta$ (2) $\tan\theta + \dfrac{1}{\tan\theta}$

考え方　両辺を平方して，$\sin^2\theta + \cos^2\theta = 1$ を用いる。

解答　(1) $\sin\theta + \cos\theta = \dfrac{1}{\sqrt{2}}$ の両辺を平方すると

$\underline{\sin^2\theta + \cos^2\theta}_{㋐} + 2\sin\theta\cos\theta = \dfrac{1}{2}$

$\sin\theta\cos\theta = -\dfrac{1}{4}$ ……答

(2) $\tan\theta + \dfrac{1}{\tan\theta} = \dfrac{\sin\theta}{\cos\theta} + \underline{\dfrac{\cos\theta}{\sin\theta}}_{㋑}$

$= \dfrac{\sin^2\theta + \cos^2\theta}{\sin\theta\cos\theta}$

$= \dfrac{1}{\sin\theta\cos\theta} = -4$ ……答

アドバイス

㋐ $\sin^2\theta + \cos^2\theta = 1$

㋑ $\dfrac{1}{\tan\theta} = \dfrac{1}{\dfrac{\sin\theta}{\cos\theta}} = \dfrac{\cos\theta}{\sin\theta}$

---

170 応用　$\sin\theta + \cos\theta = \dfrac{\sqrt{3}}{3}$ のとき，次の式の値を求めよ。

(1) $\sin\theta\cos\theta$ (2) $\sin^3\theta + \cos^3\theta$

(3) $\tan\theta + \dfrac{1}{\tan\theta}$

（大阪経大）

171 応用　$\dfrac{\cos\theta}{1+\sin\theta} + \dfrac{\cos\theta}{1-\sin\theta}$ を簡単にせよ。

（神戸女学院大）

ヒント　**169** (1) $\sin^2\theta + \cos^2\theta = 1$ を用いて，左辺から右辺を導く。

(2) $\sin^2\theta + \cos^2\theta = 1$，$\tan\theta = \dfrac{\sin\theta}{\cos\theta}$ を用いて，左辺－右辺＝0 を示す。

170 (1) 与えられた式の両辺を平方して，$\sin^2\theta + \cos^2\theta = 1$ を用いる。

(2) 因数分解の公式 $a^3 + b^3 = (a+b)(a^2 - ab + b^2)$ を用いる。

(3) $\tan\theta = \dfrac{\sin\theta}{\cos\theta}$ を用いて，まず $\tan\theta + \dfrac{1}{\tan\theta}$ を $\sin\theta$，$\cos\theta$ で表す。

第1節　三角関数

変換公式

172 基本 次の三角関数を変換公式を用いて，三角関数の角度が鋭角になるように変換して，その値を求めよ。

(1) $\sin\dfrac{3}{4}\pi$ 　　(2) $\cos\left(-\dfrac{7}{6}\pi\right)$ 　　(3) $\tan\dfrac{25}{6}\pi$

173 基本 次の式を簡単にせよ。

(1) $\sin\theta+\sin\left(\dfrac{\pi}{2}+\theta\right)+\sin(\pi+\theta)+\sin\left(\dfrac{3}{2}\pi+\theta\right)$

(2) $\cos\theta+\cos\left(\dfrac{\pi}{2}+\theta\right)+\cos(\pi+\theta)+\cos\left(\dfrac{3}{2}\pi+\theta\right)$

重要例題42 変換公式の応用

次の式を簡単にせよ。
$$\sin^2\left(\theta+\dfrac{\pi}{3}\right)+\sin^2\left(\theta-\dfrac{\pi}{6}\right)$$

考え方 変換公式と $\sin^2\alpha+\cos^2\alpha=1$ を用いる。

解答 $\theta-\dfrac{\pi}{6}=x$ とおくと

$$\theta+\dfrac{\pi}{3}=\theta-\dfrac{\pi}{6}+\dfrac{\pi}{2}=x+\dfrac{\pi}{2}$$

よって　$\sin^2\left(\theta+\dfrac{\pi}{3}\right)+\sin^2\left(\theta-\dfrac{\pi}{6}\right)$

$=\sin^2\left(x+\dfrac{\pi}{2}\right)+\sin^2 x$

$=\underline{\cos^2 x}_{⑦}+\sin^2 x=1$ ……答

アドバイス

⑦ $\sin\left(x+\dfrac{\pi}{2}\right)=\cos x$

---

174 応用 △ABC において，次の等式を証明せよ。

(1) $\sin(B+C)=\sin A$

(2) $\sin\dfrac{B+C}{2}=\cos\dfrac{A}{2}$

(3) $\tan\dfrac{A}{2}\tan\dfrac{B+C}{2}=1$

ヒント
172 (1) $\dfrac{3}{4}\pi=\dfrac{\pi}{2}+\dfrac{\pi}{4}$ 　(2) $-\dfrac{7}{6}\pi=\dfrac{5}{6}\pi-2\pi,\ \dfrac{5}{6}\pi=\pi-\dfrac{\pi}{6}$
　　　(3) $\dfrac{25}{6}\pi=\dfrac{\pi}{6}+4\pi$ から，変換公式を用いて，鋭角の三角関数で表す。
173 変換公式を用いて，$\sin\theta,\ \cos\theta$ で表す。
174 $A+B+C=\pi$ および変換公式を用いて，左辺から右辺を導く。

三角関数のグラフ

解答・解説は別冊 p.48

175 基本　次の関数の周期，および最大値，最小値を求めよ。

(1) $y = 3\sin 2\theta$ 　　　　(2) $y = -2\cos\dfrac{\theta}{3}$

176 基本　$y = \sin\left(\theta - \dfrac{\pi}{6}\right)$ のグラフをかけ。

重要例題43 　三角関数のグラフ

$y = 4\sin\left(2\theta - \dfrac{\pi}{3}\right) + 1$ のグラフをかけ。

考え方 まず，$y - 1 = 4\sin 2\left(\theta - \dfrac{\pi}{6}\right)$ と変形する。

解答 $y = 4\sin\left(2\theta - \dfrac{\pi}{3}\right) + 1$ から

$\qquad y - 1 = 4\sin 2\left(\theta - \dfrac{\pi}{6}\right)$ 　……①

①のグラフは $y = 4\sin 2\theta$ のグラフを，θ 軸の方向に $\dfrac{\pi}{6}$ ㋐，y 軸の方向に 1 だけ平行移動したものである。

①のグラフの周期は $\dfrac{2\pi}{2} = \pi$　値域は $-3 \leqq y \leqq 5$ ㋑

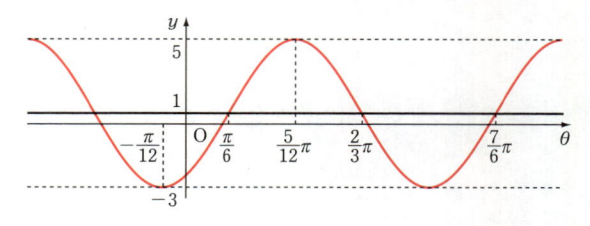

アドバイス

㋐　関数 $y = \sin\left(2\theta - \dfrac{\pi}{3}\right)$ は，$y = \sin 2\theta$ の θ を $\theta - \dfrac{\pi}{6}$ と置き換えたものである。

㋑　$-1 \leqq \sin\left(2\theta - \dfrac{\pi}{3}\right) \leqq 1$
$-4 \leqq 4\sin\left(2\theta - \dfrac{\pi}{3}\right) \leqq 4$
$y = 4\sin\left(2\theta - \dfrac{\pi}{3}\right) + 1$
だから
$-3 \leqq y \leqq 5$

---

177 応用　$y = \tan\dfrac{\theta}{2} + 1$ のグラフをかけ。

178 応用　関数 $f(x) = \sin\left(ax + \dfrac{3}{4}\pi\right)$ の周期が $\dfrac{\pi}{90}$ であるとき，$a = \boxed{}$ である。　　（福岡大／改）

ヒント　175　$y = \sin k\theta$，$y = \cos k\theta$（$k > 0$）の周期は $\dfrac{2\pi}{k}$ である。また，$-1 \leqq \sin k\theta \leqq 1$，$-1 \leqq \cos k\theta \leqq 1$

176　$y = \sin\theta$ のグラフを $\dfrac{\pi}{6}$ だけ θ 軸の方向に平行移動したもの。

178　$f(x) = \sin\left(ax + \dfrac{3}{4}\pi\right)$ の周期は $\dfrac{2\pi}{|a|}$

第1節　三角関数

三角方程式・不等式①

解答・解説は別冊 p.49

179 基本 次の等式を満たす θ の値を求めよ。

(1) $\sin\theta = \dfrac{1}{\sqrt{2}}$ (2) $\cos\theta = -\dfrac{\sqrt{3}}{2}$ (3) $\tan\theta = -\sqrt{3}$

180 基本 $0 \leqq \theta < 2\pi$ のとき，次の式を満たす θ の値を求めよ。

(1) $\sin 2\theta = \dfrac{1}{2}$ (2) $\cos\left(\theta - \dfrac{\pi}{6}\right) = -\dfrac{1}{\sqrt{2}}$

重要例題44 三角不等式

$0 \leqq \theta < 2\pi$ のとき，不等式 $\sin\theta < \dfrac{1}{2}$ を満たす θ の値の範囲を求めよ。

考え方 単位円で $y < \dfrac{1}{2}$ となる θ の範囲を求める。

解答 $\sin\theta = \dfrac{1}{2}$ となるのは，

単位円と直線 $y = \dfrac{1}{2}$ との交点から

$\theta = \dfrac{\pi}{6},\ \dfrac{5}{6}\pi$

したがって，$\sin\theta < \dfrac{1}{2}$ となる θ の値の範囲は

$0 \leqq \theta < \dfrac{\pi}{6},\ \dfrac{5}{6}\pi < \theta < 2\pi$ ……答

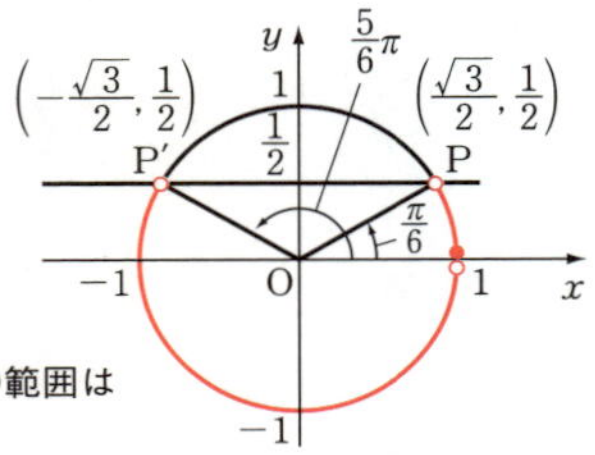

アドバイス

㋐ $y = \sin\theta$ のグラフで考えると下図のようになる。

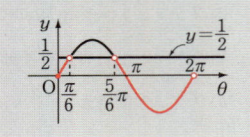

---

181 基本 $0 \leqq \theta < 2\pi$ のとき，次の不等式を満たす θ の値の範囲を求めよ。

(1) $\cos\theta \leqq \dfrac{1}{\sqrt{2}}$ (2) $\tan\theta \geqq -\sqrt{3}$

182 応用 $0 \leqq x < 2\pi$ のとき，次の方程式・不等式を解け。

(1) $\sqrt{3}\sin x + \cos x = 0$ (2) $5\cos x - 2\sin^2 x + 4 < 0$

183 応用 $0 < x < \dfrac{\pi}{2},\ 0 < y < \dfrac{\pi}{2}$ であるとき，連立方程式 $\sin y = \dfrac{\sqrt{2}}{2}\sin x,\ \tan y = \dfrac{\sqrt{3}}{3}\tan x$ を解け。

(福島大／改)

ヒント 180 (1) まず $2\theta = x$ とおいて，x のとり得る値の範囲を定める。

(2) $\theta - \dfrac{\pi}{6} = x$ とおいて，(1)と同様にして解く。

181 (1) 単位円を用いて，$\cos\theta = \dfrac{1}{\sqrt{2}}$ となる θ の値を求める。

183 $\sin y = \dfrac{\sqrt{2}}{2}\sin x$ と $\tan y = \dfrac{\sqrt{3}}{3}\tan x$ の両辺を辺々割って，$\cos y$ と $\cos x$ の関係式を求める。

最大値・最小値①

解答・解説は別冊 p.50

184 基本 次の関数について，最大値と最小値を求めよ。

(1) $y = \sin\left(\theta + \dfrac{\pi}{4}\right)$ 　　　　(2) $y = 3 - 2\cos 2\theta$

185 応用 $y = \sin\theta + 2\sin^2\theta$ $(0 \leqq \theta \leqq \pi)$ の最大値，最小値を求めよ。

重要例題45 　最大値・最小値

$y = -\cos^2\theta + \sin\theta + 2$ $(0 \leqq \theta < 2\pi)$ の最大値，最小値を求めよ。

考え方 $\sin^2\theta + \cos^2\theta = 1$ を用いて，まず $\sin\theta$ だけの式にする。さらに，$\sin\theta = x$ とおいて，y を x の2次式で表す。

解答
$y = -\cos^2\theta + \sin\theta + 2$
　$= -(1 - \sin^2\theta) + \sin\theta + 2$
　$= \sin^2\theta + \sin\theta + 1$

$\sin\theta = x$ とおくと
$y = x^2 + x + 1$
　$= \left(x + \dfrac{1}{2}\right)^2 + \dfrac{3}{4}$　㋐

$0 \leqq \theta < 2\pi$ だから　$-1 \leqq x \leqq 1$　㋑
この範囲で y のグラフは右上図のようになるから， 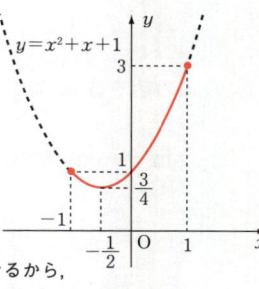
y は $x = 1$ のとき最大値 3 をとり，$x = -\dfrac{1}{2}$ のとき最小値 $\dfrac{3}{4}$ をとる。　㋒

よって，　最大値 3，　最小値 $\dfrac{3}{4}$　㋓　……**答**

アドバイス
㋐ 2次関数の最大値・最小値を求める問題は，式を基本変形する。
㋑ x の変域を求める。
㋒ グラフは下に凸で，頂点の x 座標が定義域の中にあるから，頂点で最小となる。
㋓ θ の関数として y は
　$\theta = \dfrac{\pi}{2}$ で最大
　$\theta = \dfrac{7}{6}\pi, \dfrac{11}{6}\pi$ で最小
になる。

---

186 応用 $y = \tan^2\theta - 2\tan\theta + 3$ $\left(\dfrac{\pi}{6} \leqq \theta \leqq \dfrac{\pi}{3}\right)$ の最大値，最小値を求めよ。

187 応用 $0 \leqq \theta \leqq \pi$ であるとき，$\sin^2\theta + \cos\theta - 1$ の最大値と最小値を求めよ。

（釧路公立大）

ヒント
185　$\sin\theta = x$ とおくと，y は x の2次式になる。また，x のとり得る値の範囲に注意する。
186　$\tan\theta = x$ とおくと，y は x の2次式となる。$\dfrac{\pi}{6} \leqq \theta \leqq \dfrac{\pi}{3}$ のとき　$\dfrac{1}{\sqrt{3}} \leqq \tan\theta \leqq \sqrt{3}$
187　$\sin^2\theta + \cos^2\theta = 1$ を用いて，与えられた式を $\cos\theta$ だけの式に直す。
　$0 \leqq \theta \leqq \pi$ のとき　$-1 \leqq \cos\theta \leqq 1$

実戦問題①

1 次の値を求めよ。 (各5点 計10点)

(1) $\sin 210° \cos(-315°) \tan 330°$

(2) $(\sin 200° + \cos 200°)^2 + (\sin 20° - \cos 20°)^2$

2 θ が第4象限の角で $\tan\theta = -3$ のとき，$\sin\theta$，$\cos\theta$ の値を求めよ。 (8点)

3 $\sin\theta + \cos\theta = \dfrac{1}{2}$ のとき，次の式の値を求めよ。 (各4点 計12点)

(1) $\sin\theta\cos\theta$　　(2) $\sin^3\theta + \cos^3\theta$　　(3) $\tan\theta + \dfrac{1}{\tan\theta}$

4 次の等式を満たす θ の値を求めよ。 (各5点 計15点)

(1) $2\sin\theta + 1 = 0$

(2) $\sqrt{2}\cos\theta + 1 = 0$

(3) $3\tan\theta - \sqrt{3} = 0$

5 $0 \leqq \theta < 2\pi$ において，次の不等式を満たす θ の値の範囲を求めよ。 (各5点 計15点)

(1) $2\sin\theta + \sqrt{2} \leqq 0$

(2) $2\cos\theta + 1 \geqq 0$

(3) $\tan\theta - \sqrt{3} \geqq 0$

6 $y = 3\sin 2\theta + 1$ の周期と値域を求めよ。 (10点)

7 次の等式を証明せよ。 (10点)

$$\frac{\cos\left(\frac{\pi}{2}-\theta\right)}{1+\cos(-\theta)} + \frac{\cos\left(\frac{3}{2}\pi+\theta\right)}{1+\cos(\pi+\theta)} = \frac{2}{\sin\theta}$$

8 $y = \cos^2\theta - \sin\theta + 1$ $(0 \leqq \theta < 2\pi)$ の最大値，最小値を求めよ。 (10点)

9 2次方程式 $2x^2 - x + k = 0$ の2つの解を $\sin\theta$, $\cos\theta$ とするとき，次の値を求めよ。

(各5点 計10点)

(1) $\sin\theta + \cos\theta$ (2) k

第2節　加法定理

1 加法定理 ㋐

① $\begin{cases} \sin(\alpha+\beta)=\sin\alpha\cos\beta+\cos\alpha\sin\beta \\ \sin(\alpha-\beta)=\sin\alpha\cos\beta-\cos\alpha\sin\beta \end{cases}$

② $\begin{cases} \cos(\alpha+\beta)=\cos\alpha\cos\beta-\sin\alpha\sin\beta \\ \cos(\alpha-\beta)=\cos\alpha\cos\beta+\sin\alpha\sin\beta \end{cases}$

③ $\begin{cases} \tan(\alpha+\beta)=\dfrac{\tan\alpha+\tan\beta}{1-\tan\alpha\tan\beta} \text{ ㋑}\\ \tan(\alpha-\beta)=\dfrac{\tan\alpha-\tan\beta}{1+\tan\alpha\tan\beta} \end{cases}$

2 いろいろな公式

① <u>2倍角の公式</u> ㋒

$\sin 2\alpha = 2\sin\alpha\cos\alpha$

$\cos 2\alpha = \cos^2\alpha - \sin^2\alpha$
$\qquad = 1 - 2\sin^2\alpha = 2\cos^2\alpha - 1$

$\tan 2\alpha = \dfrac{2\tan\alpha}{1-\tan^2\alpha}$

② <u>半角の公式</u> ㋓

$\sin^2\dfrac{\alpha}{2} = \dfrac{1-\cos\alpha}{2}$

$\cos^2\dfrac{\alpha}{2} = \dfrac{1+\cos\alpha}{2}$

$\tan^2\dfrac{\alpha}{2} = \dfrac{1-\cos\alpha}{1+\cos\alpha}$

③ 積を和・差に変形する公式

$\underline{\sin\alpha\cos\beta = \dfrac{1}{2}\{\sin(\alpha+\beta)+\sin(\alpha-\beta)\}}$ ㋔

$\cos\alpha\sin\beta = \dfrac{1}{2}\{\sin(\alpha+\beta)-\sin(\alpha-\beta)\}$

$\cos\alpha\cos\beta = \dfrac{1}{2}\{\cos(\alpha+\beta)+\cos(\alpha-\beta)\}$

$\sin\alpha\sin\beta = -\dfrac{1}{2}\{\cos(\alpha+\beta)-\cos(\alpha-\beta)\}$

④ 和・差を積に変形する公式

$\underline{\sin A + \sin B = 2\sin\dfrac{A+B}{2}\cos\dfrac{A-B}{2}}$ ㋕

$\sin A - \sin B = 2\cos\dfrac{A+B}{2}\sin\dfrac{A-B}{2}$

$\cos A + \cos B = 2\cos\dfrac{A+B}{2}\cos\dfrac{A-B}{2}$

$\cos A - \cos B = -2\sin\dfrac{A+B}{2}\sin\dfrac{A-B}{2}$

⑤ 三角関数の合成

$\underline{a\sin\theta + b\cos\theta = \sqrt{a^2+b^2}\sin(\theta+\alpha)}$ ㋖
$\left(\cos\alpha = \dfrac{a}{\sqrt{a^2+b^2}},\ \sin\alpha = \dfrac{b}{\sqrt{a^2+b^2}}\right)$

これだけはおさえよう

㋐ 加法定理を利用すると，15°，75°，105°などの三角関数の値を求めることができる。

例　$\sin 75° = \sin(30°+45°)$
$= \sin 30°\cos 45° + \cos 30°\sin 45°$
$= \dfrac{1}{2}\cdot\dfrac{1}{\sqrt{2}} + \dfrac{\sqrt{3}}{2}\cdot\dfrac{1}{\sqrt{2}}$
$= \dfrac{\sqrt{2}+\sqrt{6}}{4}$

㋑ ①，②の加法定理から導ける。

$\tan(\alpha+\beta) = \dfrac{\sin(\alpha+\beta)}{\cos(\alpha+\beta)}$
$= \dfrac{\sin\alpha\cos\beta+\cos\alpha\sin\beta}{\cos\alpha\cos\beta-\sin\alpha\sin\beta}$
$= \dfrac{\dfrac{\sin\alpha\cos\beta}{\cos\alpha\cos\beta}+\dfrac{\cos\alpha\sin\beta}{\cos\alpha\cos\beta}}{\dfrac{\cos\alpha\cos\beta}{\cos\alpha\cos\beta}-\dfrac{\sin\alpha\sin\beta}{\cos\alpha\cos\beta}}$
$= \dfrac{\tan\alpha+\tan\beta}{1-\tan\alpha\tan\beta}$

㋒ 加法定理で，$\beta=\alpha$ とおく。

㋓ 余弦の2倍角の公式で，$2\alpha=\theta$ とおくと
$\cos\theta = 1 - 2\sin^2\dfrac{\theta}{2} = 2\cos^2\dfrac{\theta}{2} - 1$
$2\sin^2\dfrac{\theta}{2} = 1 - \cos\theta$
$2\cos^2\dfrac{\theta}{2} = 1 + \cos\theta$

㋔ 加法定理①の上の式と下の式を加えると
$\sin(\alpha+\beta) + \sin(\alpha-\beta) = 2\sin\alpha\cos\beta$
したがって
$\sin\alpha\cos\beta = \dfrac{1}{2}\{\sin(\alpha+\beta)+\sin(\alpha-\beta)\}$

㋕ ③の公式で，$\alpha+\beta=A, \alpha-\beta=B$ とおく。
$\alpha = \dfrac{A+B}{2},\ \beta = \dfrac{A-B}{2}$ から
$\sin\dfrac{A+B}{2}\cos\dfrac{A-B}{2} = \dfrac{1}{2}(\sin A + \sin B)$
したがって
$\sin A + \sin B = 2\sin\dfrac{A+B}{2}\cos\dfrac{A-B}{2}$

㋖ $\dfrac{b}{\sqrt{a^2+b^2}} = \sin\alpha,\ \dfrac{a}{\sqrt{a^2+b^2}} = \cos\alpha$

のとき
$a\sin\theta + b\cos\theta$
$= \sqrt{a^2+b^2}\left(\dfrac{a}{\sqrt{a^2+b^2}}\sin\theta + \dfrac{b}{\sqrt{a^2+b^2}}\cos\theta\right)$
$= \sqrt{a^2+b^2}(\cos\alpha\sin\theta + \sin\alpha\cos\theta)$
$= \sqrt{a^2+b^2}\sin(\theta+\alpha)$

加法定理

188 基本 次の値を求めよ。

(1) $\sin(-75°)$ 　　　　　　　　　　(2) $\cos(-105°)$

189 基本 次の値を求めよ。

(1) $\sin 195°$ 　　　　　　　　　　(2) $\cos 345°$

重要例題46 加法定理①

$0 < \alpha < \dfrac{\pi}{2}$, $0 < \beta < \dfrac{\pi}{2}$, $\sin\alpha = \dfrac{4}{5}$, $\sin\beta = \dfrac{3}{5}$ のとき, $\sin(\alpha+\beta)$ の値を求めよ。

考え方 まず, $\sin^2\theta + \cos^2\theta = 1$ を用いて, $\cos\alpha$, $\cos\beta$ の値を求める。α, β はともに鋭角だから, $\cos\alpha > 0$, $\cos\beta > 0$ である。このあと, 加法定理を用いて, $\sin(\alpha+\beta)$ を展開し, これらの値を代入する。

解答 $\sin\alpha = \dfrac{4}{5}$ のとき　　$\cos^2\alpha = 1 - \sin^2\alpha$

$\qquad\qquad\qquad\qquad\qquad = 1 - \left(\dfrac{4}{5}\right)^2 = \dfrac{9}{25}$

$0 < \alpha < \dfrac{\pi}{2}$ だから　　$\cos\alpha > 0$　　よって　$\cos\alpha = \dfrac{3}{5}$　㋐

$\sin\beta = \dfrac{3}{5}$ のとき　　$\cos^2\beta = 1 - \sin^2\beta$

$\qquad\qquad\qquad\qquad\qquad = 1 - \left(\dfrac{3}{5}\right)^2 = \dfrac{16}{25}$

$0 < \beta < \dfrac{\pi}{2}$ だから　　$\cos\beta > 0$　　よって　$\cos\beta = \dfrac{4}{5}$

したがって　$\sin(\alpha+\beta) = \sin\alpha\cos\beta + \cos\alpha\sin\beta$

$\qquad\qquad\qquad\qquad = \dfrac{4}{5} \cdot \dfrac{4}{5} + \dfrac{3}{5} \cdot \dfrac{3}{5} = 1$　　……答

アドバイス

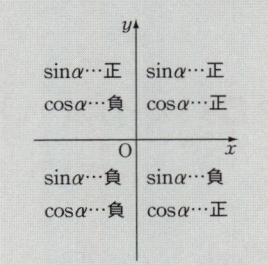

㋐ $\sin\alpha$, $\cos\alpha$ の符号

$\sin\alpha$…正 $\cos\alpha$…負	$\sin\alpha$…正 $\cos\alpha$…正
$\sin\alpha$…負 $\cos\alpha$…負	$\sin\alpha$…負 $\cos\alpha$…正

---

190 応用 $\dfrac{\pi}{2} < \alpha < \pi$, $0 < \beta < \dfrac{\pi}{2}$, $\sin\alpha = \dfrac{12}{13}$, $\cos\beta = \dfrac{4}{5}$ のとき, $\cos(\alpha+\beta)$ の値を求めよ。

ヒント
188 (1) $75° = 45° + 30°$ だから, $\sin(\alpha+\beta) = \sin\alpha\cos\beta + \cos\alpha\sin\beta$ を用いる。
　　　(2) $\cos(-105°) = \cos 105°$　また　$105° = 60° + 45°$
189 (1) $195° = 180° + 15°$ だから　$\sin 195° = \sin(180° + 15°) = -\sin 15°$
　　　(2) $345° = -15° + 360°$ だから　$\cos 345° = \cos(-15° + 360°) = \cos(-15°) = \cos 15°$
190 まず, $\sin^2\theta + \cos^2\theta = 1$ を利用して, $\cos\alpha$, $\sin\beta$ の値を求める。

191 基本 $\tan 75°$ の値を求めよ。

重要例題47 加法定理②

$0<\alpha<\dfrac{\pi}{2}$, $\dfrac{\pi}{2}<\beta<\pi$, $\tan\alpha=3$, $\tan\beta=-\dfrac{1}{2}$ のとき，次の値を求めよ。

(1) $\tan(\alpha+\beta)$ (2) $\alpha+\beta$

考え方 (1) 加法定理 $\tan(\alpha+\beta)=\dfrac{\tan\alpha+\tan\beta}{1-\tan\alpha\tan\beta}$ を用いて値を求める。

(2) $\alpha+\beta$ のとる値の範囲に注意して，$\tan(\alpha+\beta)$ の値から $\alpha+\beta$ の値を求める。

解答 (1) $\tan\alpha=3$, $\tan\beta=-\dfrac{1}{2}$ のとき，加法定理から

$$\tan(\alpha+\beta)=\dfrac{\tan\alpha+\tan\beta}{1-\tan\alpha\tan\beta}$$

$$=\dfrac{3+\left(-\dfrac{1}{2}\right)}{1-3\cdot\left(-\dfrac{1}{2}\right)}=1 \quad\cdots\cdots\text{答}$$

(2) $0<\alpha<\dfrac{\pi}{2}$, $\dfrac{\pi}{2}<\beta<\pi$ のとき $\dfrac{\pi}{2}<\alpha+\beta<\dfrac{3}{2}\pi$

$\underline{\tan(\alpha+\beta)=1}_{\text{⑦}}$ だから $\alpha+\beta=\dfrac{5}{4}\pi$ $\cdots\cdots$答

アドバイス

⑦ $\tan(\alpha+\beta)=1$

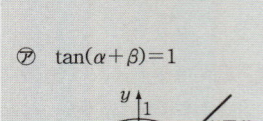

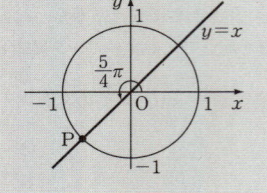

192 応用 次の2直線のなす角 θ $\left(0<\theta<\dfrac{\pi}{2}\right)$ を求めよ。

$y=2x$, $y=-3x$

193 応用 $\alpha+\beta=\dfrac{\pi}{4}$ のとき，$(1+\tan\alpha)(1+\tan\beta)$ の値を求めよ。ただし，α, β はともに鋭角とする。

(北見工大)

ヒント **191** $75°=30°+45°$ だから，$\tan(\alpha+\beta)=\dfrac{\tan\alpha+\tan\beta}{1-\tan\alpha\tan\beta}$ を用いる。

192 2直線と x 軸の正の向きのなす角をそれぞれ α, β $(0<\alpha<\pi,\ 0<\beta<\pi)$ とすると，$\tan\alpha=2$，$\tan\beta=-3$ となる。また，2直線の交角は $\beta-\alpha$ だから，まず $\tan(\beta-\alpha)$ の値を求める。

193 $\tan(\alpha+\beta)=\dfrac{\tan\alpha+\tan\beta}{1-\tan\alpha\tan\beta}$ で，$\alpha+\beta=\dfrac{\pi}{4}$ だから，$\tan\alpha+\tan\beta+\tan\alpha\tan\beta$ の値が求められる。

このほか，$\beta=\dfrac{\pi}{4}-\alpha$ を用いる方法もある。

等式の証明

解答・解説は別冊 p.53

194 基本 次の ☐ をうめよ。
(1) $\sin 20°\cos 70° + \sin 70°\cos 20° = \sin\boxed{} = \boxed{}$
(2) $\sin(\theta + 90°) = \sin\theta\cos 90° + \sin 90°\boxed{} = \boxed{}$

195 基本 $\sin\theta + \sin\left(\theta + \dfrac{2}{3}\pi\right) + \sin\left(\theta + \dfrac{4}{3}\pi\right) = 0$ は θ の値に関係なく，つねに成り立つことを示せ。

重要例題48 等式の証明

次の等式を証明せよ。
$$\sin(\alpha+\beta)\sin(\alpha-\beta) = \cos^2\beta - \cos^2\alpha$$

考え方 正弦の加法定理を用いて，左辺から右辺を導く。

解答 $\sin(\alpha+\beta)\sin(\alpha-\beta)$ ㋐
$= (\sin\alpha\cos\beta + \cos\alpha\sin\beta)(\sin\alpha\cos\beta - \cos\alpha\sin\beta)$
$= (\sin\alpha\cos\beta)^2 - (\cos\alpha\sin\beta)^2$
$= \sin^2\alpha\cos^2\beta - \cos^2\alpha\sin^2\beta$
$= (1-\cos^2\alpha)\cos^2\beta - \cos^2\alpha(1-\cos^2\beta)$ ㋑
$= \cos^2\beta - \cos^2\alpha\cos^2\beta - \cos^2\alpha + \cos^2\alpha\cos^2\beta$
$= \cos^2\beta - \cos^2\alpha$

アドバイス
㋐ $\sin(\alpha \pm \beta)$
$= \sin\alpha\cos\beta \pm \cos\alpha\sin\beta$
（複号同順）

㋑ $\sin^2\theta = 1 - \cos^2\theta$

---

196 応用 次の等式を証明せよ。
$$\dfrac{\cos(\alpha-\beta)}{\cos(\alpha+\beta)} = \dfrac{1+\tan\alpha\tan\beta}{1-\tan\alpha\tan\beta}$$

197 応用 $\cos(\alpha-\beta) = 2\sin(\alpha+\beta)$, $\tan\alpha\tan\beta \neq -1$ のとき，$\dfrac{\tan\alpha + \tan\beta}{1 + \tan\alpha\tan\beta}$ の値を求めよ。

(福岡工大)

ヒント
194 (1) 加法定理 $\sin(\alpha+\beta) = \sin\alpha\cos\beta + \cos\alpha\sin\beta$ の逆を用いる。
195 $\sin(\alpha+\beta) = \sin\alpha\cos\beta + \cos\alpha\sin\beta$ を用いる。
196 加法定理を用いて，左辺を $\sin\alpha$, $\sin\beta$, $\cos\alpha$, $\cos\beta$ で表す。
197 $\cos(\alpha-\beta)$, $\sin(\alpha+\beta)$ を $\sin\alpha$, $\sin\beta$, $\cos\alpha$, $\cos\beta$ で表す。

第2節　加法定理

2倍角，半角の公式

解答・解説は別冊 p.54

198 基本 $0 < \alpha < \dfrac{\pi}{2}$，$\sin\alpha = \dfrac{3}{5}$ のとき，次の値を求めよ。

(1) $\sin 2\alpha$ (2) $\cos 2\alpha$ (3) $\tan 2\alpha$

重要例題49 ▶ 2倍角の公式

$\tan\dfrac{\theta}{2} = 3$ のとき，$\sin\theta$，$\cos\theta$ の値を求めよ。

（関西学院大）

考え方 $\theta = 2\cdot\dfrac{\theta}{2}$ と考え，2倍角の公式を用いる。

解答 $\sin\theta = \sin 2\cdot\dfrac{\theta}{2} = 2\sin\dfrac{\theta}{2}\cos\dfrac{\theta}{2} = \dfrac{2\sin\dfrac{\theta}{2}\cos\dfrac{\theta}{2}}{\sin^2\dfrac{\theta}{2} + \cos^2\dfrac{\theta}{2}}$ ㋐

分母・分子を $\cos^2\dfrac{\theta}{2}$ で割ると

$\sin\theta = \dfrac{2\tan\dfrac{\theta}{2}}{\tan^2\dfrac{\theta}{2} + 1}$ ㋑ $= \dfrac{2\cdot 3}{3^2 + 1} = \dfrac{3}{5}$ ……答

$\cos\theta = \cos 2\cdot\dfrac{\theta}{2} = \cos^2\dfrac{\theta}{2} - \sin^2\dfrac{\theta}{2} = \dfrac{\cos^2\dfrac{\theta}{2} - \sin^2\dfrac{\theta}{2}}{\cos^2\dfrac{\theta}{2} + \sin^2\dfrac{\theta}{2}}$

分母・分子を $\cos^2\dfrac{\theta}{2}$ で割ると

$\cos\theta = \dfrac{1 - \tan^2\dfrac{\theta}{2}}{1 + \tan^2\dfrac{\theta}{2}}$ ㋒ $= \dfrac{1 - 3^2}{1 + 3^2} = -\dfrac{4}{5}$ ……答

アドバイス

㋐ $\sin^2\dfrac{\theta}{2} + \cos^2\dfrac{\theta}{2} = 1$

㋑ $\dfrac{\sin\dfrac{\theta}{2}\cos\dfrac{\theta}{2}}{\cos^2\dfrac{\theta}{2}}$

 $= \dfrac{\sin\dfrac{\theta}{2}}{\cos\dfrac{\theta}{2}} = \tan\dfrac{\theta}{2}$

㋒ $\dfrac{\sin^2\dfrac{\theta}{2}}{\cos^2\dfrac{\theta}{2}}$

 $= \left(\dfrac{\sin\dfrac{\theta}{2}}{\cos\dfrac{\theta}{2}}\right)^2$

 $= \left(\tan\dfrac{\theta}{2}\right)^2 = \tan^2\dfrac{\theta}{2}$

---

199 基本 $\sin 67.5°$，$\cos 67.5°$，$\tan 67.5°$ の値を求めよ。

200 基本 $\dfrac{\pi}{2} < \alpha < \pi$ かつ $\cos\alpha = -\dfrac{3}{5}$ のとき，次の値を求めよ。

(1) $\sin\dfrac{\alpha}{2}$ (2) $\cos\dfrac{\alpha}{2}$ (3) $\tan\dfrac{\alpha}{2}$

ヒント 198 まず $\cos\alpha$ の値を求める。 (1) $\sin 2\alpha = 2\sin\alpha\cos\alpha$ を用いる。 (2) $\cos 2\alpha = \cos^2\alpha - \sin^2\alpha$ を用いる。 (3) $\tan 2\alpha = \dfrac{\sin 2\alpha}{\cos 2\alpha}$ を用いる。

199 $67.5° = \dfrac{135°}{2}$ だから，半角の公式を用いる。

和・差を積に,積を和・差に変形する公式

解答・解説は別冊 p.55

201 応用　次の式の値を求めよ。

(1) $\sin 75° + \sin 165°$
(2) $\cos 75° - \cos 15°$
(3) $\sin 15° \cos 75°$
(4) $\cos 37.5° \cos 7.5°$

202 応用　次の式を2つの三角関数の積の形に直せ。

(1) $\sin 3\theta + \sin \theta$
(2) $\cos 5\theta - \cos \theta$

重要例題50　和・差を積に変形する公式の応用

$0 < x < \dfrac{\pi}{2}$ とするとき,不等式 $\sin x + \sin 2x + \sin 3x + \sin 4x > 0$ を満たす x の範囲を求めよ。

(長崎大／改)

考え方　左辺の式で,$\sin x$ と $\sin 3x$,$\sin 2x$ と $\sin 4x$ を組合せ,和・差を積に変形する公式を利用して,それぞれを積の形で表すと,$2\cos x$ が共通因数となり因数分解できる。

解答
$\sin x + \sin 2x + \sin 3x + \sin 4x$
$= (\sin x + \sin 3x) + (\sin 2x + \sin 4x)$
$= \underline{2\sin 2x \cos x}_{㋐} + 2\sin 3x \cos x$
$= 2\cos x (\sin 2x + \sin 3x)$
$= 4\cos x \sin \dfrac{5x}{2} \cos \dfrac{x}{2}$

だから,不等式は $4\cos x \sin \dfrac{5x}{2} \cos \dfrac{x}{2} > 0$

$0 < x < \dfrac{\pi}{2}$ のとき $\cos x > 0$,$\cos \dfrac{x}{2} > 0$

よって $\underline{\sin \dfrac{5x}{2} > 0}_{㋑}$

$0 < \dfrac{5x}{2} < \dfrac{5}{2} \times \dfrac{\pi}{2} = \dfrac{5}{4}\pi$ だから $\underline{0 < \dfrac{5x}{2} < \pi}_{㋒}$

よって $0 < x < \dfrac{2}{5}\pi$ ……答

アドバイス

㋐ $\sin x + \sin 3x$
$= \sin 3x + \sin x$
$= 2\sin \dfrac{3x+x}{2} \cos \dfrac{3x-x}{2}$
$= 2\sin 2x \cos x$

㋑ $4\cos x \sin \dfrac{5x}{2} \cos \dfrac{x}{2} > 0$
において
$\cos x > 0$,$\cos \dfrac{x}{2} > 0$
ならば $\sin \dfrac{5x}{2} > 0$

㋒ $0 < \dfrac{5x}{2} < \dfrac{5}{4}\pi$ で
$\sin \dfrac{5x}{2} > 0$
だから $0 < \dfrac{5x}{2} < \pi$

---

203 応用　△ABC において,$A = \dfrac{\pi}{3}$ のとき,$\sin B + \sin C$ の最大値および,そのときの △ABC の形状を求めよ。

ヒント
201　(1),(2) 和・差を積に変形する公式を利用する。　(3),(4) 積を和・差に変形する。
202　和・差を積に変形する公式を利用する。
203　和を積に変形する公式を利用して,$\sin B + \sin C$ を積の形に直す。$A + B + C = \pi$ だから $B + C = \pi - \dfrac{\pi}{3} = \dfrac{2}{3}\pi$ である。

三角方程式・不等式②

解答・解説は別冊 p.55

204 基本　$0 \leqq \theta < 2\pi$ のとき，次の方程式を満たす θ の値を求めよ。
(1) $\sin 2\theta + \sqrt{2} \sin\theta = 0$
(2) $\cos 2\theta + \sin\theta - 1 = 0$

重要例題51　三角不等式

$0 \leqq \theta < 2\pi$ のとき，次の不等式を解け。
$$\sin 2\theta \leqq \cos\theta$$

考え方　2倍角の公式 $\sin 2\theta = 2\sin\theta\cos\theta$ から，積 $\leqq 0$ の形の不等式にする。また，$ab \leqq 0 \iff a \geqq 0, b \leqq 0$ または $a \leqq 0, b \geqq 0$

解答　$\sin 2\theta \leqq \cos\theta \quad (0 \leqq \theta < 2\pi)$
$\sin 2\theta = 2\sin\theta\cos\theta$ だから　$2\sin\theta\cos\theta \leqq \cos\theta$
$$2\sin\theta\cos\theta - \cos\theta \leqq 0$$
$$\cos\theta(2\sin\theta - 1) \leqq 0$$

(ア)　$\cos\theta \geqq 0$ のとき　$0 \leqq \theta \leqq \dfrac{\pi}{2}, \dfrac{3}{2}\pi \leqq \theta < 2\pi$ ……①

$2\sin\theta - 1 \leqq 0$ から　$\sin\theta \leqq \dfrac{1}{2}$

これを満たす θ の範囲は　$0 \leqq \theta \leqq \dfrac{\pi}{6}, \dfrac{5}{6}\pi \leqq \theta < 2\pi$ ……②

①，②から　$0 \leqq \theta \leqq \dfrac{\pi}{6}, \dfrac{3}{2}\pi \leqq \theta < 2\pi$

(イ)　$\cos\theta \leqq 0$ のとき　$\dfrac{\pi}{2} \leqq \theta \leqq \dfrac{3}{2}\pi$ ……③

$2\sin\theta - 1 \geqq 0$ から　$\sin\theta \geqq \dfrac{1}{2}$

これを満たす θ の範囲は　$\dfrac{\pi}{6} \leqq \theta \leqq \dfrac{5}{6}\pi$ ……④

③，④から　$\dfrac{\pi}{2} \leqq \theta \leqq \dfrac{5}{6}\pi$

よって，不等式の解は
$$0 \leqq \theta \leqq \dfrac{\pi}{6}, \dfrac{\pi}{2} \leqq \theta \leqq \dfrac{5}{6}\pi, \dfrac{3}{2}\pi \leqq \theta < 2\pi \quad \cdots\cdots \text{答}$$

アドバイス

(ア)　$\cos\theta$ の符号

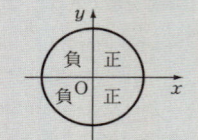

(イ)　$0 \leqq \theta < 2\pi$ のとき，
$\sin\theta \leqq \dfrac{1}{2}$ ならば
$$\begin{cases} 0 \leqq \theta \leqq \dfrac{\pi}{6} \\ \dfrac{5}{6}\pi \leqq \theta < 2\pi \end{cases}$$

---

205 応用　$0 \leqq \theta < 2\pi$ のとき，次の方程式を解け。
$$\sin 3\theta + \sin\theta = 0$$

ヒント　**204** (1) 2倍角の公式 $\sin 2\theta = 2\sin\theta\cos\theta$ を用いる。
(2) 2倍角の公式 $\cos 2\theta = 1 - 2\sin^2\theta$ を用いると，左辺は $\sin\theta$ だけの式になる。

205 和を積に変形する公式 $\sin A + \sin B = 2\sin\dfrac{A+B}{2}\cos\dfrac{A-B}{2}$ を用いて，積 $= 0$ の形にする。

等式の証明，式の値

解答・解説は別冊 p.56

206 基本　次の問いに答えよ。

(1) $(\sin\alpha + \cos\alpha)^2 = 1 + \sin 2\alpha$ であることを示せ。

(2) (1)を用いて，$\sin\dfrac{\pi}{12} + \cos\dfrac{\pi}{12}$ の値を求めよ。

重要例題52　3倍角の公式

$3\alpha = 2\alpha + \alpha$ であることを用いて，$\cos 3\alpha = 4\cos^3\alpha - 3\cos\alpha$ を証明せよ。

考え方　加法定理および2倍角の公式，さらに $\sin^2\theta + \cos^2\theta = 1$ を用いる。

解答
$$\begin{aligned}
\cos 3\alpha &= \cos(2\alpha + \alpha) \\
&= \underline{\cos 2\alpha \cos\alpha - \sin 2\alpha \sin\alpha}_{\text{㋐}} \\
&= (2\cos^2\alpha - 1)\cos\alpha - 2\sin\alpha\cos\alpha\sin\alpha \\
&= \underline{(2\cos^2\alpha - 1)\cos\alpha - 2\cos\alpha(1 - \cos^2\alpha)}_{\text{㋑}} \\
&= 4\cos^3\alpha - 3\cos\alpha
\end{aligned}$$

すなわち
$$\cos 3\alpha = 4\cos^3\alpha - 3\cos\alpha$$

アドバイス
㋐　$\cos(\alpha + \beta)$
　　$= \cos\alpha\cos\beta - \sin\alpha\sin\beta$
㋑　$\cos 2\alpha = 2\cos^2\alpha - 1$
　　$\sin^2\alpha = 1 - \cos^2\alpha$
を用いて，$\cos\alpha$ だけの式にする。

---

207 応用　$\alpha = 36°$ のとき，$3\alpha = 180° - 2\alpha$ となることを用いて，$\cos 36°$ の値を求めよ。

208 応用　$\tan\dfrac{\theta}{2} = t$ とおくとき，$\sin\theta$，$\cos\theta$，$\tan\theta$ を t で表せ。

209 応用　次の等式が成り立つことを証明せよ。
$$\sin^2\alpha + \sin^2\beta + \sin^2(\alpha+\beta) = 2 - 2\cos\alpha\cos\beta\cos(\alpha+\beta)$$

ヒント
206 (1) 左辺を展開し，2倍角の公式 $\sin 2\theta = 2\sin\theta\cos\theta$ を用いる。　(2) (1)の結果を利用する。
207 $3\alpha = 180° - 2\alpha$ から $\cos 3\alpha = \cos(180° - 2\alpha)$ となる。$\cos 3\alpha = \cos(2\alpha + \alpha)$ から $\cos 3\alpha$ を $\cos\alpha$ で表す。また，変換公式と2倍角の公式から $\cos(180° - 2\alpha) = -\cos 2\alpha = -(2\cos^2\alpha - 1)$
208 $\theta = 2 \cdot \dfrac{\theta}{2}$ と考えると，2倍角の公式から　$\sin\theta = \sin 2 \cdot \dfrac{\theta}{2} = 2\sin\dfrac{\theta}{2}\cos\dfrac{\theta}{2}$

第2節　加法定理

三角関数の合成

210 基本 次の式を $r\sin(\theta+\alpha)$ の形に変形せよ。

(1) $\sin\theta + \cos\theta$ 　　(2) $\sin\theta - \sqrt{3}\cos\theta$ 　　(3) $3\sin\theta - \sqrt{3}\cos\theta$

重要例題53 三角関数の合成

$\cos\theta - \sin\theta$ を $r\cos(\theta+\alpha)$ の形に変形せよ。

考え方 加法定理 $\cos(\theta+\alpha) = \cos\theta\cos\alpha - \sin\theta\sin\alpha$ を利用して，$\cos\theta - \sin\theta$ をまとめる。

解答 O を原点，点 P の座標を P(1, 1) とする。
$$OP = \sqrt{1+1} = \sqrt{2}$$
OP が x 軸の正の向きとなす角を α とすると
$$\cos\alpha = \frac{1}{\sqrt{2}}, \quad \sin\alpha = \frac{1}{\sqrt{2}}$$
また　$\alpha = \dfrac{\pi}{4}$

よって
$$\cos\theta - \sin\theta \quad ㋐$$
$$= \sqrt{2}\left(\frac{1}{\sqrt{2}}\cos\theta - \frac{1}{\sqrt{2}}\sin\theta\right)$$
$$= \sqrt{2}\left(\cos\theta\cos\frac{\pi}{4} - \sin\theta\sin\frac{\pi}{4}\right) \quad ㋑$$
$$= \sqrt{2}\cos\left(\theta + \frac{\pi}{4}\right) \quad \cdots\cdots \text{答}$$

注意 この解答では，くわしく解いているが，α の値がわかれば前半は省略してかまわない。

アドバイス

㋐ $\cos\theta - \sin\theta = r\cos(\theta+\alpha)$
とすると
$r = \sqrt{1^2+1^2} = \sqrt{2}$
$\cos\alpha = \dfrac{1}{r}, \sin\alpha = \dfrac{1}{r}$

㋑ 加法定理を逆に使う。

---

211 応用 次の方程式を満たす角 θ の値を求めよ。ただし，$0 \leq \theta < 2\pi$ とする。

$$\sin\theta + \cos\theta = \frac{1}{\sqrt{2}}$$

212 応用 次の不等式を解け。ただし，$0 \leq \theta < 2\pi$ とする。

$$\sin\theta - \sqrt{3}\cos\theta \leq 1$$

ヒント
211 まず，左辺の三角関数を合成して，$r\sin(\theta+\alpha)$ の形に変形する。
$0 \leq \theta < 2\pi$ のとき $\alpha \leq \theta+\alpha < 2\pi+\alpha$ である。
212 左辺を変形して $r\sin(\theta-\alpha) \leq 1$ の形の不等式にする。

最大値・最小値②

解答・解説は別冊 p.58

213 基本　$y = \sin\theta + \sqrt{3}\cos\theta$ の最大値，最小値を求めよ。

214 基本　$y = 3\sin\theta + 4\cos\theta$ の最大値，最小値を求めよ。

重要例題54　**最大値・最小値**

$y = \sin\theta - \cos\theta$ のグラフをかき，最大値，最小値を求めよ。

考え方　まず，三角関数を合成して，1つの関数で表す。

解答
$$y = \sin\theta - \cos\theta$$
$$= \sqrt{2}\left(\frac{1}{\sqrt{2}}\sin\theta - \frac{1}{\sqrt{2}}\cos\theta\right)$$
$$= \sqrt{2}\left(\sin\theta\cos\frac{\pi}{4} - \cos\theta\sin\frac{\pi}{4}\right)$$
$$= \sqrt{2}\sin\left(\theta - \frac{\pi}{4}\right)$$

このグラフは，$y = \sqrt{2}\sin\theta$ のグラフを θ 軸の方向に $\frac{\pi}{4}$ だけ平行移動したもので，周期は 2π ㋐，値域は $-\sqrt{2} \leqq y \leqq \sqrt{2}$ ㋑ である。
よって，グラフは下図のようになる。

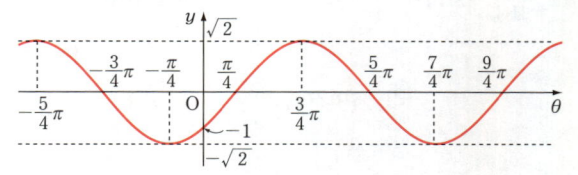

したがって，y の最大値 $\sqrt{2}$，最小値 $-\sqrt{2}$　……答

アドバイス

㋐　$y = \sin\theta$ の周期は 2π だから，$y = \sqrt{2}\sin\theta$ の周期も 2π

㋑　$-1 \leqq \sin\theta \leqq 1$ から
$-\sqrt{2} \leqq \sqrt{2}\sin\theta \leqq \sqrt{2}$
したがって，値域は
$-\sqrt{2} \leqq y \leqq \sqrt{2}$

---

215 応用　関数 $y = \sin x + 2\sin\left(x + \frac{\pi}{3}\right)$ の最大値，最小値を求め，その関数のグラフをかけ。
ただし，$0 \leqq x \leqq \pi$ とする。

(福島大)

216 応用　関数 $y = \cos^2 x - 4\sin x\cos x - 3\sin^2 x$ の $0 \leqq x \leqq \frac{\pi}{2}$ における最大値，最小値を求めよ。

ヒント　**213**　まず，三角関数を合成する。また，$-1 \leqq \sin(\theta + \alpha) \leqq 1$ から $-r \leqq r\sin(\theta + \alpha) \leqq r$

215　$\sin\left(x + \frac{\pi}{3}\right)$ に加法定理を用いて，右辺を $a\sin x + b\cos x$ の形の式にする。

216　$\sin 2x = 2\sin x\cos x$，$\cos 2x = 2\cos^2 x - 1 = 1 - 2\sin^2 x$ を用いて，y を $\sin 2x$，$\cos 2x$ で表す。

第2節　加法定理

実戦問題②

1 次の値を求めよ。 (各5点 計10点)

(1) $\cos 255°$
(2) $\tan 195°$

2 $\dfrac{\pi}{2} < \alpha < \pi$, $\sin\alpha = \dfrac{4}{5}$ のとき，次の値を求めよ。 (各5点 計10点)

(1) $\sin\dfrac{\alpha}{2}$
(2) $\cos\dfrac{\alpha}{2}$

3 $0 < \alpha < \dfrac{\pi}{2}$, $\dfrac{\pi}{2} < \beta < \pi$, $\sin\alpha = \dfrac{12}{13}$, $\sin\beta = \dfrac{5}{13}$ のとき，次の値を求めよ。

(各5点 計20点)

(1) $\cos\alpha$
(2) $\sin 2\alpha$
(3) $\sin(\alpha - \beta)$
(4) $\alpha - \beta$

4 次の2直線のなす角を求めよ。 (12点)

$$y = 2x - 2, \quad y = \dfrac{1}{3}x - 2$$

5 $0 \leq \theta < 2\pi$ のとき，次の等式を満たす θ の値を求めよ。　　　　　（各6点　計12点）

(1) $\cos 2\theta = \sin\theta$

(2) $\sin 4\theta + \sin 2\theta = 0$

6 次の問いに答えよ。　　　　　（各6点　計18点）

(1) $\sqrt{3}\sin\theta + 3\cos\theta$ を $r\sin(\theta+\alpha)$ $\left(r>0,\ 0<\alpha<\dfrac{\pi}{2}\right)$ の形に変形せよ。

(2) $y = \sqrt{3}\sin\theta + 3\cos\theta$ $(0 \leq \theta \leq 2\pi)$ の最大値，最小値を求めよ。

(3) $\sqrt{3}\sin\theta + 3\cos\theta = 3$ $(0 \leq \theta \leq 2\pi)$ を解け。

7
$$\sin\alpha + \sin\beta = \sqrt{2} \quad \cdots\cdots ①$$
$$\cos\alpha + \cos\beta = \sqrt{2} \quad \cdots\cdots ②$$

のとき，次の問いに答えよ。ただし，$\alpha,\ \beta$ は鋭角とする。　　　　　（各6点　計18点）

(1) ①，②の両辺の平方を加えることによって，$\cos(\alpha-\beta)$ の値を求めよ。

(2) $\alpha - \beta$ を求めよ。

(3) $\alpha,\ \beta$ を求めよ。

第4章　指数関数・対数関数

第1節　指数関数

1 累乗根

① a の n 乗根

$x^n = a$ となる数 x を a の n 乗根という。

n が偶数のとき　　$a>0$ で，$x = \pm\sqrt[n]{a}$　㋐
n が奇数のとき　　$x = \sqrt[n]{a}$　㋑

② 累乗根の性質

$a>0$, $b>0$ で，m, n, p が正の整数のとき

$\sqrt[n]{a^n} = (\sqrt[n]{a})^n = a$ 　　$\sqrt[n]{a}\sqrt[n]{b} = \sqrt[n]{ab}$

$\dfrac{\sqrt[n]{a}}{\sqrt[n]{b}} = \sqrt[n]{\dfrac{a}{b}}$ 　　$\sqrt[n]{a^m} = (\sqrt[n]{a})^m$

$\sqrt[m]{\sqrt[n]{a}} = \sqrt[mn]{a}$ 　　$\sqrt[n]{a^m} = \sqrt[np]{a^{mp}}$

2 指数の拡張

① 0, 負の指数

$a \neq 0$, n が正の整数のとき

$a^0 = 1$ 　　$a^{-n} = \dfrac{1}{a^n}$　㋒

② 分数の指数

$a>0$ で，m, n を正の整数とするとき

$a^{\frac{m}{n}} = \sqrt[n]{a^m}$　㋓

また，有理数 r に対して　　$a^{-r} = \dfrac{1}{a^r}$

③ 指数法則

$a>0$, $b>0$ で，r, s が有理数のとき

$a^r a^s = a^{r+s}$, $(a^r)^s = a^{rs}$, $(ab)^r = a^r b^r$

3 指数関数とそのグラフ

① 指数関数

$y = a^x$ ($a>0$, $a \neq 1$) を，a を底とする**指数関数**　㋔
という。

　　$0 < a < 1$ のとき　　単調に減少
　　$1 < a$ のとき　　単調に増加

② 指数関数 $y = a^x$ のグラフ

- 点 $(0, 1)$, $(1, a)$ を通る。
- x 軸が漸近線である。
- $0 < a < 1$ のとき　　右下がりのグラフ　㋕
  $1 < a$ のとき　　右上がりのグラフ　㋖

これだけはおさえよう

㋐ n が偶数のとき　　㋑ n が奇数のとき

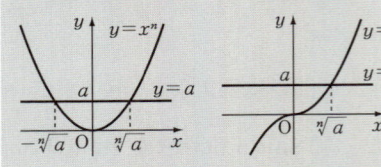

上図のように，曲線 $y = x^n$ と直線 $y = a$ との交点の x 座標が，$x^n = a$ の実数解である。また，$\sqrt[n]{0} = 0$ である。

㋒ 特に $n=1$ のとき　　$a^{-1} = \dfrac{1}{a}$

㋓ 特に $m=1$ のとき　　$a^{\frac{1}{n}} = \sqrt[n]{a}$

㋔ 定義域……実数全体の集合
　　値域……正の数全体の集合

㋕ $0<a<1$ のとき

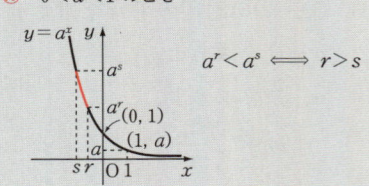

$a^r < a^s \iff r > s$

㋖ $1<a$ のとき

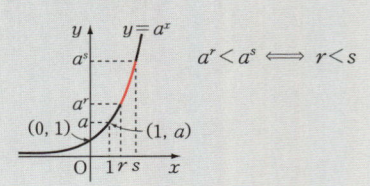

$a^r < a^s \iff r < s$

累乗根

解答・解説は別冊 p.63

217 基本 次の値を求めよ。
(1) $\sqrt{49}$
(2) $\sqrt[3]{-8}$
(3) $\sqrt[4]{81}$
(4) $\sqrt[5]{-\dfrac{1}{32}}$

218 基本 次の計算をせよ。
(1) $(\sqrt[6]{25})^3$
(2) $\sqrt[4]{3} \times \sqrt[4]{27}$
(3) $\sqrt[3]{-56} \div \sqrt[3]{7}$
(4) $\sqrt[5]{\sqrt{1024}}$

重要例題55 ▶ **累乗根の大小比較**

次の各組の数の大小を比較せよ。
(1) $\sqrt{3},\ \sqrt[3]{4}$
(2) $\sqrt[6]{5},\ \sqrt[4]{3},\ \sqrt[3]{2}$

考え方 ▶ それぞれの数を何乗かして根号をはずし，大小を比較する。

解答 (1) $(\sqrt{3})^6 ㋐ = (\sqrt{3^2})^3 = 3^3 = 27$
$(\sqrt[3]{4})^6 = (\sqrt[3]{4^3})^2 = 4^2 = 16$
よって $(\sqrt[3]{4})^6 < (\sqrt{3})^6$
$\sqrt[3]{4} > 0,\ \sqrt{3} > 0 ㋑$ だから $\sqrt[3]{4} < \sqrt{3}$ ……答

(2) $(\sqrt[6]{5})^{12} = (\sqrt[6]{5^6})^2 = 5^2 = 25$ ㋒
$(\sqrt[4]{3})^{12} = (\sqrt[4]{3^4})^3 = 3^3 = 27$ ㋒
$(\sqrt[3]{2})^{12} = (\sqrt[3]{2^3})^4 = 2^4 = 16$ ㋒
よって $(\sqrt[3]{2})^{12} < (\sqrt[6]{5})^{12} < (\sqrt[4]{3})^{12}$
$\sqrt[3]{2} > 0,\ \sqrt[6]{5} > 0,\ \sqrt[4]{3} > 0 ㋑$ だから
$\sqrt[3]{2} < \sqrt[6]{5} < \sqrt[4]{3}$ ……答

アドバイス
㋐ 2乗根と3乗根で，2と3の最小公倍数は6だから，それぞれの数を6乗する。
㋑ $a > 0,\ b > 0$ のとき，n が正の数ならば
$a^n < b^n \iff a < b$
㋒ 6, 4, 3 の最小公倍数は 12 だから，それぞれの数を 12 乗する。

---

219 応用 次の各組の数の大小を比較せよ。
(1) $\sqrt[3]{5},\ \sqrt[4]{10}$
(2) $\sqrt{3},\ \sqrt[3]{6},\ \sqrt[4]{7}$

ヒント **219** (1) 3乗根と4乗根で，3と4の最小公倍数は12だから，それぞれの数を12乗する。

第1節 指数関数 85

指数の拡張

解答・解説は別冊 p.64

220 基本 次の値を求めよ。

(1) 10^0　　(2) 5^{-1}　　(3) 3^{-3}

(4) $64^{-\frac{1}{2}}$　　(5) $16^{-0.25}$　　(6) $10000^{0.75}$

221 基本 次の計算をせよ。

(1) $4^{\frac{4}{3}} \times 4^{\frac{1}{6}}$　　(2) $5^{\frac{1}{2}} \div 5^{\frac{1}{6}} \times 5^{\frac{2}{3}}$

(3) $\left(16^{\frac{1}{6}}\right)^{-\frac{3}{2}}$　　(4) $(2 \times 3^2)^{\frac{2}{3}} \times 2^{\frac{4}{3}} \div \sqrt[3]{3}$

重要例題56 指数法則

次の式を簡単にせよ。ただし，$a>0$，$b>0$ とする。

(1) $\sqrt[3]{ab^2} \times \sqrt{ab} \times \sqrt[6]{ab^5}$　　(2) $\left(a^{\frac{3}{2}}+b^{\frac{3}{2}}\right)\left(a^{\frac{3}{2}}-b^{\frac{3}{2}}\right)$

考え方 指数法則に従って計算する。

解答 (1) $\sqrt[3]{ab^2} \times \sqrt{ab} \times \sqrt[6]{ab^5}$
$= (ab^2)^{\frac{1}{3}} \times (ab)^{\frac{1}{2}} \times (ab^5)^{\frac{1}{6}}$　㋐
$= a^{\frac{1}{3}+\frac{1}{2}+\frac{1}{6}} \times b^{\frac{2}{3}+\frac{1}{2}+\frac{5}{6}}$
$= ab^2$ ……答

(2) $\left(a^{\frac{3}{2}}+b^{\frac{3}{2}}\right)\left(a^{\frac{3}{2}}-b^{\frac{3}{2}}\right)$　㋑
$= \left(a^{\frac{3}{2}}\right)^2 - \left(b^{\frac{3}{2}}\right)^2$　㋒
$= a^{\frac{3}{2}\times 2} - b^{\frac{3}{2}\times 2}$
$= a^3 - b^3$ ……答

アドバイス
㋐ $(ab)^r = a^r b^r$
　$(a^r)^s = a^{rs}$
　$a^r a^s = a^{r+s}$ を使う。
㋑ $a^{\frac{3}{2}} = A$，$b^{\frac{3}{2}} = B$
　と考えて
　$(A+B)(A-B)$
　$= A^2 - B^2$
　の公式を利用する。
㋒ $(a^r)^s = a^{rs}$ を使う。

---

222 応用 次の式を簡単にせよ。ただし，$a>0$，$b>0$ とする。

(1) $(\sqrt[3]{a}-1)(\sqrt[3]{a^2}+\sqrt[3]{a}+1)$

(2) $\left(a^{\frac{1}{6}}-b^{\frac{1}{6}}\right)\left(a^{\frac{1}{6}}+b^{\frac{1}{6}}\right)\left(a^{\frac{2}{3}}+a^{\frac{1}{3}}b^{\frac{1}{3}}+b^{\frac{2}{3}}\right)$

223 応用 $2^x - 2^{-x} = 3$ のとき，$4^x + 4^{-x}$，$2^x + 2^{-x}$ の値を求めよ。

ヒント **222** (1) $\sqrt[3]{a} = A$ と考えて，$(A-1)(A^2+A+1) = A^3-1$ の公式を利用する。
(2) $\left(a^{\frac{1}{6}}-b^{\frac{1}{6}}\right)\left(a^{\frac{1}{6}}+b^{\frac{1}{6}}\right) = \left(a^{\frac{1}{6}}\right)^2 - \left(b^{\frac{1}{6}}\right)^2 = a^{\frac{1}{3}} - b^{\frac{1}{3}}$ を先に計算し，$a^{\frac{1}{3}} = A$，$b^{\frac{1}{3}} = B$ と考えて，
$(A-B)(A^2+AB+B^2) = A^3-B^3$ の公式を利用する。

223 $4^x + 4^{-x} = (2^x - 2^{-x})^2 + 2$，$(2^x + 2^{-x})^2 = 4^x + 4^{-x} + 2$ である。

指数法則の応用

224 基本　次の数を，$a \times 10^n$（$1 \leq a < 10$，n は整数）の形で表せ。
(1) 2370000
(2) 0.000532

重要例題 57　指数法則の応用

光の速さは，毎秒約 3.0×10^8 m である。光が 1 km 進むのに約何秒かかるか。

考え方　非常に大きな数や非常に小さな数の計算は，$a \times 10^n$（$1 \leq a < 10$）の形で表し，指数法則を用いて計算する。

解答　1 km は 10^3 m だから，求める時間は

$$\frac{10^3}{3.0 \times 10^8} \underset{㋐}{=} \frac{1}{3} \times 10^{-5}$$
$$\fallingdotseq 0.33 \times 10^{-5}$$
$$= 3.3 \times 10^{-6} \;\;㋑$$

したがって，約 3.3×10^{-6} 秒かかる。……**答**

アドバイス
㋐　時間 ＝ $\dfrac{距離}{速さ}$
㋑　非常に小さな数を扱う場合，一般に
　$a \times 10^{-n}$（$1 \leq a < 10$）
の形で表す。

---

225 応用　冥王星と太陽の平均距離を 5.915×10^9 km とする。
光の速さは，2.998×10^{10} cm/秒 である。光が太陽から冥王星に達するのにかかる時間は約何秒か。

226 応用　電子の質量はおよそ 9.1×10^{-28} g であり，水素原子の質量はおよそ 1.7×10^{-24} g である。水素原子の質量は電子の質量のおよそ何倍か。小数点以下を四捨五入して答えよ。

ヒント
225　冥王星と太陽の平均距離を cm で表し，単位をそろえて計算する。1 km ＝ 10^3 m ＝ 10^5 cm
226　（水素原子の質量）÷（電子の質量）から求める。

指数関数のグラフ

解答・解説は別冊 p.65

227 基本 次の関数のグラフをかき，$y=2^x$ のグラフとの位置関係をいえ。

(1) $y=-2^x$ (2) $y=\dfrac{2^x}{8}$ (3) $y=16\cdot\left(\dfrac{1}{2}\right)^x$

228 基本 次の関数の最大値と最小値を求めよ。

(1) $y=-3^{x-1}$ $(-1 \leqq x \leqq 1)$

(2) $y=\dfrac{9}{3^x}-1$ $(0 \leqq x \leqq 3)$

重要例題58 指数の大小比較

次の各組の数の大小を比較せよ。

(1) $\sqrt[7]{243}$, $\sqrt[5]{81}$ (2) $\sqrt{0.125}$, $\sqrt[3]{0.0625}$, $\sqrt[4]{0.25}$

考え方 各組の数を，それぞれ同じ底にそろえた累乗の形で表して指数を比較する。

$0<a<1$ のとき　$a^r<a^s \Longleftrightarrow r>s$

$1<a$ のとき　$a^r<a^s \Longleftrightarrow r<s$

解答 (1) $\sqrt[7]{243}=\sqrt[7]{3^5}=3^{\frac{5}{7}}$

$\sqrt[5]{81}=\sqrt[5]{3^4}=3^{\frac{4}{5}}$

底は3で1より大きいから，関数 $y=3^x$ は単調に増加する。㋐

$\dfrac{5}{7}<\dfrac{4}{5}$ だから，$3^{\frac{5}{7}}<3^{\frac{4}{5}}$　よって $\sqrt[7]{243}<\sqrt[5]{81}$ ……答

(2) $\sqrt{0.125}=\sqrt{0.5^3}=0.5^{\frac{3}{2}}$

$\sqrt[3]{0.0625}=\sqrt[3]{0.5^4}=0.5^{\frac{4}{3}}$

$\sqrt[4]{0.25}=\sqrt[4]{0.5^2}=0.5^{\frac{1}{2}}$

底 0.5 は 1 より小さいから，関数 $y=0.5^x$ は単調に減少する。㋑

$\dfrac{1}{2}<\dfrac{4}{3}<\dfrac{3}{2}$ だから　$0.5^{\frac{1}{2}}>0.5^{\frac{4}{3}}>0.5^{\frac{3}{2}}$

よって　$\sqrt[4]{0.25}>\sqrt[3]{0.0625}>\sqrt{0.125}$ ……答

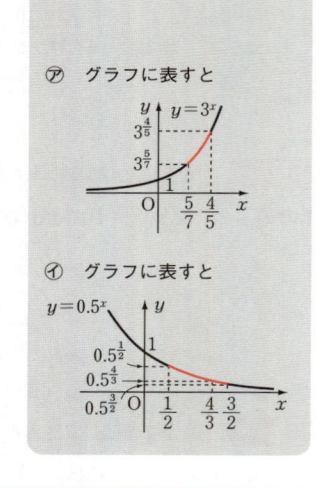

アドバイス

㋐ グラフに表すと

㋑ グラフに表すと

---

229 応用 次の各組の数を大きい順に並べよ。

(1) $2^{-\frac{1}{3}}$, $8^{-\frac{1}{5}}$, 1, $0.5^{\frac{1}{2}}$

(2) $0<a<1$ のとき　$\sqrt[5]{a}$, $\left(\dfrac{1}{\sqrt[3]{a}}\right)^{-1}$, $(\sqrt[4]{a^3})^{\frac{1}{3}}$

ヒント 229 それぞれの数を底をそろえた累乗の形で表してから比べる。

(2) $0<a<1$ のとき，関数 $y=a^x$ は単調に減少する。

指数方程式・不等式

解答・解説は別冊 p.66

230 基本　次の方程式を解け。

(1) $3^{x+1} = 27$

(2) $25^{-x-1} = \dfrac{1}{125}$

(3) $2^{2-x} = 16\sqrt{2}$

(4) $\left(\dfrac{1}{4}\right)^{x-1} = 8$

231 基本　次の不等式を解け。

(1) $2^x > 16$

(2) $3^{-x+2} \leqq \dfrac{1}{81}$

(3) $\left(\dfrac{1}{3}\right)^x \leqq \dfrac{1}{9\sqrt{3}}$

(4) $8^x < \dfrac{1}{4} < 16 \cdot 2^x$

重要例題59 　**指数方程式・不等式**

次の方程式・不等式を解け。

(1) $4^x - 2^{x+1} = 8$

(2) $9^{x+1} - 28 \cdot 3^x + 3 < 0$

考え方 (1) $2^x = t$ とおいて，t についての2次方程式を解く。
(2) $3^x = t$ とおいて，t についての2次不等式を解く。

解答 (1) $2^x = t$ とおくと，$t > 0$ で ㋐
$$4^x = 2^{2x} = (2^x)^2 = t^2, \quad 2^{x+1} = 2 \cdot 2^x = 2t$$
よって，方程式は $t^2 - 2t = 8$, $t^2 - 2t - 8 = 0$
$$(t-4)(t+2) = 0$$
$t > 0$ だから ㋑　$t = 2^x = 4$　したがって　$x = 2$ ……答

(2) $3^x = t$ とおくと，$t > 0$ で
$$9^{x+1} = 9 \cdot 3^{2x} = 9 \cdot (3^x)^2 = 9t^2$$
よって，不等式は $9t^2 - 28t + 3 < 0$, $(9t-1)(t-3) < 0$
したがって　$\dfrac{1}{9} < t < 3$
これは，$t > 0$ を満たしているから　$\dfrac{1}{9} < 3^x < 3$　よって　$3^{-2} < 3^x < 3$
底3は1より大きいから ㋒　$-2 < x < 1$ ……答

アドバイス

㋐ $t = 2^x > 0$ の条件を忘れないようにする。

㋑ ㋐から $t > 0$ だから，$t = -2$ は適さない。

㋒ $y = 3^x$ は単調に増加するから
$$3^r < 3^x < 3^s$$
$$\iff r < x < s$$

---

232 応用　次の方程式・不等式を解け。

(1) $3^{2x+1} + 2 \cdot 3^x - 1 = 0$

(2) $5^{3x+1} - 6 \cdot 5^{2x} + 5^x < 0$

233 応用　関数 $f(x) = 4^x + 4^{-x} - 2^{2+x} - 2^{2-x} + 2$ について，次の問いに答えよ。

(1) $X = 2^x + 2^{-x}$ とおき，$f(x)$ を X で表せ。

(2) $f(x)$ の最大値・最小値を求めよ。

(東京農大)

ヒント　233 (2) 相加平均・相乗平均の関係から　$X = 2^x + 2^{-x} \geqq 2\sqrt{2^x \cdot 2^{-x}} = 2$

第1節　指数関数　89

実戦問題①

1 a を正の定数とし，$a^{\frac{1}{2}} + a^{-\frac{1}{2}} = 3$ のとき，次の値を求めよ。　**(各5点　計15点)**

(1) $a + a^{-1}$ 　　　　(2) $a^2 + a^{-2}$ 　　　　(3) $a - a^{-1}$

2 次の数の大小の比較をせよ。　**(10点)**
$$\sqrt[3]{5},\ \sqrt{3},\ \sqrt[4]{8}$$

3 次の計算をせよ。　**(各5点　計15点)**
(1) $8^{\frac{1}{4}} \times 8^{\frac{1}{3}} \div 8^{\frac{1}{12}}$
(2) $\left(216^{\frac{2}{3}}\right)^{\frac{1}{2}}$
(3) $\left(a^{\frac{1}{4}} - b^{\frac{1}{4}}\right)\left(a^{\frac{1}{4}} + b^{\frac{1}{4}}\right)\left(a^{\frac{1}{2}} + b^{\frac{1}{2}}\right)(a+b)$

4 次の問いに答えよ。 (各10点 計20点)

(1) 関数 $y=-2^{x+1}+1$ のグラフをかけ。

(2) $y=a^{b+cx}$ において，$x=1$ のとき $y=8$，$x=2$ のとき $y=16$ ならば，$x=-1$ のとき $y=\boxed{}$ であり，a，b，c を用いずに y を x の関数で表すと $y=\boxed{}$ である。

5 次の方程式・不等式を解け。 (各5点 計20点)

(1) $9^{3x}=81$

(2) $\dfrac{1}{8} \leqq \left(\dfrac{1}{2}\right)^{2x} \leqq 1$

(3) $4^x - 4\cdot 2^x - 32 = 0$

(4) $2^{2x} - 3\cdot 2^{x+1} + 8 > 0$

6 関数 $f(x)=4^x-2^{x+2}+5$ $(0\leqq x \leqq 2)$ の最大値，最小値とそのときの x の値を求めよ。

(20点)

第2節 対数関数

1 対数とその性質

① 対数の定義

$a>0$, $a\neq 1$, $y>0$ のとき
$$a^x = y \iff x = \log_a y$$

$\log_a y$ を，a を底とする y の対数といい，y をこの対数の<u>真数</u>㋐という。

② 対数の性質

$a>0$, $a\neq 1$, $M>0$, $N>0$, p は実数，また，$b>0$, $b\neq 1$ のとき

<u>$\log_a 1 = 0$, $\log_a a = 1$</u>㋑

$\log_a MN = \log_a M + \log_a N$ （積の対数）

$\log_a \dfrac{M}{N} = \log_a M - \log_a N$ （商の対数）

$\log_a M^p = p\log_a M$ （累乗の対数）

$\log_a M = \dfrac{\log_b M}{\log_b a}$ （底の変換公式）

2 対数関数とそのグラフ

① 対数関数

$y = \log_a x$ ($a>0$, $a\neq 1$) を a を底とする<u>対数関数</u>㋒という。

$0<a<1$ のとき　　単調に減少㋓

$1<a$ のとき　　単調に増加㋔

② 対数関数 $y=\log_a x$ のグラフ

- 点 $(1, 0)$, $(a, 1)$ を通る。
- y 軸が漸近線である。
- <u>$0<a<1$ のとき　　右下がりのグラフ</u>㋓
- <u>$1<a$ のとき　　右上がりのグラフ</u>㋔

3 常用対数

① 常用対数の定義

10 を底とする対数 $\log_{10} N$ を常用対数という。

② 桁数の問題

N の整数部分が n 桁

$\iff$ <u>$10^{n-1} \leqq N < 10^n$</u>㋕

$\iff n-1 \leqq \log_{10} N < n$

③ 小数点の問題

N の小数第 n 位に初めて 0 でない数字が現れる。

$\iff$ <u>$\dfrac{1}{10^n} \leqq N < \dfrac{1}{10^{n-1}}$</u>㋖

$\iff -n \leqq \log_{10} N < -(n-1)$

これだけはおさえよう

㋐ 真数はつねに正である。

㋑ $\log_a 1 = 0 \iff a^0 = 1$
$\log_a a = 1 \iff a^1 = a$

㋒ 定義域……正の数全体の集合
値域……実数全体の集合

㋓ $0<a<1$ のとき
$\log_a M < \log_a N \iff M > N$

㋔ $1<a$ のとき
$\log_a M < \log_a N \iff M < N$

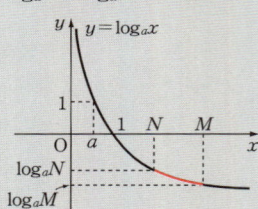

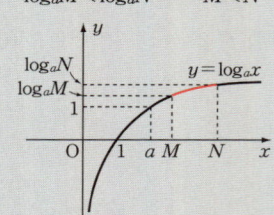

㋕ 10^{n-1} は n 桁の数の最小数であり，10^n は $(n+1)$ 桁の数の最小数である。

㋖ $\dfrac{1}{10^n}$ は，小数第 n 位に初めて 0 でない数字が現れる数の最小数である。

対数の定義と性質

解答・解説は別冊 p.67

234 基本 次の関係を $x = \log_a y$ の形で表せ。

(1) $3^5 = 243$ 　　　　　　　　(2) $5^{-2} = \dfrac{1}{25}$

(3) $\sqrt[5]{32} = 2$ 　　　　　　　　(4) $7^0 = 1$

235 基本 次の関係を $a^x = y$ の形で表せ。

(1) $3 = \log_{10} 1000$ 　　(2) $\dfrac{1}{4} = \log_{16} 2$ 　　(3) $-\dfrac{1}{3} = \log_8 \dfrac{1}{2}$

重要例題60 　**対数の値**

次の値を求めよ。

(1) $\log_2 64$ 　　　　　　　　(2) $\log_{10} \dfrac{1}{10000}$

(3) $\log_{\frac{1}{3}} 27$ 　　　　　　　(4) $\log_{0.2} 125$

考え方 $\log_a a^p = p$ を利用するか，または，$\log_a y = x$ とおいて
　　　　　$a^x = y$（対数の定義から）
の形から求める。

解答 (1) $\log_2 64 = \underline{\log_2 2^6 = 6}_{㋐}$ ……**答**

(2) $\log_{10} \dfrac{1}{10000} = \underline{\log_{10} 10^{-4} = -4}_{㋐}$ ……**答**

(3) $\log_{\frac{1}{3}} 27 = x$ とおくと 　$\underline{\left(\dfrac{1}{3}\right)^x = 27}_{㋑}$

したがって 　$3^{-x} = 3^3$, $-x = 3$, $x = -3$

よって 　$\log_{\frac{1}{3}} 27 = -3$ ……**答**

(4) $\log_{0.2} 125 = x$ とおくと 　$\underline{0.2^x = 125}_{㋑}$

したがって 　$\left(\dfrac{1}{5}\right)^x = 5^3$, $5^{-x} = 5^3$, $-x = 3$, $x = -3$

よって 　$\log_{0.2} 125 = -3$ ……**答**

アドバイス

㋐ $\log_a a^p = p$ を利用する。

㋑ 対数の定義から
$\log_a y = x \iff a^x = y$

---

236 応用 次の値を求めよ。

(1) $\log_{1000} 0.01$ 　　　　　　(2) $\log_{\sqrt{3}} 9$

237 応用 次の値を求めよ。

(1) $10^{\log_{10} 2}$ 　　　　　　　(2) $(\sqrt{2})^{\log_2 3}$

ヒント 　236 $\log_a y = x$ とおいて，$a^x = y$ の形から x の値を求める。
　　　　　237 $\log_a M$ は，$a^x = M$ を満たす x の値であることを利用する。

238 基本 次の式を簡単にせよ。

(1) $\log_3 \sqrt[4]{27}$

(2) $\dfrac{1}{2}\log_2 5 - \log_2 \dfrac{\sqrt{5}}{4}$

(3) $\log_6 15 + \log_6 \dfrac{2}{5}$

(4) $\dfrac{3}{2}\log_3 \sqrt[3]{12}$

重要例題61 対数の性質

$\log_{10} 2 = p$, $\log_{10} 3 = q$ とするとき，次の式を p, q で表せ。

(1) $\log_{10} 5$ (2) $\log_{10} \sqrt{6}$ (3) $\log_{10} 0.75$

考え方 それぞれの対数の真数を，2, 3, 10 の積または商の形で表し，$\log_{10} 2 = p$, $\log_{10} 3 = q$, $\log_{10} 10^n = n$ を使う。

解答 (1) $\log_{10} 5 = \log_{10} \dfrac{10}{2}$
$= \underline{\log_{10} 10 - \log_{10} 2}_{\text{⑦}} = 1 - p$ ……**答**

(2) $\log_{10} \sqrt{6} = \log_{10} 6^{\frac{1}{2}} = \dfrac{1}{2}\log_{10}(2 \times 3)$
$= \underline{\dfrac{1}{2}(\log_{10} 2 + \log_{10} 3)}_{\text{④}} = \dfrac{1}{2}(p+q)$ ……**答**

(3) $\log_{10} 0.75 = \log_{10} \dfrac{3}{4} = \log_{10} 3 - \log_{10} 2^2$
$= \log_{10} 3 - 2\log_{10} 2 = q - 2p$ ……**答**

アドバイス

⑦ $\log_a \dfrac{M}{N}$
$= \log_a M - \log_a N$

④ $\log_a MN$
$= \log_a M + \log_a N$

---

239 応用 $\log_a x = X$, $\log_a y = Y$ ($a>0$, $a \neq 1$, $x>0$, $y>0$) のとき，次の式を X, Y で表せ。

(1) $\log_a x^3 y^2$

(2) $\log_a \sqrt{\dfrac{x}{y}}$

(3) $\log_a \dfrac{\sqrt[4]{a}}{x^3 \sqrt{y}}$

240 応用 次の式の値を求めよ。

(1) $(\log_{10} 5)^2 + \log_{10} 2 \cdot \log_{10} 25 + (\log_{10} 2)^2$

(2) $\log_2 (\sin 45°) - \log_2 (\sin 60°) + \log_2 (\tan 60°)$

ヒント 239 対数の性質を用いて $\log_a x$, $\log_a y$, $\log_a a^p$ に分解する。
240 (1) $\log_{10} 25 = \log_{10} 5^2 = 2\log_{10} 5$，また，$a^2 + 2ab + b^2 = (a+b)^2$ を利用する。

底の変換公式

241 基本 $\log_{10}2 = a$, $\log_{10}3 = b$ とするとき, 次の式を a, b で表せ。
(1) $\log_3 2$ (2) $\log_4 9$ (3) $\log_9 8$

242 基本 a, b を 1 でない正の数, M を正の数とする。このとき, 指数法則を用いて $\log_a M = \dfrac{\log_b M}{\log_b a}$ が成り立つことを証明せよ。

重要例題62 底の変換公式

a, b, c を 1 と異なる正の数とするとき, 次の式を証明せよ。
$$\log_a b \cdot \log_b c \cdot \log_c a = 1$$

考え方 底の変換公式を使って, 底をそろえる。

解答 底を a に変えると
$$\log_b c = \dfrac{\log_a c}{\log_a b}\text{⑦}, \quad \log_c a = \dfrac{\log_a a}{\log_a c}\text{⑦} = \dfrac{1}{\log_a c}$$
よって $\log_a b \cdot \log_b c \cdot \log_c a = \log_a b \cdot \dfrac{\log_a c}{\log_a b} \cdot \dfrac{1}{\log_a c}$
$= 1$
したがって $\log_a b \cdot \log_b c \cdot \log_c a = 1$

アドバイス
⑦ 底の変換公式
$$\log_a M = \dfrac{\log_b M}{\log_b a}$$
($b > 0$, $b \neq 1$)
を使って, 底を a にそろえる。

---

243 応用 次の式の値を求めよ。
(1) $\log_2 3 \cdot \log_3 5 \cdot \log_5 8$
(2) $(\log_2 3 + \log_4 9)(\log_3 4 + \log_9 2)$

244 応用 $\log_2 3 = a$, $\log_3 5 = b$, $\log_5 7 = c$ とおくとき, $\log_{60} 126$ を a, b, c を用いて表せ。

ヒント 243 底をそろえてから, 対数の性質を利用して計算する。
244 底の変換公式を使って, $\log_3 5$, $\log_5 7$ の底を 2 に変換し, $\log_2 5$, $\log_2 7$ を a, b, c を用いて表す。

対数関数のグラフ

解答・解説は別冊 p.69

245 基本 次の関数のグラフをかき，$y = \log_3 x$ のグラフとの位置関係をいえ。

(1) $y = \log_3(x-2)$ (2) $y = \log_3 9x$ (3) $y = \log_{\frac{1}{3}}(x+1)$

246 基本 $3 \leqq x \leqq 5$ のとき，次の関数の最大値，最小値を求めよ。

(1) $y = \log_2(x-1)$ (2) $y = \log_{\frac{1}{2}}(x-1)$

重要例題63 対数の大小比較

次の各組の数の大小を比較せよ。

(1) $\log_5 \sqrt{10}, \ \log_5 4, \ \log_5 3$

(2) $\dfrac{3}{2}, \ \log_3 4, \ \log_2 3$

考え方 対数の底をそろえて，真数の大小から判断する。

$0 < a < 1$ のとき $\log_a M < \log_a N \iff M > N$

$1 < a$ のとき $\log_a M < \log_a N \iff M < N$

解答 (1) $4 = \sqrt{16}, \ 3 = \sqrt{9}$ から $3 < \sqrt{10} < 4$

底5は1より大きいから ⑦

$\log_5 3 < \log_5 \sqrt{10} < \log_5 4$ ……答

(2) $\log_2 3 - \dfrac{3}{2} = \dfrac{2\log_2 3 - 3}{2} = \dfrac{\log_2 9 - \log_2 8}{2}$

底2は1より大きいから $\log_2 9 > \log_2 8$

したがって $\log_2 3 - \dfrac{3}{2} > 0, \ \log_2 3 > \dfrac{3}{2}$ ……①

$\dfrac{3}{2} - \log_3 4 = \dfrac{3 - 2\log_3 4}{2} = \dfrac{\log_3 27 - \log_3 16}{2}$

底3は1より大きいから $\log_3 27 > \log_3 16$

したがって $\dfrac{3}{2} - \log_3 4 > 0, \ \dfrac{3}{2} > \log_3 4$ ……②

よって，①，②から $\log_3 4 < \dfrac{3}{2} < \log_2 3$ ……答

アドバイス

⑦ $y = \log_5 x$ は単調に増加し，グラフは下のようになる。

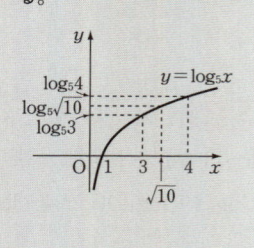

---

247 応用 $1 < x < y < x^2$ のとき，$\log_x y, \ \log_y x, \ \log_x y^2, \ (\log_x y)^2$ の大小を比較せよ。 （中央大）

ヒント 247 条件式から，$0 < \log_x x < \log_x y < \log_x x^2$ であることを利用する。

対数方程式・不等式

解答・解説は別冊 p.70

248 基本 次の方程式を解け。
(1) $\log_2(x+1)=2$
(2) $\log_{\frac{1}{2}}x=2$
(3) $\log_2 x + \log_x 2 = \dfrac{5}{2}$

249 基本 次の不等式を解け。
(1) $\log_{\frac{1}{3}}x < 3$
(2) $\log_2(x+2) \geqq 1$
(3) $\log_{10}x + \log_{10}(2x+1) < 1$
(4) $\log_x(2x+3) > 2$

重要例題64 対数関数の最大・最小

関数 $y=(\log_2 x)^2 - \log_2 x$ $(1 \leqq x \leqq 2)$ の最大値・最小値,およびそのときの x の値を求めよ。

考え方 $\log_2 x = t$ とおいて,t についての2次関数と考える。t の値の範囲に注意する。

解答 $\log_2 x = t$ とおくと,$1 \leqq x \leqq 2$ から $0 \leqq t \leqq 1$ ㋐

関数は $y=t^2-t=\left(t-\dfrac{1}{2}\right)^2-\dfrac{1}{4}$

したがって,右のグラフから,$0 \leqq t \leqq 1$ の範囲で,y は $t=0$,1 のとき,最大値 0 をとる。
$t=0$ のとき,$\log_2 x = 0$ だから $x=1$
$t=1$ のとき,$\log_2 x = 1$ だから $x=2$
また,y は $t=\dfrac{1}{2}$ のとき,最小値 $-\dfrac{1}{4}$ をとる。
$t=\dfrac{1}{2}$ のとき,$\log_2 x = \dfrac{1}{2}$ だから $x=\sqrt{2}$

したがって $x=1$,2 のとき 最大値 0
$x=\sqrt{2}$ のとき 最小値 $-\dfrac{1}{4}$ ……**答**

アドバイス
㋐ 底 2 は 1 より大きいから,$y=\log_2 x$ は単調に増加する。
$1 \leqq x \leqq 2$
$\log_2 1 \leqq \log_2 x \leqq \log_2 2$
$0 \leqq \log_2 x \leqq 1$
$0 \leqq t \leqq 1$

---

250 応用 関数 $y=-(\log_3 x)^2 + 4\log_3 x$ $(x \geqq 3)$ の最大値を求めよ。

251 応用 $x>0$,$y>0$,$2x+y=8$ のとき,$f(x, y) = \log_2 x + 2\log_4 y$ の最大値を求めよ。
(創価大)

ヒント 251 条件から,$y=8-2x$ を $f(x, y)$ の式に代入し,底を 2 にそろえる。x の値の範囲に注意する。

常用対数

解答・解説は別冊 p.71

252 基本 $\log_{10}2=0.3010$, $\log_{10}3=0.4771$ のとき，次の値を求めよ。

(1) $\log_{10}20$

(2) $\log_{10}0.002$

(3) $\log_{10}6$

(4) $\log_{10}\dfrac{9}{4}$

重要例題65 常用対数

$\log_{10}2=0.3010$, $\log_{10}3=0.4771$ のとき，次の値を求めよ。

(1) $\log_2 3$

(2) $\log_{0.01}36$

考え方 まず，底の変換公式を使って，底を10に変換してから計算する。

解答

(1) $\log_2 3 = \dfrac{\log_{10}3}{\log_{10}2}_{\text{㋐}} = \dfrac{0.4771}{0.3010}$

$\qquad \fallingdotseq 1.585$ ……答

(2) $\log_{0.01}36 = \dfrac{\log_{10}36}{\log_{10}0.01}_{\text{㋐}}$

$\qquad = \dfrac{\log_{10}6^2}{\log_{10}10^{-2}}$

$\qquad = -\log_{10}6 = -(\log_{10}2+\log_{10}3)_{\text{㋑}}$

$\qquad = -(0.3010+0.4771)$

$\qquad = -0.7781$ ……答

アドバイス

㋐ 底を10に変換する。

㋑ $\log_{10}6$
$= \log_{10}(2\times 3)$
$= \log_{10}2+\log_{10}3$

---

253 応用 $\log_{10}2=0.3010$, $\log_{10}3=0.4771$ として，次の問いに答えよ。

(1) 次の等式を満たす x の値を求めよ。ただし，四捨五入によって，有効数字4桁まで答えよ。

① $2^x=10$

② $4^x=3^{x-1}$

(2) 次の不等式を満たす整数 n の最小値を求めよ。

① $2^n>10^4$

② $(0.6)^n<0.0001$

254 応用 不等式 $1.04^n<2$ を満たす最大の整数 n を求めよ。

ただし，$\log_{10}2=0.3010$, $\log_{10}1.04=0.0170$ とする。

ヒント 253 (1) 両辺の常用対数をとってから，x の値を求める。

(2) 両辺の常用対数をとって，n についての不等式を解く。

桁数，小数点の問題

解答・解説は別冊 p.72

255 [基本] 自然数 N について，$2 \leq \log_{10} N < 3$ を満たすとき，N は何桁の数か。

重要例題66 桁数の問題

3^{20} は何桁の数か。ただし，$\log_{10} 3 = 0.4771$ として計算せよ。

[考え方] 常用対数をとって，対数の性質から値を求める。
N が n 桁の整数のとき $10^{n-1} \leq N < 10^n \iff n-1 \leq \log_{10} N < n$

[解答] 3^{20} の常用対数をとると
$$\log_{10} 3^{20} = 20 \log_{10} 3 = 20 \times 0.4771 = 9.542$$
したがって $9 < \log_{10} 3^{20} < 10$
すなわち $10^9 < 3^{20} < 10^{10}$ ㋐
よって，3^{20} は $\underline{10\text{ 桁の数}}_{㋑}$ である。 ……答

アドバイス
㋐ $9 = \log_{10} 10^9$
   $10 = \log_{10} 10^{10}$

㋑ 10^9 は 10 桁の最小数。

---

256 [応用] 2^{50} は □ 桁の数であり，その最も高い位の数は □ である。また，$\left(\dfrac{1}{6}\right)^{30}$ を小数で表したとすると，小数第 □ 位に初めて 0 でない数が現れる。
ただし，$\log_{10} 2 = 0.3010$, $\log_{10} 3 = 0.4771$ とする。 　（日本大／改）

257 [応用] 1 回のろ過につき，雑菌の 20% を除去できる浄水器がある。この浄水器を使って，雑菌の 95% 以上を除去するには，最小限何回ろ過を繰り返せばよいか。
$\log_{10} 2 = 0.3010$ として計算せよ。 　（創価大）

ヒント
256 N の小数第 n 位に初めて 0 でない数字が現れるとき　$-n \leq \log_{10} N < -(n-1)$
257 1 回のろ過で，雑菌の 80% が残るから，n 回のろ過で雑菌が 5% 未満になるようにするには，
$\left(\dfrac{4}{5}\right)^n < 0.05$ となる n を求めればよい。

実戦問題②

1 次の式を簡単にせよ。 (各6点 計18点)

(1) $\log_2 10 - \log_2 8 + \log_2 \dfrac{4}{5}$

(2) $\log_4 2 \cdot \log_3 4 \cdot \log_2 3$

(3) $3^{\log_9 5}$

2 次の方程式・不等式を解け。 (各8点 計32点)

(1) $2\log_2 x - \log_2(x+4) - 1 = 0$

(2) $\log_{\frac{1}{3}}(x-1) + \log_{\frac{1}{3}}(5-x) = -1$

(3) $\log_2(x+1) + \log_2(x-2) < 2$

(4) $\log_{\frac{1}{4}}(3x^2+9) < \log_{\frac{1}{2}}(3-2x)$

3 $1 < x < a$ のとき，$(\log_a x)^2$，$\log_a x^2$，$\log_a(\log_a x)$ の大小を比較せよ。 (12点)

4 関数 $y = \log_2(-x^2 + 3x - 2)$ の最大値とそのときの x の値を求めよ。 (10点)

5 $\log_{10} 2 = 0.3010$, $\log_{10} 3 = 0.4771$ とするとき, 次の問いに答えよ。 (各8点 計16点)
(1) 5^{10} は何桁の数か。
(2) $\left(\dfrac{1}{5}\right)^{20}$ を小数で表すとき, 小数第何位に初めて 0 でない数字が現れるか。

6 あるガラス板を光が通過するとき, ガラス板を 1 枚通るごとに光の 20% が失われるものとする。このガラス板を n 枚重ねると, 光の強さが, はじめの半分以下になったという。n の最小値を求めよ。ただし, $\log_{10} 2 = 0.3010$ とする。 (12点)

第5章 微分法・積分法

第1節 微分法

1 関数の極限値
関数 $f(x)$ において、x が a と異なる値をとりながら a に限りなく近づくとき、$f(x)$ の値が限りなく α に近づくならば

$$\lim_{x \to a} f(x) = \alpha \quad \text{または} \quad x \to a \text{ のとき } f(x) \to \alpha$$

と書き、α を x が a に限りなく近づくときの $f(x)$ の**極限値**㋐という。

2 平均変化率
関数 $f(x)$ において、$\dfrac{f(b)-f(a)}{b-a}$ の値を x が a から b まで変化するときの $f(x)$ の**平均変化率**㋑という。

3 微分係数
極限値 $\lim\limits_{b \to a} \dfrac{f(b)-f(a)}{b-a}$ が存在するとき、この値を $f(x)$ の $x=a$ における**微分係数**といい、$f'(a)$㋒で表す。

4 導関数
$x=a$ に $f'(a)$ を対応させる関数を $f(x)$ の**導関数**といい、$f'(x)$㋓で表す。

$y=f(x)$ の導関数は $f'(x)$ 以外に、y'、$\dfrac{dy}{dx}$、$\dfrac{d}{dx}f(x)$ などで表す。関数 $f(x)$ から導関数 $f'(x)$ を求めることを「**$f(x)$ を微分する**」という。

5 導関数の性質
導関数の計算において、次の性質が成り立つ。
① $(x^n)' = nx^{n-1}$（n は自然数）
② $(c)' = 0$（c は定数）
③ $\{kf(x)\}' = kf'(x)$（k は定数）
④ $\{f(x) \pm g(x)\}' = f'(x) \pm g'(x)$㋔（複号同順）

6 接線の方程式
曲線 $y=f(x)$ 上の点 $(a, f(a))$ における接線の方程式は
$y - f(a) = f'(a)(x - a)$㋕

これだけはおさえよう

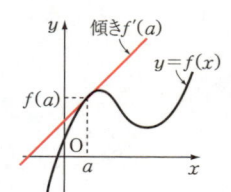

㋐ $f(x)$ が x の整式ならば
$$\lim_{x \to a} f(x) = f(a)$$

㋑ 平均変化率は 2 点 $(a, f(a))$、$(b, f(b))$ を通る直線の傾きである。

㋒ $f'(a) = \lim\limits_{b \to a} \dfrac{f(b)-f(a)}{b-a}$
$\quad = \lim\limits_{h \to 0} \dfrac{f(a+h)-f(a)}{h}$

㋓ $f'(x) = \lim\limits_{h \to 0} \dfrac{f(x+h)-f(x)}{h}$

㋔ 一般に
$\{kf(x) + lg(x)\}' = kf'(x) + lg'(x)$
（k、l は定数）

㋕ 点 $(a, f(a))$ での接線の傾きは $f'(a)$
また、この点を通り、接線に垂直な直線を法線といい、その方程式は、$f'(a) \neq 0$ のとき
$$y - f(a) = -\dfrac{1}{f'(a)}(x - a)$$

7 関数の増減

関数の増減ⓚについては，次のことが成り立つ。

❶ ある区間で $f'(x) > 0$ のとき，その区間で $f(x)$ は**単調に増加**する。

❷ ある区間で $f'(x) < 0$ のとき，その区間で $f(x)$ は**単調に減少**する。

❸ ある区間で $f'(x) = 0$ のとき，その区間で $f(x)$ は一定である。

8 関数の極大・極小

関数 $f(x)$ において，$x = a$ の前後で $f'(x)$ の符号が正から負に変わるとき，$x = a$ で $f(x)$ は**極大**ⓞになるといい，$f(a)$ を**極大値**という。

逆に，$x = a$ の前後で $f'(x)$ の符号が負から正に変わるとき，$x = a$ で $f(x)$ は**極小**ⓞになるといい，$f(a)$ を**極小値**という。

極大値，極小値をまとめて**極値**という。

$f(x)$ が $x = a$ で極値をとる $\Longrightarrow f'(a) = 0$ ⓞ

9 関数の最大・最小

区間 $\{x \mid a \leq x \leq b\}$ を**閉区間**といい，$[a, b]$ で表す。区間 $\{x \mid a < x < b\}$ を**開区間**といい，(a, b) で表す。

閉区間 $[a, b]$ における $f(x)$ の最大値，最小値を求めるには，極大値，極小値，$f(a)$，$f(b)$ⓞのすべての値を求めて比べる。

10 方程式への応用

方程式 $f(x) = 0$ の実数解は，関数 $f(x)$ のグラフと x 軸との共有点の x 座標である。したがって，$y = f(x)$ のグラフと x 軸との共有点の個数は，方程式 $f(x) = 0$ の異なる実数解の個数ⓢに等しい。

11 不等式への応用

ある範囲で不等式 $f(x) > g(x)$ が成り立つことを示すには，その範囲で $f(x) - g(x) > 0$ であることを示せばよい。これを示すには，関数 $f(x) - g(x)$ の与えられた範囲での最小値が正であることを示す。

不等式 $f(x) \geq g(x)$ についても同様に考える。

ⓚ 関数の増加・減少，極大・極小については，必ず増減表を作って調べる。

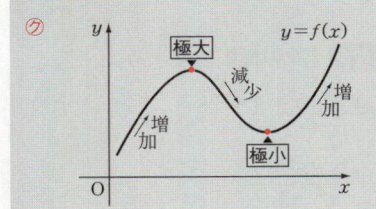

ⓞ $f'(x) = 0$ でも，$x = a$ で極値をとるとは限らない。

例えば，$f(x) = x^3$ は，$f'(x) = 3x^2$ から，$x = 0$ のとき $f'(0) = 0$ となるが，$x = 0$ の前後で符号は変わらないので，$x = 0$ で極値をとらない。

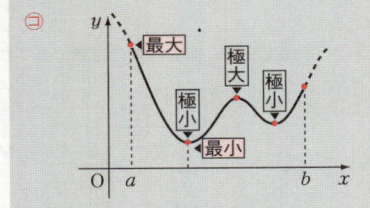

ⓢ $f(x) = 0$ が3次方程式のとき，異なる実数解の個数は次のようになる。

ⅰ 極値がない ⇒ 1個
ⅱ 極大値，極小値が同符号 ⇒ 1個
ⅲ 極大値，極小値の一方が 0 ⇒ 2個
ⅳ 極大値，極小値が異符号 ⇒ 3個

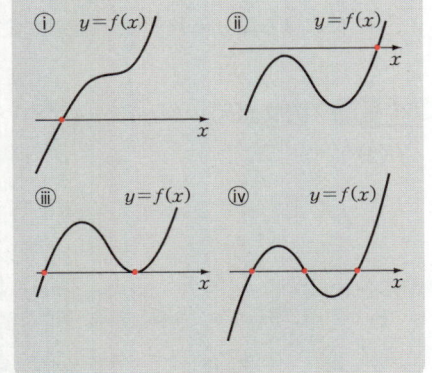

平均変化率と微分係数

解答・解説は別冊 p.77

258 基本　次の極限値を求めよ。

(1) $\lim_{x \to -2} 5(x+1)^3$

(2) $\lim_{x \to 2}(x+2)(x-3)$

(3) $\lim_{x \to 0} \dfrac{(3+x)^2 - 9}{x}$

(4) $\lim_{x \to 0} \dfrac{x^3 - 2x^2}{x^2}$

259 基本　次の極限値を求めよ。

(1) $\lim_{x \to 1} \dfrac{x^2 + 3x - 4}{x - 1}$

(2) $\lim_{x \to -3} \dfrac{x+3}{x^2 + 2x - 3}$

(3) $\lim_{x \to 2} \dfrac{x^2 - 3x + 2}{x^2 - 4}$

重要例題67　微分係数

関数 $f(x) = x^3$ について，次の問いに答えよ。

(1) x の値が 1 から $1+h$ まで変わるときの平均変化率を求めよ。

(2) $x = 1$ における微分係数 $f'(1)$ を定義に従って求めよ。

考え方　平均変化率，微分係数の定義にあてはめて計算する。

解答

(1) $\dfrac{f(1+h) - f(1)}{h} = \dfrac{(1+h)^3 - 1^3}{h}$

$= \dfrac{3h + 3h^2 + h^3}{h} = 3 + 3h + h^2$　……答　⑦

(2) $f'(1) = \lim_{h \to 0} \dfrac{f(1+h) - f(1)}{h}$　④

$= \lim_{h \to 0}(3 + 3h + h^2) = 3$　……答

アドバイス

⑦　$(a+b)^3$
$= a^3 + 3a^2b + 3ab^2 + b^3$

④　$f'(a)$
$= \lim_{h \to 0} \dfrac{f(a+h) - f(a)}{h}$

---

260 基本　関数 $f(x) = 3x^2$ について，次のものを求めよ。

(1) x の値が 2 から $2+h$ まで変わるときの平均変化率

(2) $x = 2$ における微分係数 $f'(2)$（定義に従って求めよ。）

261 基本　関数 $f(x) = x^2 - 7x + 4$ について，次の微分係数を定義に従って求めよ。

(1) $f'(2)$

(2) $f'(3)$

ヒント　259　分母が 0 になるときは，因数分解して約分。

261　「定義に従って」とあるときは，$f'(a) = \lim_{h \to 0} \dfrac{f(a+h) - f(a)}{h}$ を使う。

262 応用 関数 $f(x) = 3x^2$ について、次の問いに答えよ。

(1) x の値が a から b まで変化するときの平均変化率を求めよ。

(2) $x = c$ における微分係数 $f'(c)$ が、(1)の平均変化率に等しいときの c の値を、a, b を用いて表せ。

重要例題68 関数の極限値と微分係数

次の極限値を $f'(a)$ で表せ。

(1) $\displaystyle\lim_{h \to 0} \frac{f(a+h) - f(a)}{2h}$

(2) $\displaystyle\lim_{h \to 0} \frac{f(a+2h) - f(a)}{3h}$

考え方 $h \to 0$ のとき、$\dfrac{f(a+h) - f(a)}{h} \to f'(a)$ である。与式を変形して、$\displaystyle\lim_{h \to 0} \frac{f(a+h) - f(a)}{h}$ の形の式を作る。

解答 (1) $\displaystyle\lim_{h \to 0} \frac{f(a+h) - f(a)}{2h} = \lim_{h \to 0} \frac{1}{2} \cdot \frac{f(a+h) - f(a)}{h}$

$\qquad = \dfrac{1}{2} \displaystyle\lim_{h \to 0} \frac{f(a+h) - f(a)}{h}$ ㋐

$\qquad = \dfrac{1}{2} f'(a)$ ……答

(2) $\displaystyle\lim_{h \to 0} \frac{f(a+2h) - f(a)}{3h} = \lim_{h \to 0} \frac{2}{3} \cdot \frac{f(a+2h) - f(a)}{2h}$

$\qquad = \dfrac{2}{3} \displaystyle\lim_{h \to 0} \frac{f(a+2h) - f(a)}{2h}$ ㋑

$\qquad = \dfrac{2}{3} f'(a)$ ……答

アドバイス

㋐ $\displaystyle\lim_{x \to a} kf(x) = k \lim_{x \to a} f(x)$

㋑ $h \to 0$ のとき $2h \to 0$ だから、この式は $f'(a)$ である。

---

263 応用 次の極限値を $f'(a)$ で表せ。

(1) $\displaystyle\lim_{h \to 0} \frac{f(a+3h) - f(a)}{h}$

(2) $\displaystyle\lim_{h \to 0} \frac{f(a+h) - f(a-h)}{h}$

264 応用 関数 $f(x) = x^2 + ax + b$ について $\displaystyle\lim_{x \to 1} \frac{f(x)}{x - 1} = 8$ であるとき、定数 a, b の値を求めよ。

ヒント 263 微分係数の定義 $f'(a) = \displaystyle\lim_{h \to 0} \frac{f(a+h) - f(a)}{h}$ が使えるように、与えられた式を変形する。

264 $x \to 1$ のとき、分母 $x - 1 \to 0$ だから、$\displaystyle\lim_{x \to 1} f(x) = 0$ すなわち $f(1) = 0$ でなければならない。

導関数

265 基本 次の関数を微分せよ。
(1) $y = 3x + 5$
(2) $y = 10 - 5x - 5x^2$
(3) $y = (2x-3)(x+1)$
(4) $y = x^3 + 2x^2 - 5x - 3$
(5) $y = (2x+3)^3$

266 基本 次の関数を [ ] 内の文字について微分せよ。
(1) $V = \dfrac{4}{3}\pi r^3$ $[r]$
(2) $s = t^3 - 2t^2 - \dfrac{1}{3}t$ $[t]$
(3) $p = (q^2+1)(2q+3)$ $[q]$
(4) $l = \pi\theta^2 - \theta + 3$ $[\theta]$

重要例題69 導関数の定義

次の関数の導関数を定義に従って求めよ。
(1) $y = x^2 - 2x + 3$
(2) $y = x^3 + x^2$

考え方 $f(x)$ の導関数 $f'(x)$ の定義は，$f'(x) = \lim\limits_{h \to 0} \dfrac{f(x+h)-f(x)}{h}$ である。

解答 $y = f(x)$ とおく。

(1) $f'(x) = \lim\limits_{h \to 0} \dfrac{f(x+h)-f(x)}{h}$
$= \lim\limits_{h \to 0} \dfrac{\{(x+h)^2 - 2(x+h) + 3\} - (x^2 - 2x + 3)}{h}$
$= \lim\limits_{h \to 0} \dfrac{2hx + h^2 - 2h}{h}$
$= \lim\limits_{h \to 0} (2x + h - 2) = 2x - 2$ ㋐ ……**答**

(2) $f'(x) = \lim\limits_{h \to 0} \dfrac{\{(x+h)^3 + (x+h)^2\} - (x^3 + x^2)}{h}$
$= \lim\limits_{h \to 0} \dfrac{3x^2h + 3xh^2 + h^3 + (2xh + h^2)}{h}$ ㋑
$= \lim\limits_{h \to 0} (3x^2 + 3xh + h^2 + 2x + h) = 3x^2 + 2x$ ……**答**

アドバイス
㋐ ここでは x は定数と考えてよい。

㋑ 展開公式
$(a+b)^3$
$= a^3 + 3a^2b + 3ab^2 + b^3$
$(a+b)^2$
$= a^2 + 2ab + b^2$
を使う。

---

267 応用 関数 $f(x) = x^3 - 2x^2 + 1$ の導関数を定義に従って求めよ。

268 基本 2次関数 $f(x)$ が次の条件を満たすとき，$f(x)$ を求めよ。
$f(0) = 1$, $f'(0) = 2$, $f'(2) = -2$

ヒント 265 (3), (5) まず，式を展開する。
268 $f(x) = ax^2 + bx + c$ $(a \neq 0)$ とおくと $f'(x) = 2ax + b$

269 応用 2次関数 $f(x)$ について，$f(0)=f(4)$ が成り立つならば，$f'(2)=0$ であることを示せ。

270 基本 関数 $f(x)=ax^3+bx^2+cx+d$ において，$f(0)=1$，$f(2)=8$，$f'(0)=2$，$f'(2)=-2$ のとき，a，b，c，d の値を求めよ。

271 応用 3次関数 $f(x)$ について，$f'(0)=f'(2)$ が成り立つならば，$f'(-1)=f'(3)$ であることを示せ。

重要例題70 3次曲線の接線の傾きの最小値

$y=x^3-3x^2+1$ の導関数は，$y'=\boxed{}$ であり，曲線 $y=x^3-3x^2+1$ の接線の傾きの最小値は $\boxed{}$ である。

考え方 $y=x^3-3x^2+1$ は3次関数だから，y' は2次関数である。2次関数は，$a(x-p)^2+q$ の形に基本変形すれば，最小値あるいは最大値を求めることができる。

解答 $y=x^3-3x^2+1$
　　　　$y'=\underline{3x^2-6x}$ ⑦　　……答

ここで
　　　$y'=3x^2-6x$
　　　　$=3(x^2-2x)$
　　　　$=\underline{3(x-1)^2-3}$ ⑦

よって，右のグラフから，y' の最小値は -3

$y=f(x)$ 上の点 $(x, f(x))$ における接線の傾きは $f'(x)$ だから，曲線 $y=x^3-3x^2+1$ の接線の傾きの最小値は -3　　……答

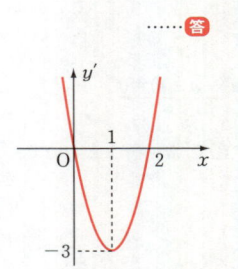

アドバイス

⑦ $y'=(x^3)'-(3x^2)'+(1)'$
　　$=3x^2-3\cdot 2x$
　　$=3x^2-6x$

⑦ $y'=3(x^2-2x)$
　　$=3(x^2-2x+1)-3$
　　$=3(x-1)^2-3$

---

272 応用 a を定数とする。$y=(ax+3)^3$ を x について微分したとき，x の係数が 90 となった。このとき，$a^2=\boxed{}$ である。　　　　　　　　　　　　　　　　（日本大）

ヒント　269　$f(x)=ax^2+bx+c$ $(a\neq 0)$ とおき，$f(0)=f(4)$ から b を a で表す。
　　　　　　271　$f(x)=ax^3+bx^2+cx+d$ $(a\neq 0)$ とおくと　$f'(x)=3ax^2+2bx+c$
　　　　　　272　まず，与えられた関数を展開公式 $(a+b)^3=a^3+3a^2b+3ab^2+b^3$ を使って展開する。

第1節　微分法

接線の方程式

解答・解説は別冊 p.79

273 基本　曲線 $y=x^2-5x+6$ について，次の接線の方程式を求めよ。
(1) 曲線上の点 $(1,\ 2)$ における接線
(2) 曲線上で x 座標が -1 である点における接線
(3) 傾きが 3 である接線

重要例題71 　**3次曲線の原点を通る接線**

3次曲線 $y=x^3+x^2-1$ に接し，原点を通る直線の方程式を求めよ。

考え方　接点を $(a,\ a^3+a^2-1)$ とおいて，接線の方程式を作る。この接線が原点を通るように a の値を定める。

解答　$y=x^3+x^2-1$
　　　　$y'=3x^2+2x$
接点を $(a,\ a^3+a^2-1)$ とおくと，接線の方程式は
$$\underline{y-(a^3+a^2-1)=(3a^2+2a)(x-a)}_{⑦}$$
よって
$$y=(3a^2+2a)x-2a^3-a^2-1 \quad \cdots\cdots ①$$
この接線が原点を通るためには
$$0=-2a^3-a^2-1$$
$$2a^3+a^2+1=0,\ \underline{(a+1)(2a^2-a+1)=0}_{④}$$
a は実数だから　$a=-1$
よって，求める接線の方程式は，①で，$a=-1$ とおいて
$$y=x \qquad \cdots\cdots \text{答}$$

アドバイス

⑦　$y=f(x)$ で，$x=a$ における接線の方程式は
$$y-f(a)=f'(a)(x-a)$$

④　$2a^2-a+1=0$ は，判別式
$$(-1)^2-4\cdot 2 \cdot 1=-7<0$$
から，実数解をもたない。

---

274 基本　点 $(3,\ -1)$ から放物線 $y=x^2-2x$ に引いた接線の方程式を求めよ。

275 応用　点 $(1,\ 0)$ から曲線 $y=x^3$ に引いた接線の方程式を求めよ。

276 応用　点 $A\left(\dfrac{3}{4},\ k\right)$ から放物線 $y=\dfrac{1}{2}x^2$ に引いた2本の接線が直交するような，定数 k の値を求めよ。

（久留米工大）

ヒント　274　放物線上の点 $(t,\ t^2-2t)$ における接線が点 $(3,\ -1)$ を通ると考える。
　　　275　274 と同様に考える。
　　　276　放物線上の点 $\left(t,\ \dfrac{1}{2}t^2\right)$ における接線 $y-\dfrac{1}{2}t^2=t(x-t)$ が点 $A\left(\dfrac{3}{4},\ k\right)$ を通ることから，t についての2次方程式を導く。

関数の増減

解答・解説は別冊 p.80

277 基本 関数 $y=x^2(x-6)$ の増加，減少を調べよ。

278 基本 関数 $y=x^3+ax$ が，すべての実数 x の範囲で単調に増加するための a の値の範囲を求めよ。

279 基本 関数 $y=-x^3+x^2$ が増加する x の範囲，減少する x の範囲をそれぞれ求めよ。

重要例題72 単調に増加する3次関数

3次関数 $y=ax^3+bx^2+cx+d$ がすべての実数 x の範囲で単調に増加するための a，b，c，d の条件を求めよ。

考え方 関数が単調に増加するための条件は $y'\geqq 0$ である。

解答 $y=ax^3+bx^2+cx+d$ $(a\neq 0)$
$y'=3ax^2+2bx+c$
すべての実数について，$y'\geqq 0$ が成り立つための条件は ㋐
$$\begin{cases} 3a>0 \\ \text{方程式 } y'=0 \text{ において } \dfrac{D}{4}=b^2-3ac\leqq 0 \end{cases}$$
したがって，求める条件は
$a>0$，$b^2-3ac\leqq 0$ （d は任意の実数） ……答

アドバイス
㋐ 2次関数
$y=px^2+qx+r$
が，つねに $y\geqq 0$ となるための必要十分条件は判別式を D として
$$\begin{cases} p>0 \\ D=q^2-4pr\leqq 0 \end{cases}$$

---

280 応用 関数 $y=\dfrac{1}{3}x^3+ax^2+bx+c$ が $0\leqq x\leqq 1$ の範囲で単調に増加するための a，b，c の条件を求めよ。

ヒント
278 関数 $y=f(x)$ がすべての実数 x の範囲で単調に増加するとき，すべての実数 x の範囲で $f'(x)\geqq 0$
279 関数 $y=f(x)$ が増加するとき $f'(x)>0$，減少するとき $f'(x)<0$
280 $y=f(x)$ が，$0\leqq x\leqq 1$ の範囲で単調に増加するとき，この区間における $f'(x)$ の最小値は 0 以上になる。

第1節 微分法

関数の極大・極小

解答・解説は別冊 p.80

281 基本 次の関数について，極値を調べ，そのグラフをかけ。
(1) $y=12x-x^3$
(2) $y=x^3-2x^2+x-1$
(3) $y=x^3-3x^2+3x+1$
(4) $y=-x^4+4x^3-12$

重要例題73 関数の決定と極大値・極小値

関数 $y=x^3+ax^2+ax$ は $-1 \leqq x \leqq 1$ の範囲で極大値と極小値をもつ。
このことが成り立つとき，a の値の範囲を求めよ。

考え方 3次関数が極大値と極小値をもつためには，$y'=0$ が異なる2つの実数解をもてばよい。しかし，この問題では，それらの解が2つとも $-1 \leqq x \leqq 1$ の範囲になければならない。

解答 $y=x^3+ax^2+ax$ ……①
$y'=3x^2+2ax+a$
3次関数①が極大値と極小値をもつためには，$y'=0$ が異なる2つの実数解をもてばよい。$y'=0$ において
$$\frac{D}{4}=a^2-3a=a(a-3)>0$$
よって $a<0$, $3<a$ ……②
それらの解が2つとも $-1 \leqq x \leqq 1$ の範囲にあるためには⑦
2次関数 $y'=3x^2+2ax+a$ のグラフの軸 $x=-\frac{a}{3}$ から
$$-1<-\frac{a}{3}<1 \quad \text{……③}$$
$x=-1$, 1 における y' の値が正または0から
$3-2a+a \geqq 0$, $3+2a+a \geqq 0$ ……④
③から $-3<a<3$ ……⑤
④から $-1 \leqq a \leqq 3$ ④
②，⑤，⑥から $-1 \leqq a<0$ ……答

アドバイス
⑦ $y'=3x^2+2ax+a$ のグラフ
$$y'=3\left(x+\frac{a}{3}\right)^2+a-\frac{a^2}{3}$$

④ $3-2a+a \geqq 0$ から
$3-a \geqq 0$, $a \leqq 3$
$3+2a+a \geqq 0$ から
$3+3a \geqq 0$, $-1 \leqq a$
共通部分は
$-1 \leqq a \leqq 3$

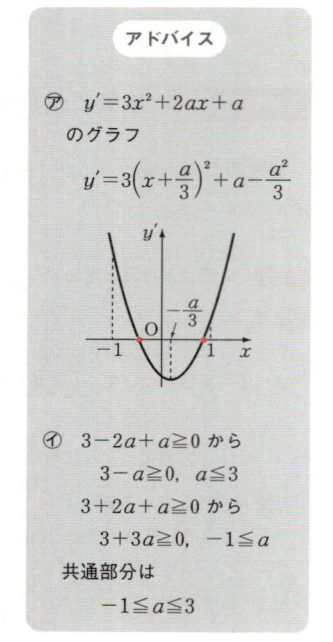

282 応用 関数 $y=x^3+ax^2+3x+2$ が極大値と極小値をもつとき，a の値の範囲を求めよ。

283 基本 関数 $f(x)=-x^3+ax^2+bx-1$ が $x=1$ で極大値1をとるように，a, b の値を定めよ。また，$f(x)$ の極小値を求めよ。

ヒント 282 3次関数 $y=f(x)$ が極大値と極小値をもつとき，$y'=0$ の判別式 $D>0$ である。
283 求めた a, b の値に対して，関数は $x=1$ で極大値をとることを確認する。

110 第5章 微分法・積分法

284 基本 関数 $f(x)=x^3+3ax^2+3bx+1$ が $x=1$ で極大, $x=2$ で極小となるとき, 定数 a, b の値を求めよ。また, 極大値, 極小値をそれぞれ求めよ。

重要例題74 関数の決定

x の関数 $f(x)=x^3+ax^2+2bx+3$ が, $x=2$ で極小値 -5 をとるように, a, b の値を定めると, $a=\boxed{}$, $b=\boxed{}$ である。　　(北陸大)

考え方 $x=2$ で極値をとることから $f'(2)=0$
このとき極小値が -5 から $f(2)=-5$

解答 $f(x)=x^3+ax^2+2bx+3$
$f'(x)=3x^2+2ax+2b$
$f(x)$ が $x=2$ で極小値 -5 をとることから
$f(2)=2^3+a\cdot 2^2+2b\cdot 2+3=-5$ ……①
$f'(2)=3\cdot 2^2+2a\cdot 2+2b=0$ ……②
①, ② から $\underline{a=-2, b=-2}$ ㋐
よって $f(x)=x^3-2x^2-4x+3$
$f'(x)=3x^2-4x-4=(3x+2)(x-2)$
$f'(x)=0$ となる x の値は
$x=-\dfrac{2}{3}, 2$
したがって, この関数の増減表 ㋑ は右のようになり, $x=2$ で極小値 -5 をとる。
よって $a=-2, b=-2$ ……答

x	…	$-\dfrac{2}{3}$	…	2	…
$f'(x)$	$+$	0	$-$	0	$+$
$f(x)$	↗	極大	↘	-5 極小	↗

アドバイス
㋐ ①から
$4a+4b=-16$
②から
$4a+2b=-12$
辺々引いて
$2b=-4, b=-2$
このとき
$4a-4=-12$
$a=-2$
㋑ ①, ②を解いた段階では, a, b の値はわかったが, $x=2$ で極小値をとることは確認されていない。
$x=2$ のとき, 極小値 -5 をとることを確認する。

---

285 応用 関数 $y=x(x-a)^2$ が $x=1$ において極大となるように a の値を定めよ。また, そのときの極大値を求めよ。

286 応用 3次関数 $y=x^3+ax^2+bx+c$ は, $x=1$ で極値をとる。また, そのグラフは点 $(2, 1)$ を通り, この点における接線の傾きは -3 である。定数 a, b, c の値を求めよ。

ヒント
285 関数 $y=x(x-a)^2$ は $x=1$ のとき極大になるから, $x=1$ のとき $y'=0$
286 $y=f(x)$ とおくと, 条件から $f'(1)=0$, $f(2)=1$, $f'(2)=-3$
この3式から, a, b, c の値を求める。このとき, $x=1$ で極値をとることを確認する。

関数の最大・最小

解答・解説は別冊 p.82

287 基本　次の関数の最大値・最小値を求めよ。
(1) $y = x^3 + 3x^2 - 9x + 5$ 　$(-2 \leq x \leq 2)$
(2) $y = x^2(x+3)$ 　　　　　$(-1 \leq x \leq 3)$

重要例題75 　関数の最小値

関数 $f(x) = x^2(3a-x)$ の区間 $[-2, 2]$ における最小値を求めよ。ただし，$0 < a < 1$ とする。

考え方 　$f(x)$ の $[-2, 2]$ における増減表を作り，極小値，$f(-2)$，$f(2)$ の値を求めて比べる。そのとき，a の値によって場合を分けて考える。

解答 　$f(x) = x^2(3a-x) = -x^3 + 3ax^2$
$f'(x) = -3x^2 + 6ax = -3x(x - 2a)$
$f'(x) = 0$ のとき　$x = 0, 2a$
$0 < a < 1$ から　$0 < 2a < 2$
したがって，$[-2, 2]$ における $f(x)$ の増減表は右のようになる。㋐

x	-2	$\cdots$	0	$\cdots$	$2a$	$\cdots$	2
$f'(x)$		$-$	0	$+$	0	$-$	
$f(x)$	$f(-2)$	↘	$f(0)$ 極小	↗	$f(2a)$ 極大	↘	$f(2)$

$f(0) = 0$
$f(2) = 4(3a-2)$

$f(0) < f(2)$ のとき　$0 < 4(3a-2)$　よって　$\frac{2}{3} < a$
$f(0) = f(2)$ のとき　$0 = 4(3a-2)$　よって　$a = \frac{2}{3}$
$f(0) > f(2)$ のとき　$0 > 4(3a-2)$　よって　$a < \frac{2}{3}$

したがって，$0 < a < 1$ から，$f(x)$ の最小値は

$\begin{cases} 0 < a < \frac{2}{3} \text{ のとき} & 4(3a-2) \quad (x=2) \\ a = \frac{2}{3} \text{ のとき} & 0 \quad\quad\quad\quad (x=0, 2) \\ \frac{2}{3} < a < 1 \text{ のとき} & 0 \quad\quad\quad\quad (x=0) \end{cases}$ ……答

アドバイス
㋐　この表から，最小値は $x=0$ のときか，$x=2$ のときかのいずれかである。
$f(0)$ と $f(2)$ の大小関係から場合を分ける。

---

288 応用　関数 $f(x) = x^3 - 3a^2x$ $(a > 0)$ の $-1 \leq x \leq 1$ における最大値を求めよ。

289 応用　関数 $f(x) = x^3 - 3x^2$ について，区間 $[-a, a]$ における最大値・最小値を求めよ。ただし，$a > 0$ とする。

ヒント　288　まず，関数 $f(x)$ の増減表を作り，a の値によって場合を分ける。
　　　　　289　$a > 0$ のとき，$f(a) > f(-a)$ だから，極大値と $f(a)$ との大小関係を調べる。

290 基本 底面の直径と高さの和が 18 cm である直円柱の体積が最大となるのは，高さが何 cm のときか。

重要例題 76 長方形の面積

2つの不等式 $0 \leqq x \leqq 3$, $0 \leqq y \leqq (x-3)^2$ によって表される平面上の領域内にあって，2辺が x 軸上，y 軸上にある長方形のなかで面積が最大となるのは，x 軸上の辺の長さが ☐ のときで，面積の最大値は ☐ である。

(千葉工大)

考え方 長方形の 4 つの頂点のうち，曲線 $y=(x-3)^2$ 上にある頂点の座標を (x, y) とする。このとき，長方形の面積 S は $S=xy$ で表される。

解答 $0 \leqq x \leqq 3$, $0 \leqq y \leqq (x-3)^2$ ㋐ によって表される平面上の領域は，右図の斜線部分である。求める長方形の 4 つの頂点のうち，曲線 $y=(x-3)^2$ の上にある頂点の座標を (x, y) とすると，長方形の面積 $S(x)$ は

$$S(x) = xy_{㋑} = x(x-3)^2 = x^3 - 6x^2 + 9x$$
$$S'(x) = 3x^2 - 12x + 9 = 3(x-1)(x-3)$$

$0 < x < 3$ の範囲で，$S(x)$ の増減表は右のようになるから，面積が最大となるのは

$x=1$ のとき $S(1)=4$ ……**答**

よって，x 軸上の辺の長さは 1 ……**答**

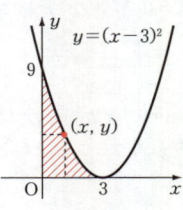

x	0	…	1	…	3
$S'(x)$		+	0	−	
$S(x)$		↗	4 極大	↘	

アドバイス

㋐ $0 \leqq x \leqq 3$ の領域：
　直線 $x=0$, $x=3$ とその間
$0 \leqq y$ の領域：
　x 軸とその上側
$y \leqq (x-3)^2$ の領域：
　$y=(x-3)^2$ とその下側

㋑ この長方形の縦の長さは y，横の長さは x。したがって $x>0$, $y>0$ であり，x の変域は $0<x<3$

---

291 応用 半径 6 cm の球に，右図のように直円すいを内接させる。直円すいの高さを x cm とするとき，この直円すいの体積が最大になる x の値を求めよ。

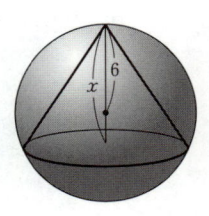

292 応用 半径 a の球に内接する直円柱のうち，体積が最も大きいものの高さを求めよ。

293 応用 3 辺の長さの和が一定で $2L$ の二等辺三角形を考える。次の問いに答えよ。

(1) 底辺の長さを $2x$ とするとき，二等辺三角形の面積 $S(x)$ を求めよ。
(2) 面積 $S(x)$ が最大となる二等辺三角形の底辺の長さを求めよ。

(室蘭工大)

ヒント 291 直円すいの底面の円の半径を x で表す。
293 二等辺三角形の等辺の長さを x と L で表す。このとき，x の変域に注意する。

実数解の個数

294 基本　次の関数のグラフと x 軸との共有点の個数を求めよ。
(1) $y=x^3-3x+2$ 　　(2) $y=x^3-3x+3$

295 基本　次の方程式の異なる実数解の個数を求めよ。
(1) $x^3+3x^2-4=0$ 　　(2) $x^3-6x^2+12x-8=0$

重要例題77　3次方程式と異なる3つの実数解

x の3次方程式 $x^3-3a^2x+2=0$ が異なる3つの実数解をもつような，実数の定数 a の範囲を求めよ。
（岩手医大）

考え方　$x^3-3a^2x+2=0$ が異なる3つの実数解をもつとき，$f(x)=x^3-3a^2x+2$ とおくと，$y=f(x)$ のグラフが x 軸と異なる3つの共有点をもつ。

解答　$x^3-3a^2x+2=0$　……①
$f(x)=x^3-3a^2x+2$ とおくと
$\quad f'(x)=3x^2-3a^2=3(x-a)(x+a)$
$f'(x)=0$ のとき　$x=\pm a$
①が異なる3つの実数解をもつための必要十分条件㋐は，$f(x)$ が正の極大値と負の極小値をもつことである。
よって　$f(-a)f(a)<0 \quad (a\neq 0)$
$\quad f(-a)=(-a)^3-3a^2\cdot(-a)+2=2a^3+2$
$\quad f(a)=a^3-3a^2\cdot a+2=-2a^3+2$
から　　$(2a^3+2)(-2a^3+2)<0$
$\quad\quad\quad (a^3+1)(a^3-1)>0$
よって　$a^3<-1,\ 1<a^3$
a は実数だから　$a<-1,\ 1<a$ ㋑　　……答

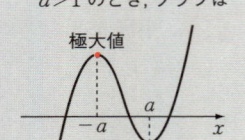

アドバイス
㋐　$y=f(x)$ のグラフが x 軸と異なる3つの共有点をもつことから
$\quad f(x)$ の極大値は正
$\quad f(x)$ の極小値は負
㋑　$a^3<-1$ から
$\quad a<-1$
$\quad a^3>1$ から
$\quad a>1$
$a>1$ のとき，グラフは

296 基本　a を定数とする。関数 $y=x^3-3x$ のグラフと直線 $y=a$ との共有点の個数を調べよ。

297 応用　3次方程式 $2x^3-3x^2-a=0$ の実数解の個数は，定数 a の値によってどのように変わるか。

ヒント　296　まず，$y=x^3-3x$ のグラフをかく。このグラフと直線 $y=a$ との共有点の個数を a の値の範囲によって場合を分けて求める。
297　方程式を $2x^3-3x^2=a$ と変形する。

298 応用 3次方程式 $x^3-3x^2-a=0$ が,異なる2つの正の解と1つの負の解をもつような定数 a の値の範囲を求めよ。

重要例題78 3次方程式の解

3次方程式 $2x^3-3x^2-12x+p=0$ が異なる2つの正の解と1つの負の解をもつような,実数 p の値の範囲を求めよ。

(福岡大)

考え方 $2x^3-3x^2-12x+p=0$ から $-2x^3+3x^2+12x=p$
$f(x)=-2x^3+3x^2+12x$ とおき,曲線 $y=f(x)$ と直線 $y=p$ との共有点の x 座標を調べる。

解答 $2x^3-3x^2-12x+p=0$ から $\underline{-2x^3+3x^2+12x=p}_{\text{ア}}$ ……①
$\begin{cases} y=f(x)=-2x^3+3x^2+12x & \cdots\cdots② \\ y=p & \cdots\cdots③ \end{cases}$
とおく。方程式①の実数解は,曲線②と直線③との共有点の x 座標になる。
$f'(x)=-6x^2+6x+12=-6(x+1)(x-2)$
したがって,関数 $f(x)$ の増減表を作り,グラフをかくと次のようになる。

x	$\cdots$	-1	$\cdots$	2	$\cdots$
$f'(x)$	$-$	0	$+$	0	$-$
$f(x)$	↘	-7 極小	↗	20 極大	↘

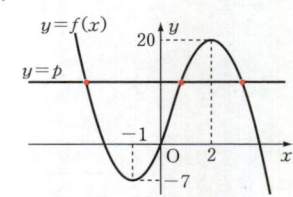

$y=f(x)$ のグラフと直線 $y=p$ との共有点の x 座標が,正のものが2つ,負のものが1つとなる p の値の範囲は,右上図から
$\underline{0<p<20}_{\text{イ}}$ ……**答**

アドバイス
㋐ 共有点を求めるとき,符号のミスを少なくするために
$2x^3-3x^2-12x$
を移項する。

㋑ $y=f(x)$ と $y=p$ が3個の共有点をもつとき,共有点の x 座標の符号は
$-7<p<0$ のとき
  負が2個,正が1個
$p=0$ のとき
  正,0,負1個ずつ
$0<p<20$ のとき
  負が1個,正が2個

---

299 応用 方程式 $x^3-a^2x=0$ の実数解の個数は,定数 a の値によってどのように変わるか。

300 応用 曲線 $y=x^3-x$ と直線 $y=mx$ との共有点の個数は,定数 m の値によってどのように変わるか。

301 応用 x の関数 $f(x)=x^3-3ax+2b$ $(a>0)$ について,次の問いに答えよ。
(1) 曲線 $y=f(x)$ が x 軸に接するための条件を求めよ。
(2) 3次方程式 $f(x)=0$ が異なる3つの実数解をもつための条件を,a, b を用いて表せ。

(徳島文理大)

ヒント 299, 300 3次関数 $y=f(x)$ で,極大値と極小値をもち,(極大値)×(極小値)<0 のとき,$f(x)=0$ は異なる3つの実数解をもつ。
301 (1) 3次関数 $y=f(x)$ が x 軸に接するとき (極大値)×(極小値)$=0$

不等式への応用

302 基本 次の問いに答えよ。
(1) $x \geq 0$ のとき，不等式 $(x+1)^3 \geq 6x^2+1$ が成り立つことを証明せよ。
(2) $x > 1$ のとき，不等式 $x^3+16 \geq 12x$ が成り立つことを証明せよ。

重要例題79 不等式の成立条件

$x \geq 0$ のとき，次の不等式が成り立つような定数 k の値の範囲を求めよ。
$$x^3 - x^2 - x + k > 0$$

考え方 $x^3 - x^2 - x + k > 0$ から $k > -x^3 + x^2 + x$
$f(x) = -x^3 + x^2 + x$ とおいて，$x \geq 0$ における $f(x)$ の最大値を考える。

解答 $x^3 - x^2 - x + k > 0$ ……①
$\qquad k > -x^3 + x^2 + x$
$\underline{f(x) = -x^3 + x^2 + x \text{ とおくと}}$ ㋐
$\qquad f'(x) = -3x^2 + 2x + 1$
$\qquad\qquad = -(3x+1)(x-1)$
$f'(x) = 0$ のとき $x = -\dfrac{1}{3}, 1$

よって，$x \geq 0$ における $f(x)$ の増減表は右のようになり，$f(x)$ の最大値は 1 である。
以上から，$x \geq 0$ において不等式①が成り立つ k の値の範囲は
$\qquad k > 1$ ……答

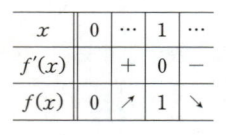

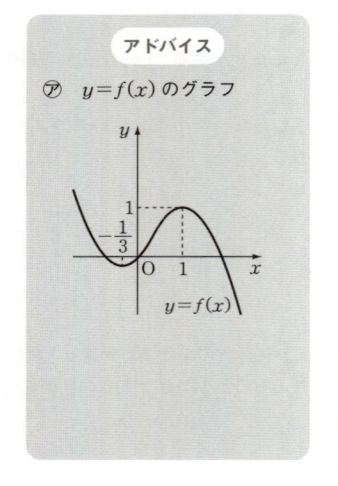

x	0	$\cdots$	1	$\cdots$
$f'(x)$		+	0	−
$f(x)$	0	↗	1	↘

アドバイス
㋐ $y = f(x)$ のグラフ

---

303 応用 $x > 0$ において，$x^3 - 2x^2 + 4x + 2$ と $x^2 + 1$ の大小を調べよ。

304 応用 $x \geq 0$ のどのような x に対しても，x の不等式
$$2x^3 - 3x^2 - 12 + a \geq 0$$
がつねに成り立つように，定数 a の値の範囲を定めよ。

305 応用 すべての正の実数 x について，不等式 $ax^3 - 3x^2 + 1 \geq 0$ を成り立たせるような正の数 a の値の範囲を求めよ。

ヒント 303 $f(x) = x^3 - 2x^2 + 4x + 2 - (x^2+1)$ とおいて，$x > 0$ における $f(x)$ の増減を調べる。
305 $f(x) = ax^3 - 3x^2 + 1$ とおいて，$x > 0$ における $f(x)$ の最小値が 0 以上になるようにする。

実戦問題①

1 次の極限値を求めよ。 （各5点 計10点）

(1) $\lim_{x \to 2}(x^2 - 2x + 3)$

(2) $\lim_{x \to 1}\dfrac{x^2 + x - 2}{x - 1}$

2 関数 $f(x) = x^2 - x + 1$ について，次の問いに答えよ。 （各5点 計10点）

(1) x が 1 から 2 まで変化するときの，関数 $f(x)$ の平均変化率を求めよ。

(2) $x = 1$ における $f(x)$ の微分係数を定義に従って求めよ。

3 点 $(1, -1)$ から曲線 $y = x^2 + 2$ に引いた接線の方程式を求めよ。 （10点）

4 2つの放物線 $y = x^2$ と $y = -x^2 + ax - 2$ がただ1つの点を共有し，その点において共通の接線をもつとき，定数 a の値を求めよ。 （15点）

5 関数 $f(x)$ は x の 3 次関数で，$x=-1$ のとき極大値 22，$x=2$ のとき極小値 -5 をとるという。$f(x)$ を求めよ。　　　　　　　　　　　　　　　　　　　　　　　　　　**(10 点)**

6 次の関数の（ ）内の範囲における最大値，最小値を求めよ。　　　**(各 10 点　計 20 点)**
(1)　$f(x)=x^3-3x+1$　　　$(-3 \leqq x \leqq 3)$
(2)　$f(x)=x^3-3x^2-9x+10$　$(-1 \leqq x \leqq 4)$

7 次の方程式の実数解の個数を調べよ。また，解の符号も調べよ。　　　**(10 点)**
　　　　$x^3-3x+1=0$

8 半径が $\sqrt{3}$ の球がある。この球に内接する直円柱の高さを x，体積を V とする。このとき，次の問いに答えよ。　　　　　　　　　　　**((1) 7 点　(2) 8 点　計 15 点)**
(1)　V を x の式で表せ。
(2)　V を最大にする x と，V の最大値を求めよ。

第2節　積分法

1 不定積分

微分すると $f(x)$ になる関数 $F(x)$ を，$f(x)$ の**不定積分**㋐または原始関数といい，$\int f(x)dx$ で表す。

一般に
$$\int f(x)dx = F(x) + C \quad (C は積分定数)$$

が成り立つ。複号同順として

$$\int x^n dx = \frac{1}{n+1}x^{n+1} + C \quad (n は負でない整数)$$

$$\int kf(x)dx = k\int f(x)dx \quad (k は定数)$$

$$\int \{f(x) \pm g(x)\}dx = \int f(x)dx \pm \int g(x)dx \quad ㋑$$

2 定積分

$f(x)$ の不定積分の1つを $F(x)$ とするとき，$F(b) - F(a)$ の値を $x=a$ から $x=b$㋒までの $f(x)$ の**定積分**といい

$$\int_a^b f(x)dx = \Big[F(x)\Big]_a^b = F(b) - F(a)$$

で表す。

$$\int_a^a f(x)dx = 0 \qquad \int_a^b f(x)dx = -\int_b^a f(x)dx$$

$$\int_a^b kf(x)dx = k\int_a^b f(x)dx \quad (k は定数)$$

$$\int_a^b \{f(x) \pm g(x)\}dx = \int_a^b f(x)dx \pm \int_a^b g(x)dx \quad ㋓$$
$$\text{(複号同順)}$$

$$\int_a^b f(x)dx = \int_a^c f(x)dx + \int_c^b f(x)dx$$

3 定積分と微分

$$\frac{d}{dx}\int_a^x f(t)dt = f(x)$$

4 定積分と**面積**㋔

閉区間 $[a, b]$ で $f(x) \geq g(x)$ のとき，2曲線 $y=f(x)$，$y=g(x)$ および2直線 $x=a$，$x=b$ で囲まれた部分の面積 S は

$$S = \int_a^b \{f(x) - g(x)\}dx$$

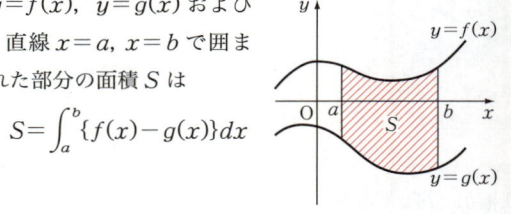

これだけはおさえよう

㋐ $f(x)$ の不定積分は無数にあり，積分定数 C を用いて
$$\int f(x)dx = F(x) + C$$
と表す。

㋑ 一般に
$$\int \{kf(x) + lg(x)\}dx$$
$$= k\int f(x)dx + l\int g(x)dx$$
$$(k, l は定数)$$

㋒ a を下端，b を上端という。

㋓ 一般に
$$\int_a^b \{kf(x) + lg(x)\}dx$$
$$= k\int_a^b f(x)dx + l\int_a^b g(x)dx$$
$$(k, l は定数)$$

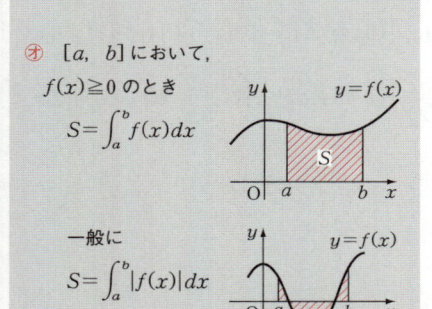

㋔ $[a, b]$ において，$f(x) \geq 0$ のとき
$$S = \int_a^b f(x)dx$$

一般に
$$S = \int_a^b |f(x)|dx$$

不定積分

解答・解説は別冊 p.86

306 基本　次の不定積分を求めよ。

(1) $\int (x^2 - x) dx$
(2) $\int (3x^2 + 6x - 4) dx$
(3) $\int x(x+5) dx$
(4) $\int (2x+3)^2 dx$

307 基本　次の不定積分を求めよ。

(1) $\int (u+1)(u+2) du$
(2) $\int at(t+b) dt$　（a, b は定数）

重要例題80 不定積分の微分

$f(x) = x^2 + 2x$ について，次の式を計算せよ。

(1) $\dfrac{d}{dx}\left(\int f(x) dx\right)$
(2) $\int \left(\dfrac{d}{dx} f(x)\right) dx$

考え方 積分定数のつけ方に注意して計算する。

解答 (1) $\dfrac{d}{dx}\left(\int f(x) dx\right) = \dfrac{d}{dx}\left(\int (x^2 + 2x) dx\right)$
$= \dfrac{d}{dx}\left(\dfrac{x^3}{3} + x^2 + C\right)$ （C は積分定数）㋐
$= x^2 + 2x$ ……答

(2) $\int \left(\dfrac{d}{dx} f(x)\right) dx = \int \left\{\dfrac{d}{dx}(x^2 + 2x)\right\} dx$
$= \int (2x+2) dx$
$= x^2 + 2x + C$　（C は積分定数）……答

アドバイス

㋐　不定積分には積分定数がつく。

---

308 基本　次の不定積分を求めよ。

(1) $\int (x-a)^2 dx - \int (x+a)^2 dx$

(2) $\int (6x^2 - 6x - 3) dx + 2\int (-3x^2 + 4x - 1) dx$

(3) $\int (t+1)^3 dt - \int (t-1)^3 dt$

ヒント　308　$k\int f(x) dx + l\int g(x) dx = \int \{kf(x) + lg(x)\} dx$ を使って，まとめてから積分する。

309 基本 次の条件を満たす関数 $f(x)$ を求めよ。

(1) $f'(x)=2x-3$, $f(-2)=3$

(2) $f'(x)=(x-2)^2$, $f(2)=-1$

重要例題81 関数の決定

x の関数 $f(x)$ および $g(x)$ について，次の関係が成り立っている。

$$\{f(x)+g(x)\}'=2x+1, \quad \{f(x)g(x)\}'=3x^2+2x-2$$
$$f(0)=-2, \quad g(1)=2$$

このとき

$$f(x)+g(x)=\boxed{}, \quad f(x)g(x)=\boxed{}$$
$$f(x)=\boxed{}, \quad g(x)=\boxed{}$$

(星薬大)

考え方 $f(x)+g(x)$, $f(x)g(x)$ に現れる積分定数の値は，$x=0$, $x=1$ を代入することによって求められる。

解答 $f(x)+g(x)=\int(2x+1)dx=x^2+x+C_1$ ……①

$f(x)g(x)=\int(3x^2+2x-2)dx=x^3+x^2-2x+C_2$ ……②

(C_1, C_2 は積分定数)

$f(0)=-2$, $g(1)=2$ から，①，②で $x=0$, $x=1$ とおくと

$-2+g(0)=C_1$ ……③, $f(1)+2=2+C_1$ ……④

$-2g(0)=C_2$ ……⑤, $2f(1)=C_2$ ……⑥

③，④，⑤，⑥から $C_1=-1$, $C_2=-2$ ㋐

よって $f(x)+g(x)=x^2+x-1$ ……答

$f(x)g(x)=x^3+x^2-2x-2=(x+1)(x^2-2)$ ……答

したがって，$f(x)=x^2-2$, $g(x)=x+1$ ㋑ とすると

$f(x)+g(x)=(x^2-2)+(x+1)=x^2+x-1$, $f(0)=-2$, $g(1)=2$

となり，条件を満たすから

$f(x)=x^2-2$, $g(x)=x+1$ ……答

アドバイス

㋐ ③×2+⑤から
$-4=2C_1+C_2$
④×2－⑥から
$C_2=2C_1$
よって
$C_1=-1$, $C_2=-2$

㋑ $f(x)+g(x)$ は2次式，$f(x)g(x)$ は3次式だから，$f(x)$, $g(x)$ は1次式と2次式の組合せになる。

$(x+1)(x^2-2)$
$=\{(x+1)(x-\sqrt{2})\}$
$\times(x+\sqrt{2})$

と考えると条件が成り立たない。

---

310 応用 曲線 $y=f(x)$ 上の任意の点 (x, y) における接線の傾きは x^2 に比例し，かつ，この曲線は2点 $(0, 1)$，$(-3, 10)$ を通るという。この曲線の方程式を求めよ。

311 応用 関数 $f(x)$ は，その導関数が x^2-2x-3 で，$f(0)=1$ を満たすという。関数 $f(x)$ と，その極大値，極小値を求めよ。

ヒント **310** $f'(x)=kx^2$ とおき，$f(0)=1$，$f(-3)=10$ から，k と積分定数を求める。

定積分

解答・解説は別冊 p.87

312 基本 次の定積分の値を求めよ。

(1) $\int_{-1}^{2}(3x+1)(x-2)dx$ (2) $\int_{1}^{3}(2x-x^2)dx$

(3) $\int_{0}^{\sqrt{2}}(1+2x-x^2)dx$

313 基本 次の定積分の値を求めよ。

(1) $\int_{-2}^{1}(x^3-2x+1)dx - \int_{-2}^{1}(x^3+2x+1)dx$

(2) $\int_{-\frac{1}{2}}^{\frac{1}{3}}(4x^2+6x+2)dx + 2\int_{-\frac{1}{2}}^{\frac{1}{3}}(1-3x-2x^2)dx$

314 基本 次の定積分の値を求めよ。

(1) $\int_{-a}^{a}(4x^2+13)dx$ (2) $\int_{-1}^{1}(-6t^2+2t+1)dt$ (3) $\int_{-3}^{3}(-3x^2+x+4)dx$

重要例題82 絶対値記号がついた定積分

定積分 $\int_{0}^{3}|x(x-1)|dx$ の値を求めよ。

考え方 x の値の範囲によって，$|x(x-1)|$ の絶対値記号をはずした形にする。

解答 $0 \leq x \leq 1$ のとき $|x(x-1)| = -x(x-1)$ ㋐
$1 \leq x$ のとき $|x(x-1)| = x(x-1)$ ㋐

したがって
$\int_{0}^{3}|x(x-1)|dx = -\int_{0}^{1}x(x-1)dx + \int_{1}^{3}x(x-1)dx$ ㋑

$= -\left[\dfrac{x^3}{3} - \dfrac{x^2}{2}\right]_{0}^{1} + \left[\dfrac{x^3}{3} - \dfrac{x^2}{2}\right]_{1}^{3}$

$= -\left(\dfrac{1}{3} - \dfrac{1}{2}\right) + \left\{\left(9 - \dfrac{9}{2}\right) - \left(\dfrac{1}{3} - \dfrac{1}{2}\right)\right\}$

$= \dfrac{1}{6} + \dfrac{14}{3} = \dfrac{29}{6}$ ……答

アドバイス

㋐ グラフで考えると下図のようになる。

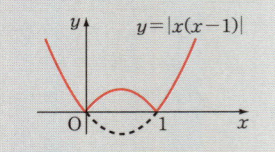

㋑ $\int_{0}^{1}x(x-1)dx$
$= \int_{0}^{1}(x^2-x)dx$
$= \left[\dfrac{x^3}{3} - \dfrac{x^2}{2}\right]_{0}^{1}$

---

315 応用 次の定積分の値を求めよ。

(1) $\int_{0}^{3}|x-1|dx$ (2) $\int_{0}^{2}|x^2-1|dx$ (3) $\int_{0}^{2}|x^2+x-2|dx$

ヒント **314** n が奇数のとき $\int_{-a}^{a}x^n dx = 0$，n が偶数のとき $\int_{-a}^{a}x^n dx = 2\int_{0}^{a}x^n dx$

316 応用 次の等式が成り立つことを証明せよ。
$$\int_a^b (x-a)^2 dx = \frac{1}{3}(b-a)^3$$

317 応用 p, q が定数で $f(x)=px+q$ のとき，次の等式が成り立つことを示せ。
$$\int_a^b f(x)dx = \frac{b-a}{2}\{f(a)+f(b)\}$$

重要例題83 **2次方程式の解と定積分**

$x^2+ax+b=0$ の2つの実数解を α, β $(\alpha<\beta)$ とするとき，$\int_\alpha^\beta (x^2+ax+b)dx = -\frac{4}{3}$ となるという。a, b の間の関係式を求めよ。

(学習院大)

考え方 $x^2+ax+b=(x-\alpha)(x-\beta)$ が成り立つ。このことを利用して定積分の値を α, β を用いて表し，解と係数の関係を使う。

解答 $x^2+ax+b=0$ の2つの実数解が α, β だから
$$x^2+ax+b=(x-\alpha)(x-\beta)$$
したがって
$$\int_\alpha^\beta (x^2+ax+b)dx = \int_\alpha^\beta (x-\alpha)(x-\beta)dx$$
$$= \int_\alpha^\beta \{x^2-(\alpha+\beta)x+\alpha\beta\}dx$$
$$= \left[\frac{x^3}{3}-\frac{\alpha+\beta}{2}x^2+\alpha\beta x\right]_\alpha^\beta$$
$$= \frac{1}{3}(\beta^3-\alpha^3)-\frac{\alpha+\beta}{2}(\beta^2-\alpha^2)+\alpha\beta(\beta-\alpha)$$
$$= -\frac{1}{6}(\beta-\alpha)\{2(\beta^2+\beta\alpha+\alpha^2)-3(\beta+\alpha)^2+6\alpha\beta\} \quad ⑦$$
$$= -\frac{1}{6}(\beta-\alpha)^3$$

$\int_\alpha^\beta (x^2+ax+b)dx = -\frac{4}{3}$ から $-\frac{1}{6}(\beta-\alpha)^3 = -\frac{4}{3}$, $(\beta-\alpha)^3=8$
α, β は実数で，$\beta>\alpha$ だから $\beta-\alpha=2$
解と係数の関係から $\alpha+\beta=-a$, $\alpha\beta=b$
$(\beta-\alpha)^2=(\beta+\alpha)^2-4\alpha\beta=(-a)^2-4b=a^2-4b$
よって $a^2-4b=4$ ④ ……**答**

アドバイス

⑦ $\beta^3-\alpha^3$
$=(\beta-\alpha)(\beta^2+\alpha\beta+\alpha^2)$
$\beta^2-\alpha^2$
$=(\beta-\alpha)(\beta+\alpha)$
と因数分解できるから
$\frac{1}{6}(\beta-\alpha)$ でくくる。

④ $\beta-\alpha=2$ から
$(\beta-\alpha)^2=4$

---

318 応用 公式 $\int_\alpha^\beta (x-\alpha)(x-\beta)dx = -\frac{1}{6}(\beta-\alpha)^3$ を利用して，次の定積分の値を求めよ。
$$\int_{1-\sqrt{2}}^{1+\sqrt{2}} (x^2-2x-1)dx$$

ヒント **318** $x^2-2x-1=0$ の解を求めると $x=1\pm\sqrt{2}$

第2節 積分法 123

319 応用 $f(x)=ax+b$ が $f(1)=1$ を満たすとき, $\int_0^1 \{f(x)\}^2 dx$ の値を最小にする a, b の値を求めよ.

320 応用 次の条件を満たす2次関数を求めよ. （福岡工大）
$$f(1)=0, \quad f'(2)=3, \quad \int_0^1 f(x)dx=\frac{7}{6}$$

重要例題84 関数の決定

$f(x)=ax^2+bx+c$ が次の3つの等式を満たすように, 定数 a, b, c の値を定めよ. ただし, $f''(x)$ は, $f'(x)$ をもう一度微分したものを表す.
$$\int_0^1 f(x)dx=0, \quad \int_0^1 xf'(x)dx=1, \quad \int_0^1 x^2 f''(x)dx=2$$

考え方 それぞれの定積分を実際に計算して, a, b, cについての連立方程式を作る.

解答 それぞれの定積分を求めると
$$\int_0^1 f(x)dx = \int_0^1 (ax^2+bx+c)dx = \left[\frac{a}{3}x^3+\frac{b}{2}x^2+cx\right]_0^1$$
$$=\frac{a}{3}+\frac{b}{2}+c=0 \quad \cdots\cdots ①$$

$$\int_0^1 xf'(x)dx = \int_0^1 (2ax^2+bx)dx \quad_{⑦}$$
$$=\left[\frac{2a}{3}x^3+\frac{b}{2}x^2\right]_0^1 = \frac{2a}{3}+\frac{b}{2}=1 \quad \cdots\cdots ②$$

$$\int_0^1 x^2 f''(x)dx = \int_0^1 2ax^2 dx = \left[\frac{2a}{3}x^3\right]_0^1 = \frac{2a}{3}=2 \quad \cdots\cdots ③$$

②, ③から $\quad a=3, \ b=-2$
これを①に代入して $\quad 1-1+c=0, \ c=0$
よって, 求める値は $\quad a=3, \ b=-2, \ c=0 \quad \cdots\cdots$ 答

アドバイス

⑦ $xf'(x)$
$=x(2ax+b)$
$=2ax^2+bx$

④ $f'(x)=2ax+b$ から
$f''(x)=\{f'(x)\}'$
$=2a$

---

321 応用 次の等式を満たす1次関数 $f(x)$ を求めよ.
$$\int_{-1}^1 f(x)dx=4, \quad \int_0^3 xf(x)dx=0$$

322 応用 次の等式が成り立つように, 正の定数 a の値を定めよ.
$$2\int_0^a x(x-2)dx = \int_0^2 ax^2 dx$$

ヒント
319 まず, $\int_0^1 \{f(x)\}^2 dx$ を計算し, a, b で表す.
321 $f(x)=ax+b \ (a\neq 0)$ とおき, 定積分を計算する.
322 両辺をそれぞれ計算する.

定積分で表された関数

解答・解説は別冊 p.89

323 基本 次の等式を満たす関数 $f(x)$ と定数 a の値を求めよ。 （東京経大）

$$\int_1^x f(t)dt = x^2 - 2x + a$$

324 応用 次の等式を満たす関数 $f(x)$ と定数 a の値を求めよ。

$$\int_1^x f(t)dt = x^3 + 3a^2x^2 - x + 2a - 1$$

325 応用 次の等式を満たす関数 $f(x)$ と定数 a の値を求めよ。

$$\int_x^a f(t)dt = 3x^2 - 2x + 2 - 3a$$

重要例題85 **定積分で表された関数**

$$f(x) = x + 1 + \int_0^2 g(t)dt, \quad g(x) = 2x - 3 + \int_0^1 f(t)dt$$

のとき，$f(x)$, $g(x)$ を求めよ。

考え方 定積分 $\int_0^2 g(t)dt$, $\int_0^1 f(t)dt$ はいずれも定数なので，それぞれを k, l とおく。この式をそれぞれ定積分に代入して，k, l についての連立方程式を作る。

解答 $\int_0^2 g(t)dt = k$ ……①, $\int_0^1 f(t)dt = l$ ……②
　　　　　　　　　　　　　　　　　　　　　　　　　(k, l は定数)

とおくと　　$f(x) = x + 1 + k$　　$g(x) = 2x - 3 + l$

このとき

①から　　$k = \int_0^2 (2t - 3 + l)dt = \left[t^2 + (-3+l)t\right]_0^2 = \underline{-2 + 2l}_{\text{⑦}}$

②から　　$l = \int_0^1 (t + 1 + k)dt = \left[\dfrac{t^2}{2} + (1+k)t\right]_0^1 = \dfrac{3}{2} + k$

整理して　　$k - 2l = -2$, $2k - 2l = -3$

これを解いて　　$k = -1$, $l = \dfrac{1}{2}$

よって　　$f(x) = x$, $g(x) = 2x - \dfrac{5}{2}$　　……答

アドバイス

⑦　　$\left[t^2 + (-3+l)t\right]_0^2$
　　$= 4 + 2(-3+l)$
　　$= -2 + 2l$

---

326 応用 関係式 $f(x) = 1 + \int_0^1 (x-t)f(t)dt$ を満たす関数 $f(x)$ を求めよ。 （東北学院大）

ヒント 325 $\int_x^a f(t)dt = -\int_a^x f(t)dt$

326 $\int_0^1 (x-t)f(t)dt = x\int_0^1 f(t)dt - \int_0^1 tf(t)dt$

327 基本 関数 $F(x)=\int_{-1}^{x}(t^2-1)dt$ の極大値,極小値を求めよ。

重要例題86 定積分と最小

関数 $f(x)=\int_{0}^{3}|t-x|dt$ の最小値を求めよ。

考え方 積分計算を行う際には,x は定数扱いであることに注意する。積分区間 $0\leqq t\leqq 3$ と x の値により $x\leqq 0$,$0<x<3$,$3\leqq x$ の3通りに場合を分けて,$f(x)$ を x の式で表す。

解答 積分区間が $0\leqq t\leqq 3$ であるから ㋐

(ア) $x\leqq 0$ のとき,$t-x\geqq 0$ で
$$f(x)=\int_{0}^{3}(t-x)dt=\left[\frac{t^2}{2}-xt\right]_{0}^{3}=\frac{9}{2}-3x$$

(イ) $0<x<3$ のとき
$$f(x)=\int_{0}^{x}|t-x|dt+\int_{x}^{3}|t-x|dt$$
$$=-\int_{0}^{x}(t-x)dt+\int_{x}^{3}(t-x)dt$$
$$=-\left[\frac{t^2}{2}-xt\right]_{0}^{x}+\left[\frac{t^2}{2}-xt\right]_{x}^{3}=x^2-3x+\frac{9}{2}$$

したがって $f(x)=\left(x-\frac{3}{2}\right)^2+\frac{9}{4}$

(ウ) $x\geqq 3$ のとき,$t-x\leqq 0$ だから
$$f(x)=-\int_{0}^{3}(t-x)dt=3x-\frac{9}{2}$$

$y=f(x)$ のグラフは右図のようになる。 ㋒

よって,求める $f(x)$ の最小値は $\dfrac{9}{4}$ ……**答**

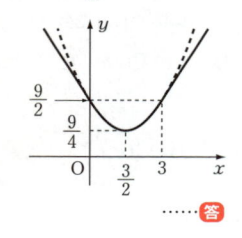

アドバイス

㋐ ut 平面上の直線 $u=t$ と $u=x$ の上下関係を考えると,わかりやすい。

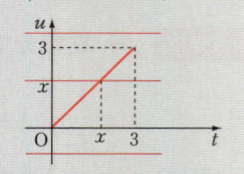

㋑ $0\leqq t\leqq x$ では $t-x\leqq 0$
したがって
$|t-x|=-(t-x)$

㋒ 放物線 $y=x^2-3x+\dfrac{9}{2}$ と
2直線
$$y=\mp\left(3x-\frac{9}{2}\right)$$
は $x=0$,3 で接している。

---

328 応用 $f(x)=\int_{0}^{1}|t(t-2x)|dt$ とおく。このとき,次の問いに答えよ。

(1) $y=f(x)$ のグラフをかけ。
(2) $f(x)$ の最小値と,そのときの x の値を求めよ。

329 応用 $x>-2$ で定義された関数 $f(x)=\int_{-2}^{x}(x-t)(2-t)dt$ の最大値を求めよ。

ヒント **328** 積分区間 $0\leqq t\leqq 1$ において $|t(t-2x)|=t|t-2x|$ である。

面積

解答・解説は別冊 p.91

330 基本 関数 $y=4-3x-x^2$ のグラフをかけ。また，このグラフと x 軸とで囲まれた部分の面積を求めよ。
(東京工芸大)

331 基本 曲線 $y=x^2$ と直線 $y=\boxed{ア}x+\boxed{イ}$ との交点は $(-2, 4)$, $(4, \boxed{ウ})$ で，この放物線と直線とで囲まれる部分の面積は $\boxed{エ}$ である。
(東北歯大)

重要例題87　2つの放物線で囲まれた部分の面積

2つの放物線 $y=x^2$, $y=-x^2+2x+3$ で囲まれた部分の面積を求めよ。

考え方 まず，2つの放物線の交点の x 座標を求める。さらに，2つの交点の間でどちらの放物線が上方にあるかを調べる。

解答
$y=x^2$ ……①
$y=-x^2+2x+3$ ……②
①，②から y を消去して $x^2=-x^2+2x+3$
$2x^2-2x-3=0$
解の公式から $x=\dfrac{1\pm\sqrt{7}}{2}$
$\alpha=\dfrac{1-\sqrt{7}}{2}$, $\beta=\dfrac{1+\sqrt{7}}{2}$ とおくと，
求める面積 S は
$S=\displaystyle\int_\alpha^\beta(-x^2+2x+3-x^2)dx$
$=-2\displaystyle\int_\alpha^\beta(x-\alpha)(x-\beta)dx \underset{㋐}{=}\dfrac{1}{3}(\beta-\alpha)^3 \;㋑$
$=\dfrac{1}{3}\left(\dfrac{1+\sqrt{7}}{2}-\dfrac{1-\sqrt{7}}{2}\right)^3=\dfrac{7\sqrt{7}}{3}$ ……答

アドバイス
㋐ $2x^2-2x-3=0$ の解が α, β だから
$2x^2-2x-3=2(x-\alpha)(x-\beta)$

㋑ 重要例題83 の解答参照。
$ax^2+bx+c=0$ の解が α, $\beta\,(\beta>\alpha)$ のとき
$\displaystyle\int_\alpha^\beta(ax^2+bx+c)dx=-\dfrac{a}{6}(\beta-\alpha)^3$

332 基本 2つの放物線 $y=\dfrac{1}{2}x^2-2x+\dfrac{19}{2}$, $y=-x^2+4x+5$ で囲まれた部分の面積 S を求めよ。
(近畿大)

333 応用 曲線 $y=|x^2-2|$ と直線 $y=2$ とで囲まれた部分の面積を求めよ。

ヒント 331 点 $(4, \boxed{ウ})$ は曲線 $y=x^2$ 上の点である。
333 曲線 $y=x^2-2$ と直線 $y=2$ で囲まれた部分，および曲線 $y=2-x^2$ と x 軸で囲まれた部分の面積を利用する。

第2節　積分法

334 応用　放物線 $y=x^2+2x+3$ と，この放物線上の点 $(1, 6)$ における接線，および y 軸で囲まれた図形の面積を求めよ．

335 応用　放物線 $y=\dfrac{1}{3}x^2$ 上の2点 $\left(1, \dfrac{1}{3}\right)$，$(-3, 3)$ における2つの接線と，この放物線とで囲まれた部分の面積を求めよ．

重要例題88 　**面積の2等分**

$a>0$ とする．xy 平面において，放物線 $y=x^2$ が4点 $O(0, 0)$，$A(a, 0)$，$B(a, 1)$，$C(0, 1)$ を頂点とする長方形の面積を2等分するとき，a の値を求めよ．

考え方 　放物線 $y=x^2$ は下に凸であるから，長方形 OABC の面積を2等分するとき辺 BC と交わり，$a>1$ の場合を考えればよい．

解答 　放物線 $y=x^2$ が長方形 OABC の面積を2等分するから，$a>1$ の場合を考えればよい．
右図の斜線部分の面積を S とすると
$$S=\dfrac{a}{2} \quad ⑦$$
ここで　$S=\displaystyle\int_0^1 (1-x^2)dx \quad ④$
$$=\left[x-\dfrac{x^3}{3}\right]_0^1=\dfrac{2}{3}$$
よって，求める a の値は　$a=2\cdot\dfrac{2}{3}=\dfrac{4}{3}$　……答

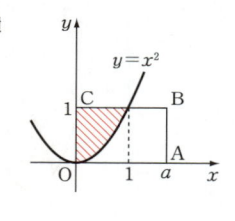

アドバイス
⑦　長方形の面積は
　　$OA\cdot OC=a\cdot 1=a$

④　$0\leqq x\leqq 1$ の範囲で y 軸，直線 $y=1$，放物線 $y=x^2$ で囲まれた部分の面積．

---

336 応用　曲線 $y=x^2$ と直線 $y=x+2$ によって囲まれる部分を D，2つの交点を A，B とするとき，次の問いに答えよ．

(1) D の面積を求めよ．

(2) 直線 $y=ax$ が D の面積を2等分するとき，a の値を求めよ．

ヒント　**336** (2) 直線 $y=ax$ と線分 AB の交点の位置を考える．

337 応用 $f(x)=x^3-3x+2$ とする。次の問いに答えよ。

(1) 関数 $f(x)$ の極値を調べて，$y=f(x)$ のグラフをかけ。

(2) (1)のグラフと x 軸で囲まれた図形の面積を求めよ。

338 応用 曲線 $y=x^3-x^2-2x$ と x 軸で囲まれた部分の面積を求めよ。

重要例題89 曲線と接線で囲まれた図形の面積

曲線 $y=x^3+3x^2-x-3$ がある。次の問いに答えよ。

(1) 曲線上の点 $(-3, 0)$ における接線の方程式を求めよ。

(2) 上の接線と曲線で囲まれた図形の面積を求めよ。

考え方 (2) まず，曲線と接線との交点の x 座標を求める。このとき，曲線と接線は $x=-3$ の点で接していることを利用する。

解答 (1) $y=x^3+3x^2-x-3$ ……①
$\quad\quad y'=3x^2+6x-1$
$x=-3$ のとき $y'=3\times(-3)^2+6\times(-3)-1=8$
したがって，点 $(-3, 0)$ における接線の方程式は
$\quad y=8(x+3)$
よって $y=8x+24$ ……② ……答

(2) ①，②から y を消去すると
$\quad x^3+3x^2-x-3=8x+24$
$\quad x^3+3x^2-9x-27=0$
$\quad (x+3)^2(x-3)=0$ ㋐
よって $x=-3$(重解)，3
求める面積 S は，右図から
$S=\int_{-3}^{3}\{(8x+24)-(x^3+3x^2-x-3)\}dx$
$\quad=\int_{-3}^{3}(-x^3-3x^2+9x+27)dx$
$\quad=2\int_{0}^{3}(-3x^2+27)dx$ ㋑
$\quad=2\Big[-x^3+27x\Big]_{0}^{3}=108$ ……答

アドバイス

㋐ 曲線 $y=f(x)$ と
直線 $y=ax+b$ が，
$x=\alpha$ の点で接するとき
$\quad f(x)-(ax+b)$
は $(x-\alpha)^2$ を因数にもつ。

㋑ n が偶数のとき
$\quad \int_{-a}^{a}x^n dx=2\int_{0}^{a}x^n dx$
n が奇数のとき
$\quad \int_{-a}^{a}x^n dx=0$

---

339 応用 曲線 $y=x^3-2x$ について，次の問いに答えよ。 (城西大)

(1) 点 $(0, 2)$ を通り，この曲線に接する直線 ℓ の方程式を求めよ。

(2) 直線 ℓ とこの曲線で囲まれた部分の面積 S を求めよ。

ヒント 338 3次方程式 $x^3-x^2-2x=0$ を解いて，曲線と x 軸の交点の x 座標を求めれば，問題の部分について概形はすぐにわかる。

実戦問題②

1 次の条件を満たす関数 $f(x)$ を求めよ。 (10点)

$$f'(x) = x^2 - 4x + 3, \quad f(1) = 3$$

2 次の定積分の値を求めよ。 (各5点 計10点)

(1) $\displaystyle\int_3^0 (1-2x^2)dx$ (2) $\displaystyle\int_{-1}^1 (t^2+2t-1)dt$

3 次の定積分の値を求めよ。 (15点)

$$\int_0^3 |x^2-3x+2|dx$$

4 次の等式を満たす関数 $f(x)$ と a の値を求めよ。 (15点)

$$\int_a^x f(t)dt = 3x^2 - 7x - 6$$

5 次の等式を満たす関数 $f(x)$ を求めよ。 (15点)
$$f(x)=x^2-3x+\frac{6}{5}\int_0^1 f(x)dx$$

6 放物線 $y=-x^2+3x$ と 2 直線 $y=2x$, $y=x$ で囲まれた部分の面積を求めよ。
(15点)

7 点 $(0, 1)$ から放物線 $y=x^2+2x+2$ に引いた 2 本の接線と，この放物線で囲まれた部分の面積を求めよ。
(20点)

三 角 関 数 表

角	sin	cos	tan	角	sin	cos	tan
0°	0.0000	1.0000	0.0000	45°	0.7071	0.7071	1.0000
1°	0.0175	0.9998	0.0175	46°	0.7193	0.6947	1.0355
2°	0.0349	0.9994	0.0349	47°	0.7314	0.6820	1.0724
3°	0.0523	0.9986	0.0524	48°	0.7431	0.6691	1.1106
4°	0.0698	0.9976	0.0699	49°	0.7547	0.6561	1.1504
5°	0.0872	0.9962	0.0875	50°	0.7660	0.6428	1.1918
6°	0.1045	0.9945	0.1051	51°	0.7771	0.6293	1.2349
7°	0.1219	0.9925	0.1228	52°	0.7880	0.6157	1.2799
8°	0.1392	0.9903	0.1405	53°	0.7986	0.6018	1.3270
9°	0.1564	0.9877	0.1584	54°	0.8090	0.5878	1.3764
10°	0.1736	0.9848	0.1763	55°	0.8192	0.5736	1.4281
11°	0.1908	0.9816	0.1944	56°	0.8290	0.5592	1.4826
12°	0.2079	0.9781	0.2126	57°	0.8387	0.5446	1.5399
13°	0.2250	0.9744	0.2309	58°	0.8480	0.5299	1.6003
14°	0.2419	0.9703	0.2493	59°	0.8572	0.5150	1.6643
15°	0.2588	0.9659	0.2679	60°	0.8660	0.5000	1.7321
16°	0.2756	0.9613	0.2867	61°	0.8746	0.4848	1.8040
17°	0.2924	0.9563	0.3057	62°	0.8829	0.4695	1.8807
18°	0.3090	0.9511	0.3249	63°	0.8910	0.4540	1.9626
19°	0.3256	0.9455	0.3443	64°	0.8988	0.4384	2.0503
20°	0.3420	0.9397	0.3640	65°	0.9063	0.4226	2.1445
21°	0.3584	0.9336	0.3839	66°	0.9135	0.4067	2.2460
22°	0.3746	0.9272	0.4040	67°	0.9205	0.3907	2.3559
23°	0.3907	0.9205	0.4245	68°	0.9272	0.3746	2.4751
24°	0.4067	0.9135	0.4452	69°	0.9336	0.3584	2.6051
25°	0.4226	0.9063	0.4663	70°	0.9397	0.3420	2.7475
26°	0.4384	0.8988	0.4877	71°	0.9455	0.3256	2.9042
27°	0.4540	0.8910	0.5095	72°	0.9511	0.3090	3.0777
28°	0.4695	0.8829	0.5317	73°	0.9563	0.2924	3.2709
29°	0.4848	0.8746	0.5543	74°	0.9613	0.2756	3.4874
30°	0.5000	0.8660	0.5774	75°	0.9659	0.2588	3.7321
31°	0.5150	0.8572	0.6009	76°	0.9703	0.2419	4.0108
32°	0.5299	0.8480	0.6249	77°	0.9744	0.2250	4.3315
33°	0.5446	0.8387	0.6494	78°	0.9781	0.2079	4.7046
34°	0.5592	0.8290	0.6745	79°	0.9816	0.1908	5.1446
35°	0.5736	0.8192	0.7002	80°	0.9848	0.1736	5.6713
36°	0.5878	0.8090	0.7265	81°	0.9877	0.1564	6.3138
37°	0.6018	0.7986	0.7536	82°	0.9903	0.1392	7.1154
38°	0.6157	0.7880	0.7813	83°	0.9925	0.1219	8.1443
39°	0.6293	0.7771	0.8098	84°	0.9945	0.1045	9.5144
40°	0.6428	0.7660	0.8391	85°	0.9962	0.0872	11.4301
41°	0.6561	0.7547	0.8693	86°	0.9976	0.0698	14.3007
42°	0.6691	0.7431	0.9004	87°	0.9986	0.0523	19.0811
43°	0.6820	0.7314	0.9325	88°	0.9994	0.0349	28.6363
44°	0.6947	0.7193	0.9657	89°	0.9998	0.0175	57.2900
45°	0.7071	0.7071	1.0000	90°	1.0000	0.0000	なし

EDITORIAL STAFF

ブックデザイン ——— グルーヴィジョンズ
編集協力 ——— 秋下幸恵, 内山とも子, 江川信恵, 佐藤玲子, 鈴木亮子, 染山大介, 花園安紀, 林千珠子, 渡辺泰葉
　　　　　　　株式会社U-Tee
DTP ——— 株式会社エワル, 株式会社四国写研
印刷所 ——— 株式会社廣済堂

MY BEST

よくわかる数学Ⅱ問題集

解答・解説編

MATHEMATICS Ⅱ WORKBOOK

Gakken

この別冊は取り外せます。ゆっくり引っぱってください。

よくわかる数学Ⅱ問題集

解答・解説編
MATHEMATICS Ⅱ WORKBOOK

Gakken

第1章 いろいろな式

第1節 式と証明

1 基本 解説 $(a+b)^3=a^3+3a^2b+3ab^2+b^3$
$(a-b)^3=a^3-3a^2b+3ab^2-b^3$
$(a+b)(a^2-ab+b^2)=a^3+b^3$
$(a-b)(a^2+ab+b^2)=a^3-b^3$
を用いる。

解答 (1) $(2x+y)^3$
$=(2x)^3+3\cdot(2x)^2\cdot y+3(2x)\cdot y^2+y^3$
$=8x^3+12x^2y+6xy^2+y^3$

(2) $(x-2)^3=x^3-3\cdot x^2\cdot 2+3\cdot x\cdot 2^2-2^3$
$=x^3-6x^2+12x-8$

(3) $(x+2y)(x^2-2xy+4y^2)=x^3+(2y)^3$
$=x^3+8y^3$

(4) $(x-2)(x^2+2x+4)=x^3-2^3$
$=x^3-8$

2 基本 解説 項の組合せ,および計算手順を工夫する。

解答 (1) $(x-2)^3(x+2)^3$
$=\{(x-2)(x+2)\}^3$
$=(x^2-4)^3$
$=(x^2)^3-3\cdot(x^2)^2\cdot 4+3\cdot x^2\cdot 4^2-4^3$
$=x^6-12x^4+48x^2-64$

(2) $(x+y)(x-y)(x^2+xy+y^2)(x^2-xy+y^2)$
$=(x+y)(x^2-xy+y^2)(x-y)(x^2+xy+y^2)$
$=(x^3+y^3)(x^3-y^3)$
$=x^6-y^6$

(3) $(x-1)(x^2+x+1)(x^6+x^3+1)$
$=(x^3-1)\{(x^3)^2+x^3+1\}$
$=(x^3)^3-1^3$
$=x^9-1$

3 基本 解説 $a^3+b^3=(a+b)(a^2-ab+b^2)$
$a^3-b^3=(a-b)(a^2+ab+b^2)$
を用いる。

解答 (1) $x^3-64=x^3-4^3$
$=(x-4)(x^2+4x+16)$

(2) $8x^3+y^3=(2x)^3+y^3$
$=(2x+y)(4x^2-2xy+y^2)$

(3) $x^4-x=x(x^3-1)$
$=x(x-1)(x^2+x+1)$

(4) $x^3-3x^2+3x-1=(x-1)^3$

別解 x^3-3x^2+3x-1
$=x^3-1-3x(x-1)$
$=(x-1)(x^2+x+1)-3x(x-1)$
$=(x-1)\{(x^2+x+1)-3x\}$
$=(x-1)(x^2-2x+1)$
$=(x-1)(x-1)^2=(x-1)^3$

(5) x^6-y^6
$=(x^3+y^3)(x^3-y^3)$
$=(x+y)(x^2-xy+y^2)(x-y)(x^2+xy+y^2)$

4 基本 解説 二項定理を用いる。

解答 (1) $(x+2)^5$
$={}_5C_0 x^5+{}_5C_1 x^4\cdot 2^1+{}_5C_2 x^3\cdot 2^2$
$\quad+{}_5C_3 x^2\cdot 2^3+{}_5C_4 x\cdot 2^4+{}_5C_5\cdot 2^5$
$=x^5+10x^4+40x^3+80x^2+80x+32$

(2) $(x-1)^4$
$={}_4C_0 x^4+{}_4C_1 x^3\cdot(-1)^1+{}_4C_2 x^2\cdot(-1)^2$
$\quad+{}_4C_3 x\cdot(-1)^3+{}_4C_4\cdot(-1)^4$
$=x^4-4x^3+6x^2-4x+1$

5 基本 解説 まずパスカルの三角形を6段目まで作る。

解答 パスカルの三角形を6段目までかくと,右のようになる。

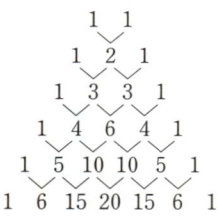

```
        1   1
       1  2  1
      1  3  3  1
     1  4  6  4  1
    1  5 10 10  5  1
   1  6 15 20 15  6  1
```

(1) $(a+b)^6$
$=a^6+6a^5b+15a^4b^2+20a^3b^3$
$\quad+15a^2b^4+6ab^5+b^6$

(2) $(a-b)^5$
$=a^5-5a^4b+10a^3b^2-10a^2b^3+5ab^4-b^5$

(3) $(2x-1)^4$
$=1\cdot(2x)^4+4\cdot(2x)^3\cdot(-1)^1+6\cdot(2x)^2\cdot(-1)^2$
$\quad+4\cdot(2x)\cdot(-1)^3+(-1)^4$
$=16x^4-32x^3+24x^2-8x+1$

6 基本 解説 二項定理を用いる。

解答 (1) $(3x-2)^6$ の展開式の一般項は
$\quad {}_6C_r(3x)^{6-r}\cdot(-2)^r$ ……①
$={}_6C_r 3^{6-r}(-2)^r x^{6-r}$

項 x^3 が生じるためには
$$6-r=3$$
よって $r=3$
このとき，①から
$$\begin{aligned}{}_6C_3 3^3 \cdot (-2)^3 &= \frac{6\cdot 5\cdot 4}{3\cdot 2\cdot 1}\cdot 3^3\cdot(-2)^3\\&=-4320\end{aligned}$$
よって，x^3 の係数は **−4320**

(2) $(2x+3y)^5$ の展開式の一般項は
$$\begin{aligned}&{}_5C_r(2x)^{5-r}\cdot(3y)^r \quad\cdots\cdots①\\&={}_5C_r\cdot 2^{5-r}\cdot 3^r\cdot x^{5-r}\cdot y^r\end{aligned}$$
項 x^2y^3 が生じるためには $5-r=2,\ r=3$
このとき，①から
$$\begin{aligned}{}_5C_3\cdot 2^2\cdot 3^3 &= \frac{5\cdot 4\cdot 3}{3\cdot 2\cdot 1}\cdot 2^2\cdot 3^3\\&=1080\end{aligned}$$
よって，x^2y^3 の係数は **1080**

7 基本 解説 $\{(a-b)+2c\}^5$ と考える。

解答 $(a-b+2c)^5=\{(a-b)+2c\}^5$ の展開式の一般項は
$${}_5C_r(a-b)^{5-r}\cdot(2c)^r \quad\cdots\cdots①$$
a^2b^2c が生じるためには $r=1$
このとき，①は ${}_5C_1(a-b)^4\cdot 2c \quad\cdots\cdots②$
$(a-b)^4$ の展開式の一般項は
$${}_4C_s a^{4-s}\cdot(-b)^s \quad\cdots\cdots③$$
a^2b^2 が生じるためには $4-s=2,\ s=2$
このとき，③は ${}_4C_2 a^2\cdot(-b)^2=6a^2b^2$
②から ${}_5C_1\cdot 2c\cdot 6a^2b^2=60a^2b^2c$
よって，a^2b^2c の係数は **60**

別解1 $(a-b+2c)^5$ を展開したとき，$a^2b^2(2c)^1$ の項は 5 つのカッコから a を 2 つ，残り 3 つのカッコから b を 2 つ選ぶ，選び方だけ得られる。
よって ${}_5C_2\cdot{}_3C_2\cdot a^2b^2(2c)^1=60a^2b^2c$
したがって，a^2b^2c の係数は **60**

別解2 多項定理から
$$\frac{5!}{2!2!1!}a^2b^2(2c)^1=60a^2b^2c$$
よって，a^2b^2c の係数は **60**

8 基本 解説 $(1+x)^n$ を展開し，$x=1,\ -1$ を代入する。

解答 $(1+x)^n={}_nC_0+{}_nC_1 x+{}_nC_2 x^2+\cdots\cdots+{}_nC_n x^n$
$\quad\cdots\cdots①$

(1) ①に $x=1$ を代入すると
$$2^n={}_nC_0+{}_nC_1+{}_nC_2+\cdots\cdots+{}_nC_n$$

(2) ①に $x=-1$ を代入すると
$$\begin{aligned}(1-1)^n&={}_nC_0+{}_nC_1(-1)+{}_nC_2(-1)^2+\cdots\\&\cdots+{}_nC_n(-1)^n\end{aligned}$$
$${}_nC_0-{}_nC_1+{}_nC_2-\cdots\cdots+(-1)^n{}_nC_n=0$$

9 基本 解答 (1)
$$\begin{array}{r}2x^2+4x+4\\x-2\overline{\smash{\big)}\,2x^3-4x+1}\\\underline{2x^3-4x^2}\\4x^2-4x\\\underline{4x^2-8x}\\4x+1\\\underline{4x-8}\\9\end{array}$$
商 $\mathbf{2x^2+4x+4}$，余り **9**

(2)
$$\begin{array}{r}3x-2\\x^2-3x+1\overline{\smash{\big)}\,3x^3-11x^2+7x-1}\\\underline{3x^3-9x^2+3x}\\-2x^2+4x-1\\\underline{-2x^2+6x-2}\\-2x+1\end{array}$$
商 $\mathbf{3x-2}$，余り $\mathbf{-2x+1}$

(3)
$$\begin{array}{r}3x-1\\2x^2+3x-4\overline{\smash{\big)}\,6x^3+7x^2-10x+5}\\\underline{6x^3+9x^2-12x}\\-2x^2+2x+5\\\underline{-2x^2-3x+4}\\5x+1\end{array}$$
商 $\mathbf{3x-1}$，余り $\mathbf{5x+1}$

(4)
$$\begin{array}{r}x^2+5xy+8y^2\\x-2y\overline{\smash{\big)}\,x^3+3x^2y-2xy^2-16y^3}\\\underline{x^3-2x^2y}\\5x^2y-2xy^2\\\underline{5x^2y-10xy^2}\\8xy^2-16y^3\\\underline{8xy^2-16y^3}\\0\end{array}$$
商 $\mathbf{x^2+5xy+8y^2}$，余り **0**

10 応用 解説 除法の原理によって，商と余りの関係を作る。

解答 $A=(x^2+x+1)(x-1)+2x+1$
$=x^3-1+2x+1=\mathbf{x^3+2x}$

11 応用 解答 除法の原理から
$$x^3+3x^2-x+9=B(x+3)+2x+18$$
移項して
$$B(x+3)=x^3+3x^2-3x-9$$
$$B=(x^3+3x^2-3x-9)\div(x+3)$$

$$\begin{array}{r}x^2-3\\x+3\overline{\smash{\big)}\,x^3+3x^2-3x-9}\\\underline{x^3+3x^2}\\-3x-9\\\underline{-3x-9}\\0\end{array}$$

求める整式 B は $B=x^2-3$

POINT

整式 A を整式 B で割ったときの商を Q，余りを R とすると
$$A=BQ+R \quad \text{（除法の原理）}$$
R の次数 $< B$ の次数

12 応用 解説 $x^4-4x^3+5x^2-7x-4$ の値は，すぐに数値を代入せずに，x^2-4x+2 で割り算をして除法の原理を活用して求める。

解答 $x=2-\sqrt{2}$ のとき $x-2=-\sqrt{2}$

両辺を平方して $(x-2)^2=2$

$x^2-4x+4=2$ よって $x^2-4x+2=0$

また

$$\begin{array}{r}x^2+3\\x^2-4x+2\overline{\smash{\big)}\,x^4-4x^3+5x^2-7x-4}\\\underline{x^4-4x^3+2x^2}\\3x^2-7x-4\\\underline{3x^2-12x+6}\\5x-10\end{array}$$

よって $x^4-4x^3+5x^2-7x-4$
$=(x^2-4x+2)(x^2+3)+5x-10$
$=0\cdot(x^2+3)+5x-10$
$=5(2-\sqrt{2})-10=-5\sqrt{2}$

POINT

$x=p\pm\sqrt{q}$ のときの整式の値は，
$(x-p)^2=q$ から
$$x^2-2px+p^2-q=0$$
および除法の原理を利用

13 基本 解説 (2), (3)は分母・分子を因数分解してから，約分する。

解答 (1) $\dfrac{4x^2y^3z}{6xy^4z^3}=\dfrac{2x}{3yz^2}$

(2) $\dfrac{4x+2}{2x^2-3x-2}=\dfrac{2(2x+1)}{(2x+1)(x-2)}$
$=\dfrac{2}{x-2}$

(3) $\dfrac{2x^2-5x+3}{x^2+2x-3}=\dfrac{(2x-3)(x-1)}{(x+3)(x-1)}$
$=\dfrac{2x-3}{x+3}$

14 基本 解説 $\dfrac{A}{B}\times\dfrac{C}{D}=\dfrac{AC}{BD}$,

$\dfrac{A}{B}\div\dfrac{C}{D}=\dfrac{A}{B}\times\dfrac{D}{C}=\dfrac{AD}{BC}$ により計算する。

結果は，約分して既約分数式で答える。

解答 (1) $\dfrac{a^2-ab}{a+b}\times\dfrac{ab+b^2}{a-b}$
$=\dfrac{a(a-b)}{a+b}\cdot\dfrac{b(a+b)}{a-b}=ab$

(2) $\dfrac{x}{x-1}\times\dfrac{2x^2-x-1}{x^2-3x}$
$=\dfrac{x}{x-1}\times\dfrac{(2x+1)(x-1)}{x(x-3)}=\dfrac{2x+1}{x-3}$

(3) $\dfrac{x^2-9}{x+2}\div\dfrac{x^2-x-6}{x^2-4}$
$=\dfrac{x^2-9}{x+2}\times\dfrac{x^2-4}{x^2-x-6}$
$=\dfrac{(x+3)(x-3)}{x+2}\times\dfrac{(x+2)(x-2)}{(x-3)(x+2)}$
$=\dfrac{(x+3)(x-2)}{x+2}$

(4) $\dfrac{x^2-5x+6}{x^2+4x+4}\div\dfrac{x^2+x-6}{x^2-2x-8}$
$=\dfrac{x^2-5x+6}{x^2+4x+4}\times\dfrac{x^2-2x-8}{x^2+x-6}$
$=\dfrac{(x-2)(x-3)}{(x+2)^2}\times\dfrac{(x+2)(x-4)}{(x+3)(x-2)}$
$=\dfrac{(x-3)(x-4)}{(x+2)(x+3)}$

15 基本 解説 各項の分母に着目して，どのような式で通分すればよいかを考える。

解答 (1) $\dfrac{1}{x+1}-\dfrac{1}{x-1}$
$=\dfrac{x-1}{(x+1)(x-1)}-\dfrac{x+1}{(x-1)(x+1)}$
$=\dfrac{x-1-(x+1)}{(x+1)(x-1)}=\dfrac{-2}{(x+1)(x-1)}$

(2) $\dfrac{x+4}{x^2-x-2}-\dfrac{x+3}{x^2-1}$
$=\dfrac{x+4}{(x+1)(x-2)}-\dfrac{x+3}{(x+1)(x-1)}$
$=\dfrac{(x+4)(x-1)-(x+3)(x-2)}{(x+1)(x-2)(x-1)}$
$=\dfrac{2x+2}{(x+1)(x-2)(x-1)}$

$$=\frac{2(x+1)}{(x+1)(x-2)(x-1)}=\frac{2}{(x-1)(x-2)}$$

(3) $\dfrac{x-2}{x^2-x+1}-\dfrac{1}{x+1}+\dfrac{x^2+x+3}{x^3+1}$

$$=\frac{(x-2)(x+1)-(x^2-x+1)+x^2+x+3}{(x+1)(x^2-x+1)}$$

$$=\frac{x^2+x}{(x+1)(x^2-x+1)}$$

$$=\frac{x(x+1)}{(x+1)(x^2-x+1)}=\frac{x}{x^2-x+1}$$

POINT 分数式の加法・減法は，各項の分母の最小公倍数で通分する

16 応用 解答 (1)

$$\frac{3}{x^2+x-6}-\frac{5}{x^2-x-12}+\frac{2}{x^2-6x+8}$$

$$=\frac{3}{(x-2)(x+3)}-\frac{5}{(x+3)(x-4)}$$
$$\quad+\frac{2}{(x-2)(x-4)}$$

$$=\frac{3(x-4)-5(x-2)+2(x+3)}{(x-2)(x+3)(x-4)}$$

$$=\frac{4}{(x-2)(x+3)(x-4)}$$

(2) 3つの項をそれぞれ計算すると

$$x-y-\frac{4y^2}{x-y}=\frac{(x-y)^2-(2y)^2}{x-y}$$
$$=\frac{(x+y)(x-3y)}{x-y}$$

$$x+y-\frac{4x^2}{x+y}=\frac{(x+y)^2-(2x)^2}{x+y}$$
$$=\frac{(3x+y)(-x+y)}{x+y}$$

$$3(x+y)-\frac{8xy}{x-y}=\frac{3(x^2-y^2)-8xy}{x-y}$$
$$=\frac{(3x+y)(x-3y)}{x-y}$$

よって $\left(x-y-\dfrac{4y^2}{x-y}\right)\times\left(x+y-\dfrac{4x^2}{x+y}\right)$
$$\div\left\{3(x+y)-\frac{8xy}{x-y}\right\}$$

$$=\frac{(x+y)(x-3y)}{x-y}\times\frac{(3x+y)(-x+y)}{x+y}$$
$$\quad\times\frac{x-y}{(3x+y)(x-3y)}$$

$$=\boldsymbol{y-x}$$

17 基本 解説 両辺をそれぞれ展開して比べる。

解答 (1) (右辺)=$4x+3$ だから，恒等式。

(2) (右辺)=$x^2-8x+16$ で，恒等式ではない。

(3) (左辺)=$x^2+6xy+4y^2$

(右辺)=$x^2+4xy+4y^2$

だから，恒等式ではない。

(4) (右辺)=x^3+y^3 だから，恒等式。

よって，恒等式は **(1), (4)**

18 基本 解説 (1), (2), (3) 係数比較法で，係数を求める。

解答 (1) $(a+2)x^2+(4-b)x-c+2=0$

恒等式となるには

$a+2=0, \ 4-b=0, \ -c+2=0$

よって **$a=-2, \ b=4, \ c=2$**

(2) $9x^2+ax+4=(bx+c)^2$

$9x^2+ax+4=b^2x^2+2bcx+c^2$

係数を比較して

$9=b^2, \ a=2bc, \ 4=c^2$

よって

$(a, b, c)=(12, 3, 2), (12, -3, -2),$
$(-12, 3, -2), (-12, -3, 2)$

(3) $\dfrac{x-5}{(x+1)(2x-1)}=\dfrac{a}{x+1}+\dfrac{b}{2x-1}$

両辺に $(x+1)(2x-1)$ をかけて

$x-5=a(2x-1)+b(x+1)$

$x-5=(2a+b)x+(-a+b)$

これも恒等式だから，係数を比較して

$2a+b=1, \ -a+b=-5$

よって **$a=2, \ b=-3$**

(4) $x^2+1=ax(x+1)+bx(x-1)$
$\qquad\qquad +c(x+1)(x-1)$

$x=0$ を代入して $\quad 1=-c$

$x=1$ を代入して $\quad 2=2a$

$x=-1$ を代入して $\quad 2=2b$

これらから

$a=1, \ b=1, \ c=-1$

このとき，与式は確かに恒等式である。

19 応用 解説 2文字以上の恒等式の係数決定は，係数比較法を使う。

解答 (1) $ax^2+10xy-3y^2$
$=(4x+by)(cx+3y)$
$=4cx^2+(12+bc)xy+3by^2$
係数を比較して
$a=4c$, $10=12+bc$, $-3=3b$
これらから $a=8$, $b=-1$, $c=2$

(2) $x^2-y^2-ax+4y-3$
$=(x+y+b)(x-y+c)$
$=x^2-y^2+(b+c)x+(-b+c)y+bc$
係数を比較して
$-a=b+c$, $4=-b+c$, $-3=bc$
第1式と第2式から
$b=-\dfrac{a+4}{2}$, $c=-\dfrac{a-4}{2}$
これらを第3式に代入すると
$-3=\dfrac{1}{4}(a^2-16)$
$a^2-4=0$ よって $a=\pm 2$
したがって
$(a, b, c)=(2, -3, 1), (-2, -1, 3)$

20 応用 解答 (1) $a(x+1)^3-b(x+1)^2$
$\qquad +c(x+1)-d=(2x+1)^3$
とおく。
ここで，$x+1=t$ とおくと $x=t-1$
$at^3-bt^2+ct-d=(2t-2+1)^3$
$\qquad\qquad\qquad =8t^3-12t^2+6t-1$
よって，左から順に 8, 12, 6, 1

(2) 与えられた等式を
$\dfrac{x}{(x-1)(x+1)(x+2)}$
$=\dfrac{a}{x-1}+\dfrac{b}{x+1}+\dfrac{c}{x+2}$
とおく。両辺に $(x-1)(x+1)(x+2)$ をかけて
$x=a(x+1)(x+2)+b(x-1)(x+2)$
$\qquad +c(x-1)(x+1)$
これも恒等式だから，$x=1$, -1, -2 を代入して
$1=6a$, $-1=-2b$, $-2=3c$
すなわち，左から順に
$\dfrac{1}{6}$, $\dfrac{1}{2}$, $-\dfrac{2}{3}$
このとき，確かに等式は成り立つ。

POINT
恒等式の係数の決定は，
係数比較法か，数値代入法で

21 応用 解説 整式 A が整式 B で割り切れるときは，$A=BQ$ となる整式 Q が存在する。

解答 (1) 商は1次式であり，x の係数は，$x^3 \div x^2=x$ から 1 で，商は $x+m$ とおける。
よって，除法の原理から
x^3+3x^2+ax+b
$=(x^2-2x+2)(x+m)+(x-1)$
右辺を展開して，整理すると
$x^3+(-2+m)x^2+(3-2m)x+(2m-1)$
係数を比較して
$3=-2+m$, $a=3-2m$, $b=2m-1$
これらから $m=5$, $a=-7$, $b=9$

(2) 商は1次式で，x の係数は1，定数項は2だから，$x+2$ である。よって
$x^3+ax^2+bx+2=(x^2+x+1)(x+2)$
右辺を展開して，整理すると
x^3+3x^2+3x+2
係数を比較して $a=3$, $b=3$

22 応用 解説 まず，2次の項を求める。

解答 $4x^4=(2x^2)^2$ から，平方式は $(2x^2+mx+n)^2$ とおける。したがって
$4x^4-ax^3+bx^2-40x+16$
$=(2x^2+mx+n)^2$
右辺を展開して，整理すると
$4x^4+4mx^3+(m^2+4n)x^2+2mnx+n^2$
係数を比較して
$-a=4m$ ……①
$b=m^2+4n$ ……②
$-40=2mn$ ……③
$16=n^2$ ……④
④から $n=\pm 4$
$n=4$ のとき，③から $m=-5$
①，②から $a=20$, $b=41$
$n=-4$ のとき，③から $m=5$
①，②から $a=-20$, $b=9$
よって $(a, b)=(20, 41), (-20, 9)$

23 基本 解説 複雑なほうの辺を変形する。

解答 (1) $(a+b)(a-b)+b^2=a^2-b^2+b^2=a^2$
よって，等式は成り立つ。

(2) $(x+y)^2-(x-y)^2$
$=x^2+2xy+y^2-(x^2-2xy+y^2)$
$=4xy$
よって，等式は成り立つ。

(3) $a(b-c)+b(c-a)+c(a-b)$
$=ab-ac+bc-ab+ac-bc$
$=0$
よって，等式は成り立つ。

24 基本 解説 左辺と右辺を別々に展開して整理。

解答 (1) $(x^2-1)(y^2-1)=x^2y^2-x^2-y^2+1$
$(xy+1)^2-(x+y)^2$
$=x^2y^2+2xy+1-x^2-2xy-y^2$
$=x^2y^2-x^2-y^2+1$
よって，等式は成り立つ。

(2) $(a^2+b^2)(c^2+d^2)$
$=a^2c^2+a^2d^2+b^2c^2+b^2d^2$
$(ac+bd)^2+(ad-bc)^2$
$=a^2c^2+2acbd+b^2d^2$
$\quad+a^2d^2-2adbc+b^2c^2$
$=a^2c^2+a^2d^2+b^2c^2+b^2d^2$
よって，等式は成り立つ。

(3) $x^2(y+z)+y^2(z+x)+z^2(x+y)+2xyz$
$=x^2y+x^2z+y^2z+xy^2+xz^2+yz^2+2xyz$
$(x+y)(y+z)(z+x)$
$=(xy+xz+y^2+yz)(z+x)$
$=xyz+x^2y+xz^2+x^2z+y^2z+xy^2$
$\quad+yz^2+xyz$
$=x^2y+x^2z+y^2z+xy^2+xz^2+yz^2+2xyz$
よって，等式は成り立つ。

25 応用 解答 $a+b+c=0$ から
$c=-(a+b)$ ……①

(1) それぞれの辺に①を代入すると
$a^2-bc=a^2+b(a+b)=a^2+ab+b^2$
$b^2-ca=b^2+a(a+b)=a^2+ab+b^2$
$c^2-ab=(a+b)^2-ab=a^2+ab+b^2$
よって，等式は成り立つ。

(2) ①から
$a^2(b+c)+b^2(c+a)+c^2(a+b)+3abc$
$=a^2\times(-a)+b^2\times(-b)+(a+b)^3$
$\quad-3ab(a+b)$
$=-a^3-b^3+a^3+3a^2b+3ab^2+b^3$
$\quad-3a^2b-3ab^2$
$=0$
よって，等式は成り立つ。

(3) ①から
$a^3+b^3+c^3+(a+b)(b+c)(c+a)-2abc$
$=a^3+b^3-(a+b)^3+(a+b)\times(-a)\times(-b)$
$\quad+2ab(a+b)$
$=a^3+b^3-a^3-3a^2b-3ab^2-b^3+a^2b+ab^2$
$\quad+2a^2b+2ab^2$
$=0$
よって
$a^3+b^3+c^3+(a+b)(b+c)(c+a)$
$=2abc$

POINT 条件つきの等式の証明では，条件式を1つの文字について解いて代入

26 基本 解答 $\dfrac{a}{b}=\dfrac{c}{d}=k$ とおくと
$a=bk,\ c=dk$ ……①

(1) ①から
$\dfrac{2a-3b}{4a-5b}=\dfrac{2bk-3b}{4bk-5b}=\dfrac{2k-3}{4k-5}$
$\dfrac{2c-3d}{4c-5d}=\dfrac{2dk-3d}{4dk-5d}=\dfrac{2k-3}{4k-5}$
よって，等式は成り立つ。

(2) 同様に
$\dfrac{ab}{a^2+b^2}=\dfrac{b^2k}{b^2k^2+b^2}=\dfrac{k}{k^2+1}$
$\dfrac{cd}{c^2+d^2}=\dfrac{d^2k}{d^2k^2+d^2}=\dfrac{k}{k^2+1}$
よって，等式は成り立つ。

27 基本 解答 $\dfrac{x}{a}=\dfrac{y}{b}=\dfrac{z}{c}=k$ とおくと
$x=ak,\ y=bk,\ z=ck$ ……①

(1) $xyz\neq 0$ より，$k\neq 0$ だから，①から

第1章 いろいろな式 7

$$\frac{x-y+z}{x+y-z}=\frac{ak-bk+ck}{ak+bk-ck}$$
$$=\frac{a-b+c}{a+b-c}$$

よって，等式は成り立つ。

(2) 同様に
$$(b-c)x+(c-a)y+(a-b)z$$
$$=(b-c)ak+(c-a)bk+(a-b)ck$$
$$=k(ab-ac+bc-ab+ac-bc)$$
$$=0$$

よって，等式は成り立つ。

POINT 条件が比例式のときは，
(比例式)＝k とおく

28 応用 解説 比例式と $x+2y+z=-33$ から，x, y, z の値が定まる。

解答 $\dfrac{x}{4}=\dfrac{y}{2}=\dfrac{z}{3}=k$ とおくと

$x=4k$, $y=2k$, $z=3k$

$x+2y+z=-33$ のとき

$4k+4k+3k=-33$

$k=-3$

よって
$$x^2+2y^2+xz=16k^2+8k^2+12k^2$$
$$=36k^2$$
$$=36\times 9=\mathbf{324}$$

29 基本 解説 証明は不等式の基本性質を適用する。

解答 (1) **正しい。**

[証明] $a>b$ だから　$a+c>b+c$

$c>d$ だから　$b+c>b+d$

よって　$a+c>b+d$

(2) **正しくない。**

(反例　$a=3$, $b=2$, $c=4$, $d=1$)

(3) **正しくない。**

(反例　$a=0$, $b=-1$, $c=1$, $d=-1$)

(4) **正しくない。**

(反例　$a=1$, $b=-1$)

30 基本 解説 (左辺)$-$(右辺)>0 を示す。

解答 (1) $\dfrac{a+2b}{3}-\dfrac{a+3b}{4}$

$=\dfrac{4(a+2b)-3(a+3b)}{12}=\dfrac{a-b}{12}$

$a>b$ のとき，$a-b>0$ だから

$\dfrac{a-b}{12}>0$

よって　$\dfrac{a+2b}{3}>\dfrac{a+3b}{4}$

(2) $ab+1-(a+b)=ab+1-a-b$
$$=(a-1)(b-1)$$

$a>1$, $b>1$ のとき

$a-1>0$, $b-1>0$

だから　$(a-1)(b-1)>0$

よって　$ab+1>a+b$

31 応用 解説 (左辺)$-$(右辺)を A^2，または A^2+B^2 の形に変形する。

解答 (1) $a^2+2a+1=(a+1)^2\geqq 0$

等号は，$a=-1$ のとき成り立つ。

(2) $a^2+2ab+2b^2=(a+b)^2+b^2\geqq 0$

等号は，$a=b=0$ のとき成り立つ。

(3) $a^2+b^2+2-2(a+b)$
$$=(a-1)^2+(b-1)^2\geqq 0$$

よって　$a^2+b^2+2\geqq 2(a+b)$

等号は，$a=b=1$ のとき成り立つ。

(4) $a^2+b^2+1-2(ab+a-b)$
$$=a^2-2(b+1)a+(b+1)^2$$
$$=(a-b-1)^2\geqq 0$$

よって　$a^2+b^2+1\geqq 2(ab+a-b)$

等号は，$a-b=1$ のとき成り立つ。

(5) $(a^2+b^2)(c^2+d^2)-(ac+bd)^2$
$$=a^2c^2+a^2d^2+b^2c^2+b^2d^2$$
$$\quad -(a^2c^2+2abcd+b^2d^2)$$
$$=a^2d^2-2abcd+b^2c^2$$
$$=(ad-bc)^2\geqq 0$$

よって　$(a^2+b^2)(c^2+d^2)\geqq(ac+bd)^2$

等号は，$ad=bc$ のとき成り立つ。

> **POINT**
> 等号のある不等式の証明には
> (実数)$^2 \geqq 0$,
> (実数)$^2 +$(実数)$^2 \geqq 0$
> を利用する

32 応用 解説 (2) 問題の不等式を
$$\frac{a}{b} > \frac{a+c}{b+d}, \quad \frac{a+c}{b+d} > \frac{c}{d}$$
のように分けて,それぞれ証明する。

解答 (1) $\dfrac{1}{a} + \dfrac{1}{b} - \dfrac{4}{a+b}$

$= \dfrac{b(a+b)+a(a+b)-4ab}{ab(a+b)}$

$= \dfrac{(a-b)^2}{ab(a+b)}$

$a>0$, $b>0$ のとき $ab(a+b)>0$ で,また $(a-b)^2 \geqq 0$ だから

$$\frac{(a-b)^2}{ab(a+b)} \geqq 0$$

よって $\dfrac{1}{a} + \dfrac{1}{b} \geqq \dfrac{4}{a+b}$

等号は,$a=b$ のとき成り立つ。

(2) $\dfrac{a}{b} - \dfrac{a+c}{b+d} = \dfrac{a(b+d)-b(a+c)}{b(b+d)}$

$\qquad\qquad\qquad = \dfrac{ad-bc}{b(b+d)}$ ……①

$\dfrac{a+c}{b+d} - \dfrac{c}{d} = \dfrac{d(a+c)-c(b+d)}{d(b+d)}$

$\qquad\qquad\qquad = \dfrac{ad-bc}{d(b+d)}$ ……②

a, b, c, d は正の数だから,①,②において
$$b(b+d)>0, \quad d(b+d)>0$$

また,条件式 $\dfrac{a}{b} > \dfrac{c}{d}$ の両辺に $bd(>0)$ をかけると

$\quad ad>bc$ すなわち $ad-bc>0$

よって $\dfrac{ad-bc}{b(b+d)}>0$, $\dfrac{ad-bc}{d(b+d)}>0$

したがって $\dfrac{a}{b} > \dfrac{a+c}{b+d} > \dfrac{c}{d}$

33 応用 解説 (相加平均)$\geqq$(相乗平均) の関係を利用する。等号が成り立つときも示しておこう。

解答 (1) $a>0$, $\dfrac{4}{a}>0$ だから

$$a + \frac{4}{a} \geqq 2\sqrt{a \times \frac{4}{a}} = 4$$

よって $a + \dfrac{4}{a} \geqq 4$

等号は,$a = \dfrac{4}{a}$

すなわち $a=2$ のとき成り立つ。

(2) $\dfrac{3b}{4a}>0$, $\dfrac{4a}{3b}>0$ だから

$$\frac{3b}{4a} + \frac{4a}{3b} \geqq 2\sqrt{\frac{3b}{4a} \times \frac{4a}{3b}} = 2$$

よって $\dfrac{3b}{4a} + \dfrac{4a}{3b} \geqq 2$

等号は,$\dfrac{3b}{4a} = \dfrac{4a}{3b}$

すなわち $4a=3b$ のとき成り立つ。

(3) $\dfrac{1}{a+b}>0$, $a+b>0$ だから

$$\frac{1}{a+b} + a+b \geqq 2\sqrt{\frac{1}{a+b} \times (a+b)} = 2$$

よって $\dfrac{1}{a+b} + a+b \geqq 2$

等号は,$\dfrac{1}{a+b} = a+b$

すなわち $a+b=1$ のとき成り立つ。

34 応用 解説 $A>B>0$, $C>D>0$ のとき,$AC>BD$ であることを利用する。

解答 (1) $a>0$, $b>0$ のとき

$$a + \frac{1}{a} \geqq 2\sqrt{a \times \frac{1}{a}} = 2$$
(等号成立は $a=1$ のとき)

$$b + \frac{1}{b} \geqq 2\sqrt{b \times \frac{1}{b}} = 2$$
(等号成立は $b=1$ のとき)

辺々かけて

$$\left(a + \frac{1}{a}\right)\left(b + \frac{1}{b}\right) \geqq 4$$

等号は,$a=b=1$ のとき成り立つ。

(2) $a>0$, $b>0$, $c>0$ のとき

$\dfrac{a}{b} + \dfrac{b}{c} \geqq 2\sqrt{\dfrac{a}{c}}$ $\left(\text{等号成立は } \dfrac{a}{b} = \dfrac{b}{c} \text{ のとき}\right)$

$\dfrac{b}{c} + \dfrac{c}{a} \geqq 2\sqrt{\dfrac{b}{a}}$ $\left(\text{等号成立は } \dfrac{b}{c} = \dfrac{c}{a} \text{ のとき}\right)$

$\dfrac{c}{a} + \dfrac{a}{b} \geqq 2\sqrt{\dfrac{c}{b}}$ $\left(\text{等号成立は } \dfrac{c}{a} = \dfrac{a}{b} \text{ のとき}\right)$

よって
$$\left(\frac{a}{b}+\frac{b}{c}\right)\left(\frac{b}{c}+\frac{c}{a}\right)\left(\frac{c}{a}+\frac{a}{b}\right)$$
$$\geqq 2\sqrt{\frac{a}{c}}\times 2\sqrt{\frac{b}{a}}\times 2\sqrt{\frac{c}{b}}=8$$

したがって
$$\left(\frac{a}{b}+\frac{b}{c}\right)\left(\frac{b}{c}+\frac{c}{a}\right)\left(\frac{c}{a}+\frac{a}{b}\right)\geqq 8$$

等号は，$\frac{a}{b}=\frac{b}{c}=\frac{c}{a}$ のとき成り立つ。

$\frac{a}{b}=\frac{b}{c}=\frac{c}{a}=k$ とおくと

$a=bk$, $b=ck$, $c=ak$

$(a+b+c)=k(a+b+c)$

$a+b+c>0$ だから

$k=1$

したがって，等号成立は $a=b=c$ のとき。

35 応用 解答 (1) $a>0$, $b>0$ のとき

$$a+\frac{1}{a}\geqq 2\sqrt{a\times\frac{1}{a}}=2$$

$$2b+\frac{2}{b}\geqq 2\sqrt{2b\times\frac{2}{b}}=4$$

よって $a+2b+\frac{1}{a}+\frac{2}{b}\geqq 6$

等号は，$a=\frac{1}{a}$, $2b=\frac{2}{b}$

すなわち $a=b=1$ のとき成り立つ。

(2) a, b, c, d が正の数のとき

$$\frac{b}{a}+\frac{c}{b}\geqq 2\sqrt{\frac{b}{a}\times\frac{c}{b}}=2\sqrt{\frac{c}{a}}$$

$$\frac{d}{c}+\frac{a}{d}\geqq 2\sqrt{\frac{d}{c}\times\frac{a}{d}}=2\sqrt{\frac{a}{c}}$$

よって $\frac{b}{a}+\frac{c}{b}+\frac{d}{c}+\frac{a}{d}\geqq 2\left(\sqrt{\frac{c}{a}}+\sqrt{\frac{a}{c}}\right)$

等号は $\frac{b}{a}=\frac{c}{b}$, $\frac{d}{c}=\frac{a}{d}$

すなわち $b^2=d^2=ac$ ……①

のとき成り立つ。

また $\sqrt{\frac{c}{a}}+\sqrt{\frac{a}{c}}\geqq 2\sqrt{\sqrt{\frac{c}{a}}\times\sqrt{\frac{a}{c}}}=2$

だから $\frac{b}{a}+\frac{c}{b}+\frac{d}{c}+\frac{a}{d}\geqq 4$

等号は，$\frac{c}{a}=\frac{a}{c}$ と①から $a=b=c=d$ のとき成り立つ。

POINT

$a>0$, $b>0$ のとき
相加平均・相乗平均の関係を利用
$a+b\geqq 2\sqrt{ab}$
等号が成り立つのは，$a=b$ のとき

36 応用 解説 両辺の平方の差について調べる。

解答 (1) $(3\sqrt{a}+2\sqrt{b})^2-(\sqrt{9a+4b})^2$
$=9a+12\sqrt{ab}+4b-9a-4b$
$=12\sqrt{ab}>0$

よって $(3\sqrt{a}+2\sqrt{b})^2>(\sqrt{9a+4b})^2$

$a>0$, $b>0$ のとき，$3\sqrt{a}+2\sqrt{b}>0$,
$\sqrt{9a+4b}>0$ だから $3\sqrt{a}+2\sqrt{b}>\sqrt{9a+4b}$

(2) $\left(1-\frac{a}{2}\right)^2-(\sqrt{1-a})^2=1-a+\frac{a^2}{4}-1+a$
$=\frac{a^2}{4}>0$

よって $(\sqrt{1-a})^2<\left(1-\frac{a}{2}\right)^2$

$0<a<1$ のとき，$\sqrt{1-a}>0$, $1-\frac{a}{2}>0$ だから $\sqrt{1-a}<1-\frac{a}{2}$

37 応用 解説 まず，(1)を証明する。(2), (3)は(1)の結果を用いて証明する。

解答 (1) $(|a|+|b|)^2-|a+b|^2$
$=a^2+2|ab|+b^2-(a^2+2ab+b^2)$
$=2(|ab|-ab)\geqq 0$

よって $|a+b|^2\leqq (|a|+|b|)^2$

$|a|+|b|\geqq 0$, $|a+b|\geqq 0$ だから

$|a+b|\leqq |a|+|b|$

等号は，$|ab|=ab$ すなわち $ab\geqq 0$ のとき成り立つ。

(2) (1)から $|a-b|=|a+(-b)|$
$\leqq |a|+|-b|=|a|+|b|$

等号は，$a\cdot(-b)\geqq 0$ から $ab\leqq 0$ のとき成り立つ。

(3) (1)から $|a+b+c|=|a+(b+c)|$
$\leqq |a|+|b+c|\leqq |a|+|b|+|c|$

等号は，$a(b+c)\geqq 0$, $bc\geqq 0$, すなわち $a\geqq 0$, $b\geqq 0$, $c\geqq 0$, または $a\leqq 0$, $b\leqq 0$, $c\leqq 0$ のとき成り立つ。

38 応用 解説 3つ以上の数の大小を比べるときは，例えば，$a=4$, $b=1$ のような数を代入して，大小関係の予想をしてから証明するとよい。

解答
$(\sqrt{a}+\sqrt{b})^2-(\sqrt{a+b})^2$
$=a+2\sqrt{ab}+b-a-b=2\sqrt{ab}>0$
よって $(\sqrt{a}+\sqrt{b})^2>(\sqrt{a+b})^2$
$\sqrt{a}+\sqrt{b}>0$, $\sqrt{a+b}>0$ だから
$\sqrt{a}+\sqrt{b}>\sqrt{a+b}$ ……①
$\{\sqrt{2(a+b)}\}^2-(\sqrt{a}+\sqrt{b})^2$
$=2a+2b-a-2\sqrt{ab}-b$
$=a-2\sqrt{ab}+b=(\sqrt{a}-\sqrt{b})^2\geqq 0$
よって $\{\sqrt{2(a+b)}\}^2\geqq(\sqrt{a}+\sqrt{b})^2$
$\sqrt{2(a+b)}>0$, $\sqrt{a}+\sqrt{b}>0$ だから
$\sqrt{2(a+b)}\geqq\sqrt{a}+\sqrt{b}$ ……②
したがって，①，②から
$\sqrt{2(a+b)}\geqq\sqrt{a}+\sqrt{b}>\sqrt{a+b}$
等号は，$a=b$ のとき成り立つ。

POINT 2つの正の数の大小では，平方したものの大小を比べるとよい

39 応用 解説 前問と同様，まず大小関係の予想をしてから証明する。

解答
$(|a|+|b|)^2-(\sqrt{a^2+b^2})^2$
$=a^2+2|ab|+b^2-a^2-b^2=2|ab|\geqq 0$
よって $(|a|+|b|)^2\geqq(\sqrt{a^2+b^2})^2$
$|a|+|b|\geqq 0$, $\sqrt{a^2+b^2}\geqq 0$ だから
$|a|+|b|\geqq\sqrt{a^2+b^2}$ ……①
$\{\sqrt{2(a^2+b^2)}\}^2-(|a|+|b|)^2$
$=2a^2+2b^2-a^2-2|ab|-b^2$
$=a^2-2|ab|+b^2=(|a|-|b|)^2\geqq 0$
よって $\{\sqrt{2(a^2+b^2)}\}^2\geqq(|a|+|b|)^2$
$\sqrt{2(a^2+b^2)}\geqq 0$, $|a|+|b|\geqq 0$ だから
$\sqrt{2(a^2+b^2)}\geqq|a|+|b|$ ……②
したがって，①，②から
$\sqrt{2(a^2+b^2)}\geqq|a|+|b|\geqq\sqrt{a^2+b^2}$
等号は，左は $|a|=|b|$ のとき
右は $ab=0$ のとき，成り立つ。

第2節　複素数と方程式

40 基本 解答
(1) $(-3+5i)+(2-3i)=\boldsymbol{-1+2i}$
(2) $(4-3i)-(5+7i)=\boldsymbol{-1-10i}$
(3) $(2-3i)(4+2i)=8-8i-6i^2=\boldsymbol{14-8i}$
(4) $\dfrac{-3+2i}{2+i}=\dfrac{(-3+2i)(2-i)}{(2+i)(2-i)}$
$=\dfrac{-6+7i-2i^2}{4-i^2}$
$=\dfrac{-4+7i}{5}=\boldsymbol{-\dfrac{4}{5}+\dfrac{7}{5}i}$

41 基本 解答
(1) $(5-2i)^2=25-20i+4i^2$
$=\boldsymbol{21-20i}$
(2) $(2+\sqrt{5}i)(2-\sqrt{5}i)=4-5i^2=\boldsymbol{9}$
(3) $(2-i)^2=4-4i+i^2=3-4i$
よって $\dfrac{(2-i)^2}{2+3i}=\dfrac{(3-4i)(2-3i)}{(2+3i)(2-3i)}$
$=\dfrac{6-17i+12i^2}{4-9i^2}$
$=\dfrac{-6-17i}{13}$
$=\boldsymbol{-\dfrac{6}{13}-\dfrac{17}{13}i}$
(4) $(1+\sqrt{3}i)^3=1+3\cdot\sqrt{3}i+3(\sqrt{3}i)^2+(\sqrt{3}i)^3$
$=1+3\sqrt{3}i-9-3\sqrt{3}i=-8$
よって $\left(\dfrac{1+\sqrt{3}i}{2}\right)^3=\dfrac{-8}{8}=\boldsymbol{-1}$
(5) $i+i^2+i^3+i^4+\dfrac{1}{i}=i+i^2+i^2i+(i^2)^2+\dfrac{i}{i^2}$
$=i-1-i+1-i=\boldsymbol{-i}$

42 基本 解説 $a+bi=c+di$ の形に整理。

解答
(1) $(1+i)x-(1-i)y=3+i$
$(x-y)+(x+y)i=3+i$
x, y は実数だから
$x-y=3$, $x+y=1$
よって $\boldsymbol{x=2, y=-1}$
(2) $(2-i)(x+yi)=1+i$
$2x+y+(2y-x)i=1+i$
$2x+y$, $2y-x$ は実数だから
$2x+y=1$, $2y-x=1$
よって $\boldsymbol{x=\dfrac{1}{5}, y=\dfrac{3}{5}}$

POINT
$a+bi=c+di$ （a, b, c, d は実数）
$\Longrightarrow a=c, \ b=d$

別解 (2) $x+yi=\dfrac{1+i}{2-i}$
$=\dfrac{(1+i)(2+i)}{(2-i)(2+i)}$
$=\dfrac{2+3i+i^2}{4-i^2}=\dfrac{1+3i}{5}$

よって $x=\dfrac{1}{5}, \ y=\dfrac{3}{5}$

43 基本 解答 (1) $2-3i$ (2) $-1+\sqrt{5}\,i$
(3) $-3i$ (4) -4

44 応用 解説 $p+qi=0$（p, q は実数）の形に整理して，a, x の連立方程式を導く。

解答 $(1+i)x^2-(a+2i)x+1=0$
$(x^2-ax+1)+(x^2-2x)i=0$

a, x は実数だから
$\begin{cases} x^2-ax+1=0 & \cdots\cdots ① \\ x^2-2x=0 & \cdots\cdots ② \end{cases}$

②を解くと $x=0, \ 2$ となるが，$x=0$ は①を満たさない。したがって，$x=2$ で，このとき①は
$4-2a+1=0$

よって $a=\dfrac{5}{2}, \ x=2$

45 応用 解説 $z=x+yi$ とおいて，$\bar{z}$ を作る。

解答 x, y を実数とし $z=x+yi$ $\cdots\cdots①$
とおくと $\bar{z}=x-yi$ $\cdots\cdots②$
①+②から $z+\bar{z}=2x$
①−②から $z-\bar{z}=2yi$

よって，z の実部は $x=\dfrac{1}{2}(z+\bar{z})$

虚部は $y=\dfrac{1}{2i}(z-\bar{z})$

46 基本 解答 (1) $x^2+3=0$ から $x^2=-3$
よって $x=\pm\sqrt{-3}=\pm\sqrt{3}\,i$

(2) $25x^2=-16$ から $x=\pm\sqrt{\dfrac{-16}{25}}=\pm\dfrac{4}{5}i$

(3) $9x^2+2=0$ から $x=\pm\sqrt{\dfrac{-2}{9}}=\pm\dfrac{\sqrt{2}}{3}i$

47 基本 解答 (1) $\pm\sqrt{-9}=\pm 3i$
(2) $\pm\sqrt{-12}=\pm\sqrt{12}\,i=\pm 2\sqrt{3}\,i$

48 応用 解答 (1) $\sqrt{-3}\times\sqrt{-12}$
$=\sqrt{3}\,i\times\sqrt{12}\,i=-6$
$\sqrt{-3\times(-12)}=\sqrt{36}=6$
よって $\sqrt{-3}\times\sqrt{-12}\neq\sqrt{-3\times(-12)}$

(2) $\sqrt{3}\times\sqrt{-12}=\sqrt{3}\cdot\sqrt{12}\,i=6i$
$\sqrt{3\times(-12)}=\sqrt{-36}=\sqrt{36}\,i=6i$
よって $\sqrt{3}\times\sqrt{-12}=\sqrt{3\times(-12)}$

(3) $\dfrac{\sqrt{7}}{\sqrt{-28}}=\dfrac{\sqrt{7}}{\sqrt{28}\,i}=\sqrt{\dfrac{7}{28}}\cdot\dfrac{i}{i^2}=-\dfrac{1}{2}i$

$\sqrt{\dfrac{7}{-28}}=\sqrt{-\dfrac{7}{28}}=\sqrt{-\dfrac{1}{4}}=\dfrac{1}{2}i$

よって $\dfrac{\sqrt{7}}{\sqrt{-28}}\neq\sqrt{\dfrac{7}{-28}}$

(4) $\dfrac{\sqrt{-7}}{\sqrt{-28}}=\dfrac{\sqrt{7}\,i}{\sqrt{28}\,i}=\sqrt{\dfrac{7}{28}}=\dfrac{1}{2}$

$\sqrt{\dfrac{-7}{-28}}=\sqrt{\dfrac{7}{28}}=\dfrac{1}{2}$

よって $\dfrac{\sqrt{-7}}{\sqrt{-28}}=\sqrt{\dfrac{-7}{-28}}$

POINT
$a>0 \Longrightarrow \sqrt{-a}=\sqrt{a}\,i$
ルート内が負のとき，i を外に出す

49 基本 解答 (1) $3x^2-5x-2=0$
$(3x+1)(x-2)=0$
よって $x=2, \ -\dfrac{1}{3}$

(2) $(x-2)(x-4)=-1$
$x^2-6x+9=0, \ (x-3)^2=0$
よって $x=3$ （重解）

50 基本 解答 (1) $2x^2-5x-1=0$
$x=\dfrac{5\pm\sqrt{(-5)^2-4\times 2\times(-1)}}{2\times 2}=\dfrac{5\pm\sqrt{33}}{4}$

(2) $3x^2-2\sqrt{6}\,x+2=0$
$x=\dfrac{\sqrt{6}\pm\sqrt{6-3\times 2}}{3}=\dfrac{\sqrt{6}}{3}$

(3) $3x^2+2x+1=0$
$x=\dfrac{-1\pm\sqrt{1-3}}{3}=\dfrac{-1\pm\sqrt{2}\,i}{3}$

(4) $-0.1x^2+0.8x-2.1=0$
両辺に -10 をかけて $x^2-8x+21=0$
$x=4\pm\sqrt{16-21}=4\pm\sqrt{5}\,i$

(5) $3(x+1)^2=x+2-2x(x-1)$

整理して　　$5x^2+3x+1=0$

$$x=\frac{-3\pm\sqrt{9-20}}{10}=\frac{-3\pm\sqrt{11}i}{10}$$

(6)　$(x+1)^2+(x+2)^2=(x-3)^2$
$$x^2+12x-4=0$$
$$x=-6\pm\sqrt{36+4}=-6\pm2\sqrt{10}$$

51 基本 解答　判別式を D とする。

(1)　$2x^2-7x+5=0$
$$D=(-7)^2-4\times2\times5=9>0$$
よって，**異なる 2 つの実数解をもつ。**

(2)　$2x^2-3x+2=0$
$$D=(-3)^2-4\times2\times2=-7<0$$
よって，**異なる 2 つの虚数解をもつ。**

(3)　$4x^2-20x+25=0$
$$\frac{D}{4}=(-10)^2-4\times25=0$$
よって，**重解（実数）をもつ。**

52 基本 解答　判別式を D とする。

(1)　$3x^2-ax-1=0$
$$D=a^2+12>0$$
よって，**異なる 2 つの実数解をもつ。**

(2)　$x^2-4ax+5a^2=0$
$$\frac{D}{4}=(-2a)^2-5a^2=-a^2\leqq0$$
よって，$a\neq0$ **のとき，異なる 2 つの虚数解**
$a=0$ **のとき，重解（実数）をもつ。**

(3)　$x^2-2(a+2)x+a^2+3a=0$
$$\frac{D}{4}=(a+2)^2-(a^2+3a)=a+4$$
$a>-4$ **のとき，$D>0$ で異なる 2 つの実数解**
$a=-4$ **のとき，$D=0$ で重解（実数）**
$a<-4$ **のとき，$D<0$ で異なる 2 つの虚数解**

POINT　2 次方程式の解の判別
$\Longrightarrow$ 判別式 D の符号から

53 基本 解答　$x^2+(m+1)x+m^2-2m+2=0$ が実数解をもつには
$$D=(m+1)^2-4(m^2-2m+2)\geqq0$$
$$-(3m^2-10m+7)\geqq0$$
$$(m-1)(3m-7)\leqq0$$

よって　　$1\leqq m\leqq\dfrac{7}{3}$

54 基本 解答　$ax^2+4x+a-3=0$ が虚数解をもつには，$a\neq0$ で
$$\frac{D}{4}=4-a(a-3)<0$$
$$a^2-3a-4>0$$
$$(a-4)(a+1)>0$$
これと $a\neq0$ から　　$a<-1,\ 4<a$

55 基本 解答　$x^2+(m+1)x+1=0$ が重解をもつには
$$D=(m+1)^2-4=0$$
$$m^2+2m-3=0$$
$$(m-1)(m+3)=0$$
よって　　$m=1,\ -3$
このとき，重解は
$$x=-\frac{m+1}{2}$$
したがって
$m=1,\ x=-1\ ;\ m=-3,\ x=1$

POINT　$ax^2+bx+c=0$ が重解
$$\Longrightarrow D=0,\ x=-\frac{b}{2a}$$

56 応用 解説　少なくとも一方が虚数解をもつのは $D_1<0$ または $D_2<0$ のとき。

解答　$x^2+2ax-2a=0$ ……①
　　　$x^2+(a-1)x+a^2=0$ ……②

①，②の判別式をそれぞれ D_1, D_2 とすると，①が虚数解をもつのは
$$\frac{D_1}{4}=a^2+2a=a(a+2)<0$$
よって　　$-2<a<0$ ……③
また，②が虚数解をもつのは
$$D_2=(a-1)^2-4a^2$$
$$=\{(a-1)+2a\}\{(a-1)-2a\}$$
$$=-(3a-1)(a+1)<0$$
よって　　$a<-1,\ \dfrac{1}{3}<a$ ……④

したがって，①，②がともに虚数解をもつのは③と④の共通部分から　　$-2<a<-1$

また，少なくとも一方が虚数解をもつのは，③と④の和集合から　$a<0,\ \dfrac{1}{3}<a$

57 基本 解答 (1)　$x^2+5x+1=0$

解の和は -5，解の積は 1

(2)　$x^2-5x+6=0$

解の和は 5，解の積は 6

(3)　$4x^2-2x-3=0$

解の和は $\dfrac{2}{4}=\dfrac{1}{2}$，解の積は $-\dfrac{3}{4}$

(4)　$5x^2+4=0$

解の和は 0，解の積は $\dfrac{4}{5}$

58 基本 解答 $x^2-3x+5=0$

解と係数の関係から　$\alpha+\beta=3,\ \alpha\beta=5$

(1)　$(\alpha+1)(\beta+1)=\alpha\beta+(\alpha+\beta)+1$
$=5+3+1=9$

(2)　$\alpha^2+\alpha\beta+\beta^2=(\alpha+\beta)^2-\alpha\beta$
$=3^2-5=4$

(3)　$(\alpha-\beta)^2=(\alpha+\beta)^2-4\alpha\beta$
$=3^2-4\cdot 5=-11$

(4)　$\dfrac{\beta}{\alpha}+\dfrac{\alpha}{\beta}=\dfrac{\alpha^2+\beta^2}{\alpha\beta}=\dfrac{(\alpha+\beta)^2-2\alpha\beta}{\alpha\beta}$
$=\dfrac{3^2-2\cdot 5}{5}=-\dfrac{1}{5}$

POINT　解 $\alpha,\ \beta$ の対称式の値
$\Longrightarrow$ 解と係数の関係を利用

59 応用 解答 $2x^2-4x+1=0$

$\alpha+\beta=\dfrac{4}{2}=2,\ \alpha\beta=\dfrac{1}{2}$

(1)　$\dfrac{1}{\alpha}+\dfrac{1}{\beta}=\dfrac{\alpha+\beta}{\alpha\beta}=2\cdot 2=4$

(2)　$\dfrac{\beta}{\alpha-2}+\dfrac{\alpha}{\beta-2}$
$=\dfrac{\beta(\beta-2)+\alpha(\alpha-2)}{(\alpha-2)(\beta-2)}$
$=\dfrac{(\alpha+\beta)^2-2\alpha\beta-2(\alpha+\beta)}{\alpha\beta-2(\alpha+\beta)+4}$
$=\dfrac{2^2-2\cdot\dfrac{1}{2}-2\cdot 2}{\dfrac{1}{2}-2\cdot 2+4}=-1\cdot 2=-2$

(3)　$\alpha^4+\beta^4=(\alpha^2+\beta^2)^2-2\alpha^2\beta^2$
$=\{(\alpha+\beta)^2-2\alpha\beta\}^2-2(\alpha\beta)^2$
$=\left(2^2-2\cdot\dfrac{1}{2}\right)^2-2\cdot\left(\dfrac{1}{2}\right)^2$
$=9-\dfrac{1}{2}=\dfrac{17}{2}$

60 基本 解答 (1)　$x^2+20x+96=0$ の解は
$x=-10\pm\sqrt{100-96}$
$=-10\pm 2=-8,\ -12$
よって　$x^2+20x+96=(x+8)(x+12)$

(2)　$2x^2+7x-15=0$ の解は
$x=\dfrac{-7\pm\sqrt{49+4\cdot 2\cdot 15}}{4}$
$=\dfrac{-7\pm\sqrt{169}}{4}=\dfrac{-7\pm 13}{4}=\dfrac{3}{2},\ -5$
よって　$2x^2+7x-15=2\left(x-\dfrac{3}{2}\right)(x+5)$
$=(2x-3)(x+5)$

(3)　$3x^2-2x-7=0$ の解は
$x=\dfrac{1\pm\sqrt{1+21}}{3}=\dfrac{1\pm\sqrt{22}}{3}$
よって　$3x^2-2x-7$
$=3\left(x-\dfrac{1+\sqrt{22}}{3}\right)\left(x-\dfrac{1-\sqrt{22}}{3}\right)$

(4)　$2x^2+3x+2=0$ の解は
$x=\dfrac{-3\pm\sqrt{9-16}}{4}=\dfrac{-3\pm\sqrt{7}\,i}{4}$
よって
$2x^2+3x+2$
$=2\left(x-\dfrac{-3+\sqrt{7}\,i}{4}\right)\left(x-\dfrac{-3-\sqrt{7}\,i}{4}\right)$
$=2\left(x+\dfrac{3-\sqrt{7}\,i}{4}\right)\left(x+\dfrac{3+\sqrt{7}\,i}{4}\right)$

61 基本 解答 (1)　$-\dfrac{3}{4}+\dfrac{1}{3}=-\dfrac{5}{12}$

$-\dfrac{3}{4}\times\dfrac{1}{3}=-\dfrac{1}{4}$

よって，$-\dfrac{3}{4},\ \dfrac{1}{3}$ を解とする 2 次方程式は

$x^2+\dfrac{5}{12}x-\dfrac{1}{4}=0$ から　$12x^2+5x-3=0$

(2)　$(2+\sqrt{3})+(2-\sqrt{3})=4$
$(2+\sqrt{3})(2-\sqrt{3})=4-3=1$
よって　$x^2-4x+1=0$

(3) $\dfrac{-1+\sqrt{3}i}{2}+\dfrac{-1-\sqrt{3}i}{2}=-1$

$\dfrac{-1+\sqrt{3}i}{2}\times\dfrac{-1-\sqrt{3}i}{2}=\dfrac{1+3}{4}=1$

よって　　$x^2+x+1=0$

> **POINT**　α, β を解とする 2 次方程式
> $\Longrightarrow$ $\alpha+\beta$, $\alpha\beta$ から

62 基本 解答 α, β は $x^2-3x+5=0$ の解だから
$\alpha+\beta=3$, $\alpha\beta=5$

(1) $(-\alpha)+(-\beta)=-(\alpha+\beta)=-3$
$(-\alpha)(-\beta)=\alpha\beta=5$
よって, $-\alpha$, $-\beta$ を解とする 2 次方程式は
$x^2+3x+5=0$

(2) $\alpha^2+\beta^2=(\alpha+\beta)^2-2\alpha\beta=9-10=-1$
$\alpha^2\beta^2=(\alpha\beta)^2=25$
よって　　$x^2+x+25=0$

63 応用 解説 解と係数の関係を用いて, $\alpha+2$, $\beta+2$ を解とする 2 次方程式を作ってみる。

解答 α, β は $x^2+px+q=0$ の解だから
$\alpha+\beta=-p$, $\alpha\beta=q$
このとき　$(\alpha+2)+(\beta+2)=4-p$
$(\alpha+2)(\beta+2)=\alpha\beta+2(\alpha+\beta)+4$
$=q-2p+4$
よって, $\alpha+2$, $\beta+2$ を解とする 2 次方程式は
$x^2-(4-p)x+q-2p+4=0$
これが, $x^2-qx-p=0$ と一致するから
$4-p=q$, $q-2p+4=-p$
よって　$p+q=4$, $p-q=4$
したがって　　$p=4$, $q=0$

64 応用 解答 $x^2-(a-2)x-(3a+1)=0$
の解が, α, β だから
$\alpha+\beta=a-2$, $\alpha\beta=-(3a+1)$　……①
また, $\alpha^2+\beta^2=\alpha\beta+1$ から
$(\alpha+\beta)^2=3\alpha\beta+1$
①を代入して
$(a-2)^2=-3(3a+1)+1$
$a^2+5a+6=0$, $(a+2)(a+3)=0$
よって　　$a=-2$, -3

65 応用 解説 2 つの解の差が 2 なら, 2 つの解は α, $\alpha+2$ とおける。

解答 $x^2+kx+3=0$
の 2 つの解は α, $\alpha+2$ とおけるから
$\alpha+(\alpha+2)=-k$, $\alpha(\alpha+2)=3$
よって　　$k=-2(\alpha+1)$, $\alpha^2+2\alpha-3=0$
第 2 式から　　$(\alpha-1)(\alpha+3)=0$
よって　　$\alpha=1$, -3
このとき, 第 1 式から　　$k=-4$, 4
よって　$k=-4$ のとき　　$x=1$, 3
または　$k=4$ のとき　　$x=-3$, -1

66 応用 解答 $x^2+mx+m^2-12=0$
2 つの解は α, -2α とおけるから
$\alpha+(-2\alpha)=-m$, $\alpha\cdot(-2\alpha)=m^2-12$
よって　　$\alpha=m$, $-2\alpha^2=m^2-12$
この 2 式から α を消去して
$-2m^2=m^2-12$
$m^2=4$
よって　　$m=\pm 2$

> **POINT**　解の一方が, 他方の k 倍
> $\Longrightarrow$ 2 つの解は α, $k\alpha$

67 応用 解説 2 次方程式の解の符号問題では
$\alpha<0$, $\beta<0 \iff D\geqq 0$, $\alpha+\beta<0$, $\alpha\beta>0$
$\alpha<0$, $\beta>0 \iff \alpha\beta<0$

解答 (1) $x^2+2ax+a+2=0$
が異なる 2 つの負の実数解をもつとき, 判別式を D, その解を α, β とすると
$\dfrac{D}{4}=a^2-(a+2)>0$　　……①
$\alpha+\beta=-2a<0$, $\alpha\beta=a+2>0$　……②
①から　$a^2-a-2>0$
$(a-2)(a+1)>0$
よって　$a<-1$, $2<a$
②から　$a>0$, $a>-2$
よって　$a>0$
したがって　　$a>2$

(2) 正と負の実数解をもつとき
$\alpha\beta=a+2<0$　　よって　　$a<-2$

> **POINT**
> 2次方程式の解が異符号
> $\Longrightarrow \alpha\beta < 0$ （判別式不要）

68 基本 解答 (1) $P(x) = 3x^2 - 2x + 1$ を $x-1$ で割ったときの余りは
$$P(1) = 3 - 2 + 1 = \mathbf{2}$$
(2) $P(x) = 2x^3 - 5x^2 + 3x + 1$ を $x+2$ で割ったときの余りは
$$P(-2) = -16 - 20 - 6 + 1 = \mathbf{-41}$$
(3) $P(x) = x^4 - 2x^2 + 5$ を $x+1$ で割ったときの余りは
$$P(-1) = 1 - 2 + 5 = \mathbf{4}$$

69 基本 解答 (1) $P(x) = 4x^3 - 2x^2 - 7$ を $2x-3$ で割ったときの余りは
$$P\left(\frac{3}{2}\right) = 4 \cdot \frac{27}{8} - 2 \cdot \frac{9}{4} - 7 = \mathbf{2}$$
(2) $P(x) = 9x^3 - 10x - 3$ を $3x+1$ で割ったときの余りは
$$P\left(-\frac{1}{3}\right) = -9 \cdot \frac{1}{27} + 10 \cdot \frac{1}{3} - 3 = \mathbf{0}$$

70 基本 解答 $P(x) = 4x^3 - 4x^2 - x + a$ を $2x+1$ で割ったときの余りが -2 となるには
$$P\left(-\frac{1}{2}\right) = -\frac{1}{2} - 1 + \frac{1}{2} + a = -2$$
よって $\mathbf{a = -1}$

71 基本 解答 (1) $P(x) = x^3 - ax^2 - 5x - 6$ が $x+2$ で割り切れるには
$$P(-2) = -8 - 4a + 10 - 6 = 0$$
$4a = -4$ よって $\mathbf{a = -1}$
(2) $P(x) = ax^3 - 2x^2 - 12x + 8$ が $3x-2$ で割り切れるには
$$P\left(\frac{2}{3}\right) = \frac{8}{27}a - \frac{8}{9} - 8 + 8 = 0$$
$8a = 24$ よって $\mathbf{a = 3}$

72 基本 解説 $P(x)$ が $(x+1)(x-2)$ で割り切れるのは，$x+1$, $x-2$ で割り切れるときである。
解答 $P(x) = x^3 + ax^2 + bx - 6$ が $(x+1)(x-2)$ で割り切れるためには
$$P(-1) = -1 + a - b - 6 = 0$$
$$P(2) = 8 + 4a + 2b - 6 = 0$$
すなわち $a - b = 7$, $2a + b = -1$
よって $\mathbf{a = 2, b = -5}$

> **POINT**
> $\alpha \neq \beta$ のとき，
> $(x-\alpha)(x-\beta)$ で割り切れる
> $\Longleftrightarrow$ $x-\alpha$, $x-\beta$ で割り切れる

73 応用 解説 余りを $ax+b$ とおく。
解答 $P(x)$ を $x^2 - x - 2$ で割ったときの商を $Q(x)$，余りを $ax+b$ とおくと
$$P(x) = (x^2 - x - 2)Q(x) + ax + b$$
$$= (x+1)(x-2)Q(x) + ax + b$$
$P(x)$ を $x+1$ で割れば -5 余り，$x-2$ で割れば 1 余るから
$$P(-1) = -a + b = -5$$
$$P(2) = 2a + b = 1$$
よって $a = 2$, $b = -3$
したがって，余りは $\mathbf{2x - 3}$

74 応用 解説 3つの2次式には，共通な因数が含まれることに着目する。
解答 $P(x)$ を $x^2 - 3x + 2$, $x^2 - 4x + 3$ で割ったときの商をそれぞれ $Q_1(x)$, $Q_2(x)$ とすると，余りはそれぞれ 7, x であるから
$$P(x) = (x^2 - 3x + 2)Q_1(x) + 7$$
$$= (x-1)(x-2)Q_1(x) + 7 \quad \cdots\cdots ①$$
$$P(x) = (x^2 - 4x + 3)Q_2(x) + x$$
$$= (x-1)(x-3)Q_2(x) + x \quad \cdots\cdots ②$$
また，$P(x)$ を $x^2 - 5x + 6$ で割ったときの商を $Q(x)$，余りを $ax+b$ とすると
$$P(x) = (x^2 - 5x + 6)Q(x) + ax + b$$
$$= (x-2)(x-3)Q(x) + ax + b \quad \cdots\cdots ③$$
①，③で，$x = 2$ とおくと
$$P(2) = 7 = 2a + b \quad \cdots\cdots ④$$
②，③で，$x = 3$ とおくと
$$P(3) = 3 = 3a + b \quad \cdots\cdots ⑤$$
④，⑤から $a = -4$, $b = 15$
よって，求める余りは $\mathbf{-4x + 15}$

> **POINT**
> 2次式で割る
> $\implies$ 除法の原理を利用

75 応用 解説 $x^2-1=(x+1)(x-1)$ であり，
$P(x)=x^{20}-x$ とすると
$$P(1)=0,\ P(-1)=2$$

解答 $x^{20}-x$ を2次式 x^2-1 で割った余りは $ax+b$
と表せるから，商を $Q(x)$ とすると
$$x^{20}-x=(x^2-1)Q(x)+ax+b$$
$$=(x+1)(x-1)Q(x)+ax+b$$
両辺に $x=-1,\ x=1$ を代入して
$$2=0\cdot Q(-1)-a+b$$
$$0=0\cdot Q(1)+a+b$$
すなわち $-a+b=2,\ a+b=0$
よって $a=-1,\ b=1$
したがって，求める余りは $-x+1$

76 応用 解答 (1) $P(x)=x^3-3x+2$ とおくと，
$P(1)=0$ だから，$P(x)$ は $x-1$ を因数にもつ。
したがって
$$P(x)=(x-1)(x^2+x-2)$$
$$=(x-1)^2(x+2)$$

(2) $P(x)=3x^3+x^2-8x+4$ とおくと
$$P(1)=3+1-8+4=0$$
よって，$P(x)$ は $x-1$ を因数にもつから
$$P(x)=(x-1)(3x^2+4x-4)$$
$$=(x-1)(x+2)(3x-2)$$

(3) $P(x)=2x^3+9x^2+13x+6$ とおくと
$$P(-1)=-2+9-13+6=0$$
よって，$P(x)$ は $x+1$ を因数にもつから
$$P(x)=(x+1)(2x^2+7x+6)$$
$$=(x+1)(x+2)(2x+3)$$

> **POINT**
> 3次式が $x-\alpha$ を因数にもつ
> $\implies \alpha=\pm\dfrac{\text{定数項の約数}}{x^3\text{の係数の約数}}$

77 基本 解答 (1) $x^3+27=0$
$$(x+3)(x^2-3x+9)=0$$
よって $x=-3,\ \dfrac{3\pm3\sqrt{3}\,i}{2}$

(2) $x^3=-125$ から $x^3+5^3=0$
$$(x+5)(x^2-5x+25)=0$$
よって $x=-5,\ \dfrac{5\pm5\sqrt{3}\,i}{2}$

78 基本 解答 (1) $x^4+x^2-2=0$
$$(x^2-1)(x^2+2)=0$$
よって $x^2=1,\ -2$
したがって $x=\pm1,\ \pm\sqrt{2}\,i$

(2) $x^4-13x^2+36=0$
$$(x^2-4)(x^2-9)=0$$
よって $x^2=4,\ 9$
したがって $x=\pm2,\ \pm3$

(3) $x^4+10x^2+9=0$
$$(x^2+1)(x^2+9)=0$$
よって $x^2=-1,\ -9$
したがって $x=\pm i,\ \pm3i$

> **POINT**
> 複2次方程式
> $\implies x^2=y$ または2次3項式で置き換え

79 基本 解説 置き換えの利用。

解答 (1) $(x^2+x)^2-5(x^2+x)-6=0$
$x^2+x=y$ とおくと
$$y^2-5y-6=0$$
$$(y-6)(y+1)=0$$
$$(x^2+x-6)(x^2+x+1)=0$$
$$(x-2)(x+3)(x^2+x+1)=0$$
したがって $x=2,\ -3,\ \dfrac{-1\pm\sqrt{3}\,i}{2}$

(2) $(x^2-6x+7)(x^2-6x+6)=2$
$x^2-6x+6=y$ とおくと
$$(y+1)y=2$$
$$y^2+y-2=0$$
$$(y+2)(y-1)=0$$
$$(x^2-6x+8)(x^2-6x+5)=0$$
$$(x-2)(x-4)(x-1)(x-5)=0$$
したがって $x=1,\ 2,\ 4,\ 5$

第1章 いろいろな式

80 基本 解答 (1) $P(x)=x^3-4x+3$ とおくと，
$P(1)=0$ だから，$P(x)$ は $x-1$ を因数にもつ。
したがって，方程式 $P(x)=0$ は
$$(x-1)(x^2+x-3)=0$$
よって $x=1,\ \dfrac{-1\pm\sqrt{13}}{2}$

(2) $P(x)=x^3+3x^2-2$ とおくと，$P(-1)=0$ だから，方程式は
$$(x+1)(x^2+2x-2)=0$$
よって $x=-1,\ -1\pm\sqrt{3}$

(3) $P(x)=x^3+x^2-8x-12$ とおくと
$P(-2)=-8+4+16-12=0$
だから，$P(x)$ は $x+2$ を因数にもつ。
したがって，方程式 $P(x)=0$ は
$$(x+2)(x^2-x-6)=0$$
$$(x+2)^2(x-3)=0$$
よって $x=-2\ (2\text{重解}),\ 3$

(4) $P(x)=2x^3-x^2-3x-6$ とおくと
$P(2)=16-4-6-6=0$
だから，$P(x)$ は $x-2$ を因数にもつ。
したがって，方程式 $P(x)=0$ は
$$(x-2)(2x^2+3x+3)=0$$
よって $x=2,\ \dfrac{-3\pm\sqrt{15}i}{4}$

(5) $P(x)=x^4-2x^3-4x^2+2x+3$ とおくと
$P(1)=1-2-4+2+3=0$
$P(-1)=1+2-4-2+3=0$
だから，$P(x)$ は $x-1,\ x+1$ を因数にもつ。
したがって，方程式 $P(x)=0$ は
$$(x^2-1)(x^2-2x-3)=0$$
$$(x-1)(x+1)^2(x-3)=0$$
よって $x=1,\ 3,\ -1\ (2\text{重解})$

81 応用 解説 方程式の形を見て，(1)では，1つの解が $x=2$，(2)では，$60=3\cdot4\cdot5$ となることから1つの解が $x=3$ であることがわかる。

解答 (1) $x(x+2)(x+4)=2\cdot4\cdot6$
整理して $x^3+6x^2+8x-48=0$
1つの解は $x=2$ だから
$$(x-2)(x^2+8x+24)=0$$
よって $x=2,\ -4\pm2\sqrt{2}\,i$

(2) $x(x+1)(x+2)=60$
$x^3+3x^2+2x-60=0$
1つの解は $x=3$ だから
$$(x-3)(x^2+6x+20)=0$$
よって $x=3,\ -3\pm\sqrt{11}\,i$

POINT 特別な高次方程式
$\Longrightarrow$ その特徴に着目

82 応用 解説 1の3乗根は $x^3=1$ の解である。

解答 (1) 1の3乗根は，$x^3=1$ すなわち
$$x^3-1=0,\ (x-1)(x^2+x+1)=0$$
の解だから，$\omega_1,\ \omega_2$ は
$$x^2+x+1=0$$
の解である。したがって，解と係数の関係から
$$\omega_1+\omega_2=-1,\ \omega_1\omega_2=1$$

(2) (1)から
$$\omega_1{}^2+\omega_2{}^2=(\omega_1+\omega_2)^2-2\omega_1\omega_2$$
$$=(-1)^2-2\cdot1=-1$$
また，$\omega_1{}^3=1,\ \omega_2{}^3=1$ だから
$$\omega_1{}^3+\omega_2{}^3=2$$
$$\omega_1{}^4+\omega_2{}^4=\omega_1{}^3\omega_1+\omega_2{}^3\omega_2$$
$$=\omega_1+\omega_2=-1$$

POINT 1の虚数立方根 ω
$\Longrightarrow \omega^3=1,\ \omega^2+\omega+1=0$

83 応用 解答 $x^3+ax^2+bx-8=0$ ……①
$x=1,\ 2$ は解だから
$1+a+b-8=0$
$8+4a+2b-8=0$
整理して $a+b=7,\ 2a+b=0$
よって $a=-7,\ b=14$
このとき，①は
$$x^3-7x^2+14x-8=0$$
$$(x-1)(x-2)(x-4)=0$$
したがって，他の解は $x=4$

84 応用 解答 $x^4+ax^3-3x^2+11x+b=0$
……①

(1) $x=3$, -2 は解だから

$$81+27a-27+33+b=0$$
$$16-8a-12-22+b=0$$

整理して $\quad 27a+b=-87$
$$8a-b=-18$$

よって $\quad a=-3,\ b=-6$

(2) このとき，①は

$$x^4-3x^3-3x^2+11x-6=0$$

$(x-3)(x+2)=x^2-x-6$ だから

$$(x^2-x-6)(x^2-2x+1)=0$$
$$(x-3)(x+2)(x-1)^2=0$$

よって，他の解は $\quad x=1\ (2\,\text{重解})$

85 応用 解説 実数係数の方程式

$$x^3-x^2+ax+b=0$$

が $x=1+i$ の解をもてば，それに共役な複素数 $1-i$ も解にもつから，方程式の左辺は

$$\{x-(1+i)\}\{x-(1-i)\}$$
$$=(x-1-i)(x-1+i)$$
$$=(x-1)^2-i^2=x^2-2x+2$$

を因数にもつ。これは，$x=1+i$ から

$$x-1=i$$

両辺を平方して $\quad (x-1)^2=-1$
$$x^2-2x+2=0$$

と変形することによってもわかる。

いずれにせよ，方程式は

$$(x^2-2x+2)\left(x+\frac{b}{2}\right)=0$$
$$x^3+\left(\frac{b}{2}-2\right)x^2+(2-b)x+b=0$$

したがって

$$\frac{b}{2}-2=-1,\ 2-b=a$$

よって $\quad b=2,\ a=0$

ここでは，まともに，$x=1+i$ を代入してみよう。

解答 (1) $x^3-x^2+ax+b=0$ ……①

1つの解が $x=1+i$ だから

$$(1+i)^3-(1+i)^2+a(1+i)+b=0$$

ここで $\quad (1+i)^3-(1+i)^2$
$$=(1+i)^2(1+i-1)$$
$$=(1+2i+i^2)i$$
$$=2i\cdot i=-2$$

だから $\quad -2+a(1+i)+b=0$
$$a+b-2+ai=0$$

a，b は実数だから

$$a+b-2=0,\ a=0$$

よって $\quad a=0,\ b=2$

(2) ①から $\quad x^3-x^2+2=0$
$$(x+1)(x^2-2x+2)=0$$

よって $\quad x=-1,\ 1\pm i$

したがって，他の解は $\quad x=-1,\ 1-i$

POINT 実数係数の方程式で $a+bi$ が解
$\Longrightarrow a-bi$ も解

86 応用 解答 $(x+yi)^2$
$$=(x^2-y^2)+2xyi=7+24i$$

ここで x，y は実数だから

$$x^2-y^2=7,\ 2xy=24$$

第2式から $\quad y=\dfrac{12}{x}$ ……①

これを第1式に代入して

$$x^2-\frac{144}{x^2}=7$$
$$x^4-7x^2-144=0$$
$$(x^2+9)(x^2-16)=0 \quad \text{……②}$$

①，②から，求める実数 x，y は

$x=\pm 4,\ y=\pm 3$ （複号同順）

実戦問題① p.18〜19

1 解説 素数が2つの自然数の積になるとき，小さいほうは1である。

解答 (1) $n^3-64=(n-4)(n^2+4n+16)$ （5点）

(2) $n^2+4n+16=(n-4)+n^2+3n+20$ だから

$$n-4<n^2+4n+16$$

よって $\quad n-4=1$
$$n=5$$

このとき，$n^3-64=5^3-64=61$ となり，素数となるので $\quad n=5$ （5点）

2 解説 一般項を整とんする。

解答 $\left(x+\dfrac{1}{x}\right)^8$ を展開したとき，一般項は

$${}_8C_r x^{8-r}\left(\frac{1}{x}\right)^r = {}_8C_r x^{8-2r}$$

(1) $8-2r=8$ となるのは，$r=0$ のときだから
$${}_8C_0 = 1 \qquad (5点)$$

(2) 定数項は $8-2r=0$ のときだから　　$r=4$
よって　　${}_8C_4 = \dfrac{8\cdot 7\cdot 6\cdot 5}{4\cdot 3\cdot 2\cdot 1} = 70 \qquad (5点)$

(3) $8-2r=2$ となるのは，$r=3$ のときだから
$${}_8C_3 = \dfrac{8\cdot 7\cdot 6}{3\cdot 2\cdot 1} = 56 \qquad (5点)$$

3 解説 (2) $(a-b)(b-c)(c-a)$ で通分して，次に分子を因数分解する。

(3) まず，繁分数式を計算するために，その分母・分子に $a(a+1)(a-1)$ をかける。

解答 (1) $\dfrac{6x^2-7x-20}{x^2-4} \div \dfrac{6x-15}{x^2-x-2} \times \dfrac{x^2+2x}{3x^2+7x+4}$

$= \dfrac{(3x+4)(2x-5)}{(x+2)(x-2)} \times \dfrac{(x+1)(x-2)}{3(2x-5)}$

$\quad \times \dfrac{x(x+2)}{(3x+4)(x+1)}$

$= \dfrac{x}{3} \qquad (5点)$

(2) $\dfrac{bc}{(a-b)(a-c)} + \dfrac{ca}{(b-c)(b-a)}$
$\qquad + \dfrac{ab}{(c-a)(c-b)}$

$= \dfrac{-bc(b-c)-ca(c-a)-ab(a-b)}{(a-b)(b-c)(c-a)}$

分子を a について整理すると
$(c-b)a^2 + (b^2-c^2)a - bc(b-c)$
$= -(b-c)a^2 + (b-c)(b+c)a - bc(b-c)$
$= -(b-c)\{a^2 - (b+c)a + bc\}$
$= -(b-c)(a-b)(a-c)$
$= (a-b)(b-c)(c-a)$

よって　　与式$=1 \qquad (5点)$

(3) $\dfrac{\dfrac{1}{a}-\dfrac{2}{a+1}}{\dfrac{1}{a}-\dfrac{2}{a-1}}$

$= \dfrac{\left(\dfrac{1}{a}-\dfrac{2}{a+1}\right)\times a(a+1)(a-1)}{\left(\dfrac{1}{a}-\dfrac{2}{a-1}\right)\times a(a+1)(a-1)}$

$= \dfrac{\{(a+1)-2a\}(a-1)}{\{(a-1)-2a\}(a+1)} = \dfrac{(a-1)^2}{(a+1)^2}$

よって

与式 $= 1 - \dfrac{(a-1)^2}{(a+1)^2} = \dfrac{(a+1)^2-(a-1)^2}{(a+1)^2}$

$\qquad = \dfrac{4a}{(a+1)^2} \qquad (5点)$

POINT　繁分数式の計算
$$\dfrac{\dfrac{A}{B}}{\dfrac{C}{D}} = \dfrac{\dfrac{A}{B}\times BD}{\dfrac{C}{D}\times BD} = \dfrac{AD}{BC}$$

4 解説 $c=-(a+b)$ を代入してもよいが，左辺で $\dfrac{1}{a}+\dfrac{1}{b}+\dfrac{1}{c}$ をくくり出す。

解答 $a\left(\dfrac{1}{b}+\dfrac{1}{c}\right) + b\left(\dfrac{1}{c}+\dfrac{1}{a}\right) + c\left(\dfrac{1}{a}+\dfrac{1}{b}\right)$

$= a\left(\dfrac{1}{b}+\dfrac{1}{c}+\dfrac{1}{a}\right) + b\left(\dfrac{1}{c}+\dfrac{1}{a}+\dfrac{1}{b}\right)$
$\quad + c\left(\dfrac{1}{a}+\dfrac{1}{b}+\dfrac{1}{c}\right) - 3$

$= \left(\dfrac{1}{a}+\dfrac{1}{b}+\dfrac{1}{c}\right)(a+b+c) - 3$

$= -3 \quad (a+b+c=0$ から$)$

よって，等式は成り立つ。 $\qquad (7点)$

5 解説 $a=1, b=2$ のとき
$x=\sqrt{2}, \ y=\sqrt{\dfrac{5}{2}}, \ z=\dfrac{4}{3} \Longrightarrow z<x<y$

解答 $a>0, b>0, a\neq b$ のとき
$x-z = \sqrt{ab} - \dfrac{2ab}{a+b}$

$= \dfrac{\sqrt{ab}(a+b-2\sqrt{ab})}{a+b}$

$= \dfrac{\sqrt{ab}(\sqrt{a}-\sqrt{b})^2}{a+b} > 0 \qquad (3点)$

$y^2 - x^2 = \left(\sqrt{\dfrac{a^2+b^2}{2}}\right)^2 - (\sqrt{ab})^2$

$= \dfrac{a^2+b^2}{2} - ab = \dfrac{(a-b)^2}{2} > 0$

$\qquad (7点)$

よって　　$x>z, \ y^2>x^2$
$x>0, \ y>0$ だから　　$z<x<y \qquad (10点)$

6 解説 両辺に $(x-1)(x^2+x+1)$ すなわち x^3-1 をかけて，係数比較法による。

解答 $\dfrac{1}{x^3-1} = \dfrac{a}{x-1} + \dfrac{bx+c}{x^2+x+1}$

両辺に $(x-1)(x^2+x+1)$ をかけて

$\qquad 1=a(x^2+x+1)+(bx+c)(x-1)$
$\qquad 1=(a+b)x^2+(a-b+c)x+a-c$ （4点）

これも恒等式だから

$\qquad a+b=0$，$a-b+c=0$，$a-c=1$

第1式，第3式から　　$b=-a$，$c=a-1$

第2式に代入すると　　$3a-1=0$

よって　$a=\dfrac{1}{3}$，$b=-\dfrac{1}{3}$，$c=-\dfrac{2}{3}$　（8点）

7 【解説】 左辺を展開して，相加平均・相乗平均の関係を利用する。

【解答】(1) $\{(a+b)+c\}\left(\dfrac{1}{a+b}+\dfrac{1}{c}\right)$

$\qquad =1+\dfrac{a+b}{c}+\dfrac{c}{a+b}+1$

$\qquad =\dfrac{a+b}{c}+\dfrac{c}{a+b}+2$

a，b，c は正の数だから

$\qquad \dfrac{a+b}{c}+\dfrac{c}{a+b}\geqq 2\sqrt{\dfrac{a+b}{c}\times\dfrac{c}{a+b}}=2$

よって　$(a+b+c)\left(\dfrac{1}{a+b}+\dfrac{1}{c}\right)\geqq 4$　（5点）

等号は，$\dfrac{a+b}{c}=\dfrac{c}{a+b}$

すなわち $a+b=c$ のとき成り立つ。

(2) $(a+4b)\left(\dfrac{1}{a}+\dfrac{1}{b}\right)=1+\dfrac{a}{b}+\dfrac{4b}{a}+4$

$\qquad\qquad\qquad\qquad =\dfrac{a}{b}+\dfrac{4b}{a}+5$

$a>0$，$b>0$ だから，相加平均・相乗平均の関係を用いると

$\qquad \dfrac{a}{b}+\dfrac{4b}{a}\geqq 2\sqrt{\dfrac{a}{b}\times\dfrac{4b}{a}}=2\sqrt{4}=4$

よって　$(a+4b)\left(\dfrac{1}{a}+\dfrac{1}{b}\right)\geqq 9$　（5点）

等号は，$\dfrac{a}{b}=\dfrac{4b}{a}$

すなわち $a=2b$ のとき成り立つ。

8 【解説】 商は $2x^2+ax+b$ と表せる。

【解答】 $2x^4+3x^3-10x^2+24x+m$ が x^2+2x+n で割り切れるから，その商を $2x^2+ax+b$ とおくと

$\qquad 2x^4+3x^3-10x^2+24x+m$
$\qquad =(x^2+2x+n)(2x^2+ax+b)$　（3点）
$\qquad =2x^4+(a+4)x^3+(2a+b+2n)x^2$
$\qquad\quad +(an+2b)x+bn$

対応する係数を比較して

$\qquad\begin{cases}a+4=3 & \cdots\cdots ①\\ 2a+b+2n=-10 & \cdots\cdots ②\\ an+2b=24 & \cdots\cdots ③\\ bn=m & \cdots\cdots ④\end{cases}$　（6点）

①から　　$a=-1$

これを②，③に代入して

$\qquad b+2n=-8$，$-n+2b=24$

よって　　$b=8$，$n=-8$

このとき，④から　　$m=-64$

したがって　$m=-64$，$n=-8$　（9点）

9 【解説】 除法の原理を利用する。

【解答】(1) $6x^3-4x^2+3x-1=A(3x+1)+2x-2$

移項して　$A(3x+1)=6x^3-4x^2+x+1$

よって　$A=2x^2-2x+1$　（8点）

(2) $x^4-2x^2+3x=B\cdot B+3x-1$

移項して　$B^2=x^4-2x^2+1=(x^2-1)^2$

よって　$B=\pm(x^2-1)$　（8点）

実戦問題② p.32〜33

1 【解説】 まず，分母を払う。

【解答】(1) $\dfrac{a+bi}{2+3i}=\dfrac{5}{13}-\dfrac{1}{13}i$

分母を払って

$\qquad a+bi=\dfrac{1}{13}(5-i)(2+3i)$

$\qquad\qquad =\dfrac{1}{13}(10+13i-3i^2)$

$\qquad\qquad =1+i$

a，b は実数だから　　$a=1$，$b=1$　（5点）

(2) $\dfrac{(1+2i)(a+bi)}{3-2i}=3+4i$

同様に　$(1+2i)(a+bi)$
$\qquad =(3+4i)(3-2i)$
$\qquad =9+6i-8i^2=17+6i$

すなわち　$a+bi=\dfrac{17+6i}{1+2i}\cdot\dfrac{1-2i}{1-2i}$

$\qquad\qquad =\dfrac{17-28i-12i^2}{1+4}$

$\qquad\qquad =\dfrac{29-28i}{5}$

a, b は実数だから
$$a=\frac{29}{5},\ b=-\frac{28}{5}\quad (5点)$$

2 【解答】 $x^2+ax+b=0$ は実数解をもつから
$$a^2-4b\geqq 0 \quad \cdots\cdots ①$$
このとき $x^2+(a+2)x+a+b=0 \quad \cdots\cdots ②$
の判別式を D とすると
$$D=(a+2)^2-4(a+b)$$
$$=a^2-4b+4 \quad (6点)$$
①から $D>0$
よって，②は異なる2つの実数解をもつ。
(10点)

3 【解説】 正しい2次方程式を
$$ax^2+bx+c=0$$
とすると，A は1次の係数 b，B は定数項 c を書き誤ったため，A は $\dfrac{c}{a}$，B は $-\dfrac{b}{a}$ が正しく，解と係数の関係の一部が使える。

【解答】 正しい2次方程式を
$$ax^2+bx+c=0\quad (a\neq 0)\quad \cdots\cdots ①$$
とすると，A の解 -2, 6 について
$$-2\times 6=\frac{c}{a}$$
$$c=-12a \quad \cdots\cdots ②\ (5点)$$
また，B の解 $-2\pm 2\sqrt{2}\,i$ について
$$-2+2\sqrt{2}\,i+(-2-2\sqrt{2}\,i)=-\frac{b}{a}$$
$$-4=-\frac{b}{a}$$
$$b=4a \quad \cdots\cdots ③$$
(10点)

②，③を①に代入して
$$ax^2+4ax-12a=0$$
$$a(x-2)(x+6)=0$$
よって，正しい解は $x=2,\ -6$ (15点)

4 【解説】 実数の係数だから，他の解は $2-3i$ とわかるが，ここでは，まともに $x=2+3i$ を代入してみよう。

【解答】(1) $x^2+px+q=0 \quad \cdots\cdots ①$
の解の1つが $x=2+3i$ だから
$$(2+3i)^2+p(2+3i)+q=0$$
$$2p+q-5+(3p+12)i=0$$

p, q は実数だから
$$2p+q-5=0,\ 3p+12=0$$
よって $p=-4,\ q=13$ (5点)

(2) このとき，①は $x^2-4x+13=0$
よって $x=2\pm\sqrt{-9}=2\pm 3i$
したがって，もう1つの解は
$$x=2-3i \quad (5点)$$

5 【解説】 $P(x)$ を $(x+1)(x-3)$ で割ったときの商は $x+\alpha$ とおける。

【解答】(1) $P(x)$ は3次式で，x^3 の係数は1だから，これを $(x+1)(x-3)$ で割ったときの商を $x+\alpha$，余りを $R(x)=ax+b$ とすると
$$P(x)=(x+1)(x-3)(x+\alpha)+ax+b$$
$$\cdots\cdots ①\ (5点)$$
$P(x)$ を $x+1$ で割ると -6 余り，$x-3$ で割ると 6 余るから
$$P(-1)=-a+b=-6$$
$$P(3)=3a+b=6$$
よって $a=3,\ b=-3$
したがって，求める余りは
$$R(x)=3x-3 \quad (10点)$$

(2) ①から
$$P(x)=(x^2-2x-3)(x+\alpha)+3x-3$$
$$=x^3+(\alpha-2)x^2-2\alpha x-3\alpha-3$$
この各項の係数の和が0だから
$$1+(\alpha-2)-2\alpha-3\alpha-3=0 \quad (5点)$$
$$-4\alpha-4=0$$
$$\alpha=-1$$
よって $P(x)=x^3-3x^2+2x$
$$=x(x-1)(x-2) \quad (10点)$$

6 【解説】 2次方程式の場合と同様に，3次方程式 $ax^3+bx^2+cx+d=0$ の解を α, β, γ とすると
$$ax^3+bx^2+cx+d$$
$$=a(x-\alpha)(x-\beta)(x-\gamma)$$
が成り立つ。

【解答】(1) $x^3-3x^2+7x-5=0$ の解が α, β, γ であるから
$$x^3-3x^2+7x-5$$
$$=(x-\alpha)(x-\beta)(x-\gamma) \quad \cdots\cdots ①$$
$$=x^3-(\alpha+\beta+\gamma)x^2+(\alpha\beta+\beta\gamma+\gamma\alpha)x-\alpha\beta\gamma$$

両辺の x^2 の係数を比較して
$$\alpha+\beta+\gamma=3 \quad \text{(6点)}$$

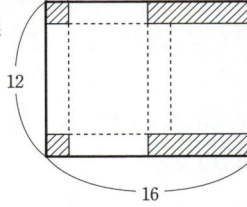

(2) ①に $x=-1$ を代入すると
$$-1-3-7-5=-(1+\alpha)(1+\beta)(1+\gamma)$$
したがって
$$(1+\alpha)(1+\beta)(1+\gamma)=16 \quad \text{(7点)}$$

(3) (1)を用いると
$$(\alpha+\beta)(\beta+\gamma)(\gamma+\alpha)$$
$$=(3-\gamma)(3-\alpha)(3-\beta)$$
$$=(3-\alpha)(3-\beta)(3-\gamma)$$
①に $x=3$ を代入して，(2)と同様に
$$(\alpha+\beta)(\beta+\gamma)(\gamma+\alpha)=27-27+21-5$$
$$=16 \quad \text{(7点)}$$

(注意) $P(x)=x^3-3x^2+7x-5$ とおくと，$P(1)=0$ だから，方程式は
$$(x-1)(x^2-2x+5)=0$$
よって $x=1,\ 1\pm 2i$
(1)～(3)の式は $\alpha,\ \beta,\ \gamma$ の対称式である。
したがって，$\alpha=1,\ \beta=1+2i,\ \gamma=1-2i$ を代入する方法でもよい。

7 解答 直方体の箱における底面の長方形の2辺の長さは
$$(12-2x)\text{cm}$$
$$(8-x)\text{cm}$$
で，高さは x cm
だから，箱の容積が 96cm^3 となるのは
$$(12-2x)(8-x)\cdot x=96 \quad \text{(7点)}$$
$$x(6-x)(8-x)=48$$
$$x^3-14x^2+48x-48=0$$
$P(x)=x^3-14x^2+48x-48=0$ とおくと
$$P(2)=2^3-14\cdot 2^2+48\cdot 2-48=0$$
なので，因数定理より
$$(x-2)(x^2-12x+24)=0$$
よって $x=2,\ 6\pm 2\sqrt{3}$ (12点)
$0<x<6$ だから
$$x=2,\ 6-2\sqrt{3}\ \text{(cm)} \quad \text{(15点)}$$

第2章 図形と方程式

第1節 点と直線

87 基本 解説 2点 $A(a)$, $B(b)$ 間の距離は
$AB=|b-a|$

解答 (1) $AB=|4-(-2)|=|6|=6$
(2) $AB=|1-4|=|-3|=3$
(3) $AB=|-2-(-6)|=|4|=4$
(4) $AB=|-2-3|=|-5|=5$

88 基本 解説 $A(a)$, $B(b)$ のとき，線分 AB を $m:n$ に内分，外分する点は，それぞれ
$$\frac{na+mb}{m+n},\ \frac{-na+mb}{m-n}$$

解答 (1) $x=\dfrac{-9+1}{2}=-4$ から $M(-4)$

(2) $x=\dfrac{4\cdot(-9)+1\cdot 1}{1+4}=-7$ から $P(-7)$

(3) $x=\dfrac{-4\cdot(-9)+1\cdot 1}{1-4}=-\dfrac{37}{3}$ から

$Q\left(-\dfrac{37}{3}\right)$

(4) $x=\dfrac{-2\cdot(-9)+3\cdot 1}{3-2}=21$ から $R(21)$

POINT
内分点の座標
$\Longrightarrow$ 分母は加え，分子はたすき掛け
外分点の座標
$\Longrightarrow$ 内分点の公式で n を $-n$ にする

89 基本 解説 P, Q の座標を求めて，2点間の距離の公式にあてはめる。

解答 $P(x_1)$, $Q(x_2)$ とおくと
$$x_1=\frac{1\cdot(-2)+2\cdot 7}{2+1}=4$$
$$x_2=\frac{-3\cdot(-2)+2\cdot 7}{2-3}=-20$$
よって $PQ=|x_2-x_1|=|-20-4|=24$

90 応用 解説 (1), (3) a の符号はわからないから，$|a|=p\ (>0)$ のとき $a=\pm p$ となる。

解答 (1) $AB=|-3a-a|=|-4a|=4|a|$
$AB=6$ のとき $4|a|=6$

$|a|=\dfrac{3}{2}$　よって　$a=\pm\dfrac{3}{2}$

(2) $C(x_1)$, $D(x_2)$ とすると
$$x_1=\dfrac{1\cdot a+2\cdot(-3a)}{2+1}=-\dfrac{5}{3}a$$
$$x_2=\dfrac{-1\cdot a+2\cdot(-3a)}{2-1}=-7a$$
よって　$C\left(-\dfrac{5}{3}a\right)$, $D(-7a)$

(3) $CD=\left|-7a-\left(-\dfrac{5}{3}a\right)\right|=\left|-\dfrac{16}{3}a\right|=\dfrac{16}{3}|a|$

$CD=10$ のとき　$\dfrac{16}{3}|a|=10$

$|a|=10\cdot\dfrac{3}{16}=\dfrac{15}{8}$　よって　$a=\pm\dfrac{15}{8}$

91 基本 解説　2点 (x_1, y_1), (x_2, y_2) 間の距離は $\sqrt{(x_2-x_1)^2+(y_2-y_1)^2}$

解答 (1) $AB=\sqrt{(4-1)^2+(3+1)^2}=\sqrt{25}=5$

(2) $OB=\sqrt{(-2)^2+(-3)^2}=\sqrt{13}$

(3) $AB=\sqrt{(3-3)^2+(-19+2)^2}=\sqrt{(-17)^2}=17$

> **POINT**
> **2点間の距離**
> $\implies \sqrt{(x_2-x_1)^2+(y_2-y_1)^2}$

92 基本 解説　座標平面上で三角形の形状を調べるには、3辺の長さを求め、その間に成り立つ関係式を見つける。

解答 (1) $AB^2=(3-5)^2+(-2-4)^2$
$\qquad =4+36=40$
$AC^2=(1-5)^2+(2-4)^2=16+4=20$
$BC^2=(1-3)^2+(2+2)^2=4+16=20$
これより　$AC=BC$, $AC^2+BC^2=AB^2$
よって、$\triangle ABC$ は
∠Cが直角の直角二等辺三角形

(2) $AB^2=(-1-1)^2+(-4-0)^2=4+16=20$
$AC^2=(2\sqrt{3}-1)^2+(-2-\sqrt{3}-0)^2$
$\qquad =13-4\sqrt{3}+7+4\sqrt{3}=20$
$BC^2=(2\sqrt{3}+1)^2+(-2-\sqrt{3}+4)^2$
$\qquad =(2\sqrt{3}+1)^2+(2-\sqrt{3})^2$
$\qquad =13+4\sqrt{3}+7-4\sqrt{3}=20$
これより　$AB=AC=BC$
よって、$\triangle ABC$ は　**正三角形**

93 基本 解説 (1) $P(x, 0)$ とおいて、$AP=BP$ から x の値を求める。

解答 (1) $P(x, 0)$ とおくと、$AP=BP$ から
$(x-0)^2+(0-2)^2=(x-5)^2+(0-3)^2$
$x^2+4=x^2-10x+25+9$
$10x=30$　よって　$x=3$
したがって　**P(3, 0)**

(2) $P(0, y)$ とおくと、$AP=BP$ から
$(0-3)^2+(y-1)^2=(0+2)^2+(y-4)^2$
$9+y^2-2y+1=4+y^2-8y+16$
$6y=10$　よって　$y=\dfrac{5}{3}$

したがって　$P\left(0, \dfrac{5}{3}\right)$

94 応用 解説　長方形 ABCD の頂点の座標を $A(a, b)$, $B(-a, b)$, $C(-a, -b)$, $D(a, -b)$, 点Pの座標を (x, y) とおく。

解答　座標平面上の長方形 ABCD に対して、
$A(a, b)$, $B(-a, b)$, $C(-a, -b)$,
$D(a, -b)$, さらに $P(x, y)$ とおくと
PA^2+PC^2
$=(a-x)^2+(b-y)^2+(-a-x)^2+(-b-y)^2$
$=2(x^2+y^2+a^2+b^2)$
PB^2+PD^2
$=(-a-x)^2+(b-y)^2+(a-x)^2+(-b-y)^2$
$=2(x^2+y^2+a^2+b^2)$
よって　$PA^2+PC^2=PB^2+PD^2$

(注意) 任意の点を $P(x, y)$ とすれば、長方形の座標のとり方はいろいろある。例えば
$A(0, 0)$, $B(a, 0)$, $C(a, b)$, $D(0, b)$
としてもかまわない。

95 基本 解説　x, y 座標について、それぞれ数直線上で行った計算をすればよい。

解答 (1) $x=\dfrac{1\cdot(-3)+2\cdot 4}{2+1}=\dfrac{5}{3}$

$y=\dfrac{1\cdot 2+2\cdot 5}{2+1}=4$

よって　$\left(\dfrac{5}{3}, 4\right)$

(2) $x=\dfrac{-1\cdot(-3)+2\cdot 4}{2-1}=11$

24　第2章　図形と方程式

$y = \dfrac{-1 \cdot 2 + 2 \cdot 5}{2 - 1} = 8$

よって　**(11, 8)**

(3) $x = \dfrac{-3 \cdot (-3) + 2 \cdot 4}{2 - 3} = -17$

$y = \dfrac{-3 \cdot 2 + 2 \cdot 5}{2 - 3} = -4$

よって　**(−17, −4)**

(4) $x = \dfrac{-3 + 4}{2} = \dfrac{1}{2}$,　$y = \dfrac{2 + 5}{2} = \dfrac{7}{2}$

よって　$\left(\dfrac{1}{2}, \dfrac{7}{2}\right)$

96 基本　解説　線分 PQ の中点が点 A である。

解答　点 Q の座標を (x, y) とすると，線分 PQ の中点が $A(-1, 4)$ に一致するから

$\dfrac{3 + x}{2} = -1$,　$\dfrac{2 + y}{2} = 4$

よって　$x = -5$, $y = 6$

したがって　**Q(−5, 6)**

97 応用　解説　三角形の 3 つの頂点を (x_1, y_1), (x_2, y_2), (x_3, y_3) として，3 辺の中点の座標を考える。

解答　三角形の 3 つの頂点を
　　$A(x_1, y_1)$, $B(x_2, y_2)$, $C(x_3, y_3)$
とする。

3 辺 AB, BC, CA の中点が，この順に $(-2, -1)$, $(3, 3)$, $(5, 4)$ に一致すると考えてよいから

$\dfrac{x_1 + x_2}{2} = -2$,　$\dfrac{y_1 + y_2}{2} = -1$

$\dfrac{x_2 + x_3}{2} = 3$,　$\dfrac{y_2 + y_3}{2} = 3$

$\dfrac{x_3 + x_1}{2} = 5$,　$\dfrac{y_3 + y_1}{2} = 4$

よって　$\begin{cases} x_1 + x_2 = -4 \\ x_2 + x_3 = 6 \\ x_3 + x_1 = 10 \end{cases}$　$\begin{cases} y_1 + y_2 = -2 \\ y_2 + y_3 = 6 \\ y_3 + y_1 = 8 \end{cases}$

これらを解いて
　　$x_1 = 0$, $x_2 = -4$, $x_3 = 10$
　　$y_1 = 0$, $y_2 = -2$, $y_3 = 8$

したがって，3 つの頂点は
　　(0, 0), (−4, −2), (10, 8)

98 基本　解説　△ABC の頂点を $A(x_1, y_1)$, $B(x_2, y_2)$, $C(x_3, y_3)$ とすると，重心の座標は

$\left(\dfrac{x_1 + x_2 + x_3}{3}, \dfrac{y_1 + y_2 + y_3}{3}\right)$

解答　重心 G の座標を (x, y) とする。

(1) $x = \dfrac{-2 + 1 + 7}{3} = 2$

$y = \dfrac{4 + (-2) + 1}{3} = 1$

よって　**G(2, 1)**

(2) $x = \dfrac{3 + (-2) + 5}{3} = 2$

$y = \dfrac{5 + 0 + (-2)}{3} = 1$

よって　**G(2, 1)**

> **POINT**　三角形の重心の座標
> ⟹ 3 頂点の座標の相加平均

99 応用　解説　(2) △DEF, △ABC の重心の座標をそれぞれ求めて，一致することを示す。

解答　(1) $D\left(\dfrac{1 \cdot 5 + 2 \cdot 4}{2 + 1}, \dfrac{1 \cdot (-2) + 2 \cdot 1}{2 + 1}\right)$

$E\left(\dfrac{1 \cdot 4 + 2 \cdot 3}{2 + 1}, \dfrac{1 \cdot 1 + 2 \cdot 2}{2 + 1}\right)$

$F\left(\dfrac{1 \cdot 3 + 2 \cdot 5}{2 + 1}, \dfrac{1 \cdot 2 + 2 \cdot (-2)}{2 + 1}\right)$

よって，D, E, F の座標は

$\mathbf{D\left(\dfrac{13}{3}, 0\right), E\left(\dfrac{10}{3}, \dfrac{5}{3}\right), F\left(\dfrac{13}{3}, -\dfrac{2}{3}\right)}$

(2) △DEF の重心 $G_1(x_1, y_1)$ は

$x_1 = \dfrac{1}{3}\left(\dfrac{13}{3} + \dfrac{10}{3} + \dfrac{13}{3}\right) = 4$

$y_1 = \dfrac{1}{3}\left(0 + \dfrac{5}{3} - \dfrac{2}{3}\right) = \dfrac{1}{3}$

よって　$G_1\left(4, \dfrac{1}{3}\right)$

一方，△ABC の重心 $G(x, y)$ は

$x = \dfrac{3 + 5 + 4}{3} = 4$

$y = \dfrac{2 + (-2) + 1}{3} = \dfrac{1}{3}$

よって　$G\left(4, \dfrac{1}{3}\right)$

したがって，△DEF, △ABC の重心は一致する。

100 基本 解説 (2) x 軸に平行な直線の傾きは 0
(3) x 軸に垂直な直線の方程式は $x=x_1$

解答 (1) $y-5=-3(x-2)$ から
$$y=-3x+11$$

(2) x 軸に平行な直線の傾きは 0 だから
$$y=3$$

(3) x 軸に垂直,すなわち y 軸に平行な直線だから $x=2$

POINT 傾きが m の直線の方程式
$\implies y-y_1=m(x-x_1)$ を利用

101 基本 解説 2点 (x_1, y_1), (x_2, y_2) を通る直線の方程式は
$$y-y_1=\frac{y_2-y_1}{x_2-x_1}(x-x_1) \quad (x_1 \neq x_2)$$

解答 (1) $y-(-6)=\dfrac{-2-(-6)}{12-3}(x-3)$

$y+6=\dfrac{4}{9}(x-3)$

よって $y=\dfrac{4}{9}x-\dfrac{22}{3}$

(2) x 切片と y 切片がわかっているから
$\dfrac{x}{5}+\dfrac{y}{-4}=1$ よって $y=\dfrac{4}{5}x-4$

(3) $y_1=y_2=-1$ だから,この直線は x 軸に平行な直線で $y=-1$

(4) $x_1=x_2=-3$ だから,この直線は y 軸に平行な直線で $x=-3$

102 基本 解説 x 切片が a,y 切片が a ($a \neq 0$) だから,切片形の方程式を利用する。

解答 x 切片と y 切片がともに a ($a \neq 0$) である直線の方程式は
$$\dfrac{x}{a}+\dfrac{y}{a}=1 \quad \text{よって} \quad x+y=a$$

この直線が,点 $(1, 2)$ を通るから
$1+2=a$ よって $a=3$
したがって $x+y=3$

103 応用 解説 まず,2点 A,B を通る直線の方程式を求め,点 C がその直線上にあると考える。

解答 (1) 直線 AB の方程式は

$y-4=\dfrac{2-4}{-1-1}(x-1)$

$y-4=x-1$ よって $y=x+3$

3点 A,B,C が同一直線上にあるから,点 C(5, a) はこの直線上にある。

したがって $a=5+3$
$$a=8$$

(2) 直線 AB の方程式は

$y-4=\dfrac{-3-4}{-2-3}(x-3)$

$y-4=\dfrac{7}{5}(x-3)$ よって $7x-5y=1$

点 C($a+3$, a) はこの直線上にあるから
$7(a+3)-5a=1$
$2a=-20$ よって $a=-10$

POINT 3点が同一直線上にある
$\implies$ まず,2点を通る直線を求める

104 基本 解説 2直線の交点の座標は,2直線の方程式を連立方程式として解いたときの解 $x=x_1$, $y=y_1$ である。

解答 (1) $\begin{cases} 3x+2y=2 & \cdots\cdots\text{①} \\ 6x-2y=1 & \cdots\cdots\text{②} \end{cases}$

①+② から $9x=3$ よって $x=\dfrac{1}{3}$

①に代入して $1+2y=2$ よって $y=\dfrac{1}{2}$

したがって,交点の座標は $\left(\dfrac{1}{3}, \dfrac{1}{2}\right)$

(2) $\begin{cases} 2x-3y-7=0 & \cdots\cdots\text{③} \\ 3x+2y-4=0 & \cdots\cdots\text{④} \end{cases}$

③×2+④×3 から
$13x-26=0$ よって $x=2$
③に代入して
$4-3y-7=0$ よって $y=-1$
したがって,交点の座標は $(2, -1)$

105 基本 解説 三角形の重心の座標を,2直線の交点,および 2 直線と x 軸との 2 つの交点の計 3 つの点の座標の相加平均から求める。

解答 $\begin{cases} 3x-y+6=0 & \cdots\cdots\text{①} \\ 6x+5y-30=0 & \cdots\cdots\text{②} \end{cases}$

①×5+② から　　$21x=0$　　よって　$x=0$
①に代入して　　$-y+6=0$　　よって　$y=6$
したがって，交点の座標は　**(0, 6)**
また，①，② と x 軸との交点の x 座標は，①，②でそれぞれ $y=0$ とおいて
　　$3x+6=0$ から　　$x=-2$
　　$6x-30=0$ から　　$x=5$
したがって，①，② と x 軸との交点の座標はそれぞれ　$(-2, 0)$，$(5, 0)$
よって，三角形の重心の座標は
$$\left(\frac{-2+5+0}{3},\ \frac{0+0+6}{3}\right)$$
から　**(1, 2)**

106 応用　解説　適当な 2 直線の交点の座標を求め，この点が第 3 の直線の上にもあると考える。

解答　$\begin{cases} x-y=3-2a & \cdots\cdots ① \\ 2x+y=5-a & \cdots\cdots ② \\ x+2y=8-a & \cdots\cdots ③ \end{cases}$

①+② から
　　$3x=8-3a$　　よって　$x=\dfrac{8}{3}-a$
②-①×2 から
　　$3y=-1+3a$　　よって　$y=a-\dfrac{1}{3}$
したがって，①，② の交点の座標は
$$\left(\frac{8}{3}-a,\ a-\frac{1}{3}\right)$$
3 直線が 1 点で交わるのは，③ がこの交点を通るときだから
$$\left(\frac{8}{3}-a\right)+2\left(a-\frac{1}{3}\right)=8-a$$
　　$2a=6$　　よって　**$a=3$**

107 基本　解説　(1)～(6) の直線の傾きを求めて，平行条件，垂直条件を満たすものをさがす。

解答　(1)　$x+2y=1$
　　　$y=-\dfrac{1}{2}x+\dfrac{1}{2}$ から，傾きは　$-\dfrac{1}{2}$

(2)　$y=-x$ の傾きは　-1

(3)　$2x+4y=3$
　　　$y=-\dfrac{1}{2}x+\dfrac{3}{4}$ から，傾きは　$-\dfrac{1}{2}$

(4)　$3x-y=1$
　　　$y=3x-1$ から，傾きは　3

(5)　$x+3y+2=0$
　　　$y=-\dfrac{1}{3}x-\dfrac{2}{3}$ から，傾きは　$-\dfrac{1}{3}$

(6)　$x+y-2=0$
　　　$y=-x+2$ から，傾きは　-1

よって，**互いに平行な直線は　(1)と(3)，(2)と(6)**
　　　　互いに垂直な直線は　(4)と(5)

> **POINT**　傾き m，m' の 2 直線に対し
> 　平行 $\iff m=m'$
> 　垂直 $\iff mm'=-1$

108 基本　解説　直線の傾きを求め，
　　平行条件 $m=m'$，垂直条件 $mm'=-1$
を利用するか，あるいは，点 (x_1, y_1) を通って，直線 $ax+by+c=0$ に平行な直線，垂直な直線の方程式が，それぞれ
　　$a(x-x_1)+b(y-y_1)=0$
　　$b(x-x_1)-a(y-y_1)=0$
であることを利用する。

解答　(1)　$3x-2y+5=0$　……①
　　点 $(3, -2)$ を通って，① に平行な直線の方程式は　　$3(x-3)-2(y+2)=0$
　　　$3x-2y-13=0$
　　また，① に垂直な直線の方程式は
　　　$-2(x-3)-3(y+2)=0$
　　　$2x+3y=0$

(2)　$y=-5x+3$　……②
　　② の傾きは -5 だから，点 $(3, -2)$ を通って ② に平行な直線の方程式は
　　　$y-(-2)=-5(x-3)$
　　　$y=-5x+13$
　　また，② に垂直な直線の傾き m' は
　　　$(-5)m'=-1$
　　から $m'=\dfrac{1}{5}$ で，その方程式は
　　　$y-(-2)=\dfrac{1}{5}(x-3)$
　　　$y=\dfrac{1}{5}x-\dfrac{13}{5}$

109 応用 解説 △ABC を座標平面上にとって考える。直線の方程式が簡単な形になるように座標軸の定め方を工夫する。

解答 △ABC を右図のように定める。ただし，$a \neq 0$，$b \neq c$ とする。

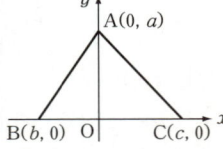

(1) 3つの頂点 A, B, C から対辺またはその延長に引いた垂線の方程式は，それぞれ対辺またはその延長に垂直だから

$$x = 0 \quad \cdots\cdots ①$$
$$c(x-b) - ay = 0 \quad \cdots\cdots ②$$
$$b(x-c) - ay = 0 \quad \cdots\cdots ③$$

①と②，①と③を連立させて解くといずれも

$$(x, y) = \left(0, -\frac{bc}{a}\right)$$

である。よって，3垂線は1点で交わる。

(2) 3つの辺 BC, CA, AB の垂直二等分線の方程式は，それぞれの辺の中点を通るから

$$x = \frac{b+c}{2} \quad \cdots\cdots ④$$
$$c\left(x - \frac{c}{2}\right) - a\left(y - \frac{a}{2}\right) = 0 \quad \cdots\cdots ⑤$$
$$b\left(x - \frac{b}{2}\right) - a\left(y - \frac{a}{2}\right) = 0 \quad \cdots\cdots ⑥$$

④と⑤，④と⑥を連立させて解くといずれも

$$(x, y) = \left(\frac{b+c}{2}, \frac{a^2+bc}{2a}\right)$$

である。よって，題意は成り立つ。

110 基本 解説 重要例題26の公式を用いる。

解答 $\begin{cases} 2x + 5y - 6 = 0 \\ 3x + ky - 5 = 0 \end{cases}$

2直線が直交するのは

$2 \cdot 3 + 5 \cdot k = 0$ から $k = -\dfrac{6}{5}$

2直線が平行となるのは

$2 \cdot k - 5 \cdot 3 = 0$ から $k = \dfrac{15}{2}$

POINT

2直線 $\begin{cases} ax + by + c = 0 \\ a'x + b'y + c' = 0 \end{cases}$ に対し

平行 $\iff ab' - ba' = 0$
垂直 $\iff aa' + bb' = 0$

111 応用 解説 前問と同様に考える。

解答 (1) 2直線が平行となるのは

$$a \cdot a - (a+2) \cdot 1 = 0$$
$$a^2 - a - 2 = 0$$
$$(a+1)(a-2) = 0$$

よって $a = -1, 2$

(2) 2直線が垂直となるのは

$$a \cdot 1 + (a+2) \cdot a = 0$$
$$a^2 + 3a = 0$$
$$a(a+3) = 0$$

よって $a = 0, -3$

112 基本 解説 点と直線の距離の公式を利用する。

解答 (1) $y = 2x - 5$ を変形して

$$2x - y - 5 = 0$$

よって，原点 $O(0, 0)$ とこの直線の距離は

$$\frac{|-5|}{\sqrt{2^2 + (-1)^2}} = \frac{5}{\sqrt{5}} = \sqrt{5}$$

(2) 点$(2, 1)$ と直線 $3x - 4y + 5 = 0$ の距離は

$$\frac{|3 \cdot 2 - 4 \cdot 1 + 5|}{\sqrt{3^2 + (-4)^2}} = \frac{7}{5}$$

POINT

点と直線の距離

$\implies \dfrac{|ax_1 + by_1 + c|}{\sqrt{a^2 + b^2}}$ の公式から

113 基本 解説 2直線は平行だから，一方の直線の任意の点から他方の直線に下ろした垂線の長さが2直線の距離に等しい。

解答 $\begin{cases} y = 3x + 1 \quad \cdots\cdots ① \\ y = 3x + 2 \quad \cdots\cdots ② \end{cases}$

2直線①，②は平行だから，その距離 d は①上の点 $(0, 1)$ と②との距離に等しい。

②を変形して $3x - y + 2 = 0$

よって $d = \dfrac{|3 \cdot 0 - 1 + 2|}{\sqrt{3^2 + (-1)^2}}$

$= \dfrac{1}{\sqrt{10}} = \dfrac{\sqrt{10}}{10}$

114 応用 解説 (3)で得られた点Aと直線BCの距離は，線分BCを底辺とするときの△ABCの高さである。

解答 (1) $BC = \sqrt{(5-1)^2 + (1-4)^2}$
$= \sqrt{16+9} = 5$

(2) 直線 BC の方程式は
$$y - 4 = \frac{1-4}{5-1}(x-1)$$
$$y = -\frac{3}{4}(x-1) + 4$$
よって $3x + 4y - 19 = 0$

(3) 点 A(4, 3) と直線 BC の距離 d は
$$d = \frac{|3 \cdot 4 + 4 \cdot 3 - 19|}{\sqrt{3^2 + 4^2}} = \frac{5}{5} = 1$$

(4) △ABC の面積は
$$\frac{1}{2} BC \cdot d = \frac{1}{2} \cdot 5 \cdot 1 = \frac{5}{2}$$

115 応用 **解説** (1) 直線 $y = x$ に関して点 (a, b) と対称な点は (b, a) である。

(2) 求める点を B(a, b) として,AB の傾き,および線分 AB の中点の座標を考える。

解答 (1) 直線 $y = x$ に関して,点 A(3, 2) と対称な点は

$(2, 3)$

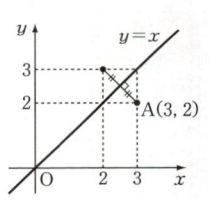

(2) 直線 $3x + y - 1 = 0$, $y = -3x + 1$ ……①
に関して,点 A(2, 5) と対称な点を B(a, b) とすると,直線①と直線 AB は垂直だから
$$-3 \cdot \frac{b-5}{a-2} = -1$$
$$3(b-5) = a-2$$
よって $a - 3b = -13$ ……②

また,線分 AB の中点 $\left(\frac{a+2}{2}, \frac{b+5}{2}\right)$ は直線①の上にあるから
$$3 \cdot \frac{a+2}{2} + \frac{b+5}{2} - 1 = 0$$
よって $3a + b = -9$ ……③

②, ③から $a = -4$, $b = 3$

したがって $(-4, 3)$

POINT 直線に関する対称点
$\Longrightarrow$ 垂直条件と中点条件から

116 応用 **解説** 与えられた方程式が直線を表すことを示すには,x と y の係数が同時に 0 にならないことを述べる。また,定点は k について整理して k の恒等式となるように考える。

解答 $(k+1)x - (3k-2)y + k - 1 = 0$ ……①
x, y の係数 $k+1$ と $-(3k-2)$ は同時に 0 になることはないから,①は直線を表す。

また,①を k について整理して
$$(x + 2y - 1) + k(x - 3y + 1) = 0$$
これは k の値にかかわらず
$x + 2y - 1 = 0$ かつ $x - 3y + 1 = 0$
すなわち $x = \frac{1}{5}$, $y = \frac{2}{5}$ に対して成り立つから,①は定点 $\left(\frac{1}{5}, \frac{2}{5}\right)$ を通る。

よって,①は,つねに定点を通る直線を表す。

117 応用 **解説** 2 直線の交点を実際に求めてから,直線の方程式を求めることもできるが,ここでは 2 直線の交点を通る直線の方程式を,定数 k を用いて表す方法で解いてみよう。

解答 2 直線 $x - 3y + 1 = 0$, $2x + y - 5 = 0$ の交点を通る直線の方程式は,k を定数として
$$(x - 3y + 1) + k(2x + y - 5) = 0 \quad \cdots\cdots ①$$
とおける。

(1) ①の傾きが -3 のとき
$$(1 + 2k)x - (3 - k)y + 1 - 5k = 0 \quad \cdots\cdots ①'$$
から
$$\frac{1+2k}{3-k} = -3, \quad 1 + 2k = -3(3 - k)$$
よって $k = 10$
①' に代入して $21x + 7y - 49 = 0$
したがって $3x + y - 7 = 0$

(2) ①が点 $(-1, -5)$ を通るから
$$(-1 + 15 + 1) + k(-2 - 5 - 5) = 0$$
$12k = 15$ よって $k = \frac{5}{4}$

したがって,求める直線の方程式は
$$(x - 3y + 1) + \frac{5}{4}(2x + y - 5) = 0$$
$$14x - 7y - 21 = 0$$
$$2x - y - 3 = 0$$

第 2 章 図形と方程式

> **POINT**
> 2直線の交点を通る直線の方程式
> $\implies (ax+by+c)+k(a'x+b'y+c')=0$

第2節 円

118 基本 解説 (2) $(2, -4)$ は第4象限の点だから，$(x-r)^2+(y+r)^2=r^2\ (r>0)$ とおける。

解答 (1) 点 $(-3, -4)$ を中心とし，原点 O を通る円の半径は $\sqrt{(-3)^2+(-4)^2}=5$

よって $(x+3)^2+(y+4)^2=25$

(2) 第4象限の点 $(2, -4)$ を通って，x, y 両軸に接する円の方程式は
$$(x-r)^2+(y+r)^2=r^2 \quad (r>0)$$
とおけるから
$$(2-r)^2+(-4+r)^2=r^2$$
$$r^2-12r+20=0,\ (r-2)(r-10)=0$$
$$r=2,\ 10$$
よって $(x-2)^2+(y+2)^2=4$
$(x-10)^2+(y+10)^2=100$

(3) 円の中心は，2点 $(-2, 3), (4, 1)$ を結ぶ線分の中点 $(1, 2)$ で，半径は
$$\sqrt{(4-1)^2+(1-2)^2}=\sqrt{10}$$
よって $(x-1)^2+(y-2)^2=10$

119 応用 解説 両座標軸に接する円の中心は，直線 $y=x$ または $y=-x$ の上にある。

解答 両座標軸に接する円の中心は，直線 $y=x$ または $y=-x$ 上にあり，半径は $|x|$ である。

$\begin{cases} y=-4x+5 \\ y=x \end{cases}$ の交点は $(1, 1)$

$\begin{cases} y=-4x+5 \\ y=-x \end{cases}$ の交点は $\left(\dfrac{5}{3}, -\dfrac{5}{3}\right)$

よって，求める円の方程式は
$(x-1)^2+(y-1)^2=1$
$\left(x-\dfrac{5}{3}\right)^2+\left(y+\dfrac{5}{3}\right)^2=\dfrac{25}{9}$

120 基本 解説 与えられた方程式を $(x-a)^2+(y-b)^2=r^2$ の形に直す。

解答 (1) $x^2+y^2+4x-6y+12=0$
$(x^2+4x+4)+(y^2-6y+9)=13-12$
$(x+2)^2+(y-3)^2=1$
よって 中心 $(-2, 3)$，半径 1 の円

(2) $(x-2)(x+4)+(y-3)(y-1)=0$
$(x+1)^2-9+(y-2)^2-1=0$
$(x+1)^2+(y-2)^2=10$
よって 中心 $(-1, 2)$，半径 $\sqrt{10}$ の円

(3) $4x^2+4y^2-8x+24y+15=0$
両辺を 4 で割ると
$$x^2+y^2-2x+6y+\dfrac{15}{4}=0$$
$$(x-1)^2-1+(y+3)^2-9+\dfrac{15}{4}=0$$
$$(x-1)^2+(y+3)^2=\dfrac{25}{4}$$
よって 中心 $(1, -3)$，半径 $\dfrac{5}{2}$ の円

> **POINT**
> $x^2+y^2+lx+my+n=0$
> $\implies \left(\dfrac{l}{2}\right)^2+\left(\dfrac{m}{2}\right)^2$ を加えて平方完成

121 基本 解説 方程式を $(x-x_1)^2+(y-y_1)^2=R$ の形に直して，円を表す $\iff R>0$ を用いる。

解答 $x^2+y^2+6ax-2ay+28a+6=0$
$(x^2+6ax+9a^2)+(y^2-2ay+a^2)=10a^2-28a-6$
よって $(x+3a)^2+(y-a)^2=10a^2-28a-6$
これが円を表すには
$$10a^2-28a-6>0$$
$$5a^2-14a-3>0$$
$$(5a+1)(a-3)>0$$
したがって $a<-\dfrac{1}{5},\ 3<a$

122 基本 解説 (2) (1)の円の半径が r ならば，求める円の半径は面積が 2 倍より，相似比が $1:\sqrt{2}$ だから $\sqrt{2}\,r$ である。

解答 (1) $x^2+y^2+6x-2y+1=0$
$(x^2+6x+9)+(y^2-2y+1)=9$
$(x+3)^2+(y-1)^2=9$
したがって

中心 $(-3, 1)$
半径 3
グラフは右図。

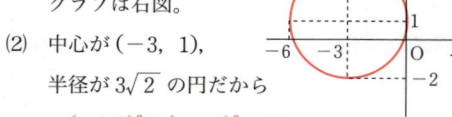

(2) 中心が $(-3, 1)$,
半径が $3\sqrt{2}$ の円だから
$$(x+3)^2+(y-1)^2=18$$

123 基本 解説 (1) 3点が与えられているから，円の方程式を $x^2+y^2+ax+by+c=0$ とおいて，a, b, c の値を求める。

解答 (1) 求める円の方程式を
$$x^2+y^2+ax+by+c=0 \quad \cdots\cdots ①$$
とおくと，3点 $(-3, 5)$, $(-2, 6)$, $(4, -2)$ を通るから
$$-3a+5b+c=-34 \quad \cdots\cdots ②$$
$$-2a+6b+c=-40 \quad \cdots\cdots ③$$
$$4a-2b+c=-20 \quad \cdots\cdots ④$$
③-②から $\quad a+b=-6 \quad \cdots\cdots ⑤$
④-②から $\quad 7a-7b=14$
$\qquad\qquad\quad a-b=2 \quad \cdots\cdots ⑥$
⑤, ⑥から $\quad a=-2$, $b=-4$
②に代入して $\quad c=-20$
このとき，①は
$$x^2+y^2-2x-4y-20=0$$
よって $\quad (x-1)^2+(y-2)^2=25$

(2) (1)の円が点 $(5, k)$ を通るとき
$$(5-1)^2+(k-2)^2=25$$
$$(k-2)^2=9, \quad k-2=\pm 3$$
よって $\quad k=5, -1$

POINT

3点を通る円
$\Longrightarrow x^2+y^2+ax+by+c=0$
とおいて代入

124 応用 解説 問題の図のように，円の方程式を $x^2+y^2=r^2$ $(r>0)$，直径 AB を x 軸上にとる。

解答 円の方程式を $x^2+y^2=r^2$ $(r>0)$ とし，直径 AB を $A(-r, 0)$，$B(r, 0)$，さらに円周上の点 C を (p, q) とおく。
このとき，$D(p, 0)$ だから
$$CD=|q|$$

よって $\quad CD^2=|q|^2=q^2$
また $\quad AD\cdot DB=(p+r)\cdot(r-p)$
$\qquad\qquad\qquad =r^2-p^2$
ここで，点 C は円周上にあるので $p^2+q^2=r^2$
だから $\quad r^2-p^2=q^2$
よって $\quad AD\cdot DB=q^2$
したがって $\quad CD^2=AD\cdot DB$

注意 △ACD∽△CBD から，本問は明らか。

125 基本 解説 円の方程式と直線の方程式から y を消去して得られる x の2次方程式を利用する。

解答 (1) $x^2+y^2=2$, $x-y+2=0$
$y=x+2$ を $x^2+y^2=2$ に代入して
$$x^2+(x+2)^2=2$$
$$2(x^2+2x+1)=0, \quad (x+1)^2=0$$
よって $\quad x=-1$ （重解）
したがって，円と直線は**接する**。
また，共有点は $\quad (-1, 1)$

(2) $x^2+y^2=25$, $3x-y-5=0$
$y=3x-5$ を $x^2+y^2=25$ に代入して
$$x^2+(3x-5)^2=25, \quad 10x^2-30x=0$$
$$10x(x-3)=0 \quad よって \quad x=0, 3$$
したがって，円と直線は**異なる2点で交わる**。
また，共有点は $\quad (0, -5), (3, 4)$

(3) $x^2+y^2=4$, $x+y-4=0$
$y=4-x$ を $x^2+y^2=4$ に代入して
$$x^2+(4-x)^2=4$$
よって $\quad x^2-4x+6=0$
この2次方程式の判別式を D とすると
$$\frac{D}{4}=(-2)^2-1\cdot 6=-2<0$$
で，実数解をもたない。
したがって，円と直線は**共有点をもたない**。

POINT

円と直線の共有点の座標
$\Longrightarrow x$ の2次方程式を導く

126 基本 解答 $x^2+y^2=4 \quad \cdots\cdots ①$
$y=-3x+a$ から $\quad 3x+y-a=0 \quad \cdots\cdots ②$
円①は原点 O を中心とし，半径は $\quad r=2$
原点 O と直線②との距離 d は

$$d=\frac{|-a|}{\sqrt{3^2+1^2}}=\frac{|a|}{\sqrt{10}}$$

よって，共有点の個数は

$d<r$ つまり $|a|<2\sqrt{10}$
 $-2\sqrt{10}<a<2\sqrt{10}$ のとき　**2個**

$d=r$ つまり $a=\pm2\sqrt{10}$ のとき　**1個**

$d>r$ つまり $|a|>2\sqrt{10}$
 $a<-2\sqrt{10},\ 2\sqrt{10}<a$ のとき　**0個**

> **POINT**　円と直線の位置関係
> $\Longrightarrow$ 円の中心と直線との距離 d と，
> 　　　円の半径 r との大小から

127 応用　解説　直線と円が接するときの接点の座標は，判別式を利用するほうがよい。

解答　$y=mx-2$ ……①
$\quad\quad x^2+y^2-4y+3=0$ ……②

y を消去して
$$x^2+(mx-2)^2-4(mx-2)+3=0$$

よって　$(1+m^2)x^2-8mx+15=0$　……③

①，②が異なる 2 点で交わるのは，③が異なる 2 実数解をもつときだから，判別式を D として
$$\frac{D}{4}=16m^2-15(1+m^2)>0,\ m^2>15$$

よって　$m<-\sqrt{15},\ \sqrt{15}<m$

また，①と②が接するのは，$D=0$ のときで
$$m=\pm\sqrt{15}$$

このとき，接点の x 座標は③の重解だから
$$x=\frac{4m}{1+m^2}=\pm\frac{\sqrt{15}}{4}$$

①に代入して　$y=\pm\sqrt{15}\times\left(\pm\dfrac{\sqrt{15}}{4}\right)-2=\dfrac{7}{4}$

したがって，$m=\pm\sqrt{15}$ のとき
　　接点 $\left(\pm\dfrac{\sqrt{15}}{4},\ \dfrac{7}{4}\right)$　（複号同順）

> **POINT**　円と直線の接点の座標
> $\Longrightarrow$ 重解条件から

128 基本　解説　直線と円が共有点をもつのは，「円の中心と直線の距離 $\leqq$ 円の半径」のときである。

解答　$3x+4y+k=0$ ……①
$\quad\quad (x-1)^2+y^2=4$ ……②

①，②が共有点をもつのは，②の中心 $(1,\ 0)$ と①との距離が②の半径 2 以下になるときで
$$\frac{|3\cdot1+4\cdot0+k|}{\sqrt{3^2+4^2}}=\frac{|k+3|}{5}\leqq2$$

$-10\leqq k+3\leqq10$

よって　$-13\leqq k\leqq7$

129 基本　解説　(2) 中心 $(r,\ r)$ $(r>0)$ から，直線 $3x+4y-12=0$ までの距離も r である。

解答　(1) 点 $(2,\ 3)$ から直線 $y=2x-6$ までの距離が円の半径に等しいから
$$\frac{|2\cdot2-3-6|}{\sqrt{2^2+(-1)^2}}=\frac{5}{\sqrt{5}}=\sqrt{5}$$

よって　$(x-2)^2+(y-3)^2=5$

(2) 中心が第 1 象限にあり $x,\ y$ 両軸に接する円の中心は，半径を r $(r>0)$ として $(r,\ r)$ とおける。さらに直線 $3x+4y-12=0$ にも接するから
$$\frac{|3r+4r-12|}{\sqrt{3^2+4^2}}=r$$

$|7r-12|=5r,\ 7r-12=\pm5r$

よって　$r=6,\ 1$

したがって　$(x-6)^2+(y-6)^2=36$
　　　　　　$(x-1)^2+(y-1)^2=1$

130 基本　解説　接線の公式 $x_1x+y_1y=r^2$ を用いる。

解答　(1) 接線の公式から　$1\cdot x+(-2)y=5$
$$x-2y-5=0$$

(2) 同様に　$-4x+3y=25$
$$4x-3y+25=0$$

> **POINT**　円周上の点における接線
> $\Longrightarrow$ $x_1x+y_1y=r^2$ の公式を利用

131 応用　解説　接点の座標を $(x_1,\ y_1)$ とおいて，接線 $x_1x+y_1y=5$ 上に点 $\mathrm{P}(3,\ -1)$ があると考える。

解答　円 $x^2+y^2=5$ 上の点 $(x_1,\ y_1)$ における接線の方程式は　$x_1x+y_1y=5$

これが点 $\mathrm{P}(3,\ -1)$ を通るから
$$3x_1-y_1=5\quad\text{……①}$$

また，点 (x_1, y_1) は円周上にあるから
$$x_1{}^2 + y_1{}^2 = 5 \quad \cdots\cdots ②$$
①から $y_1 = 3x_1 - 5$
②に代入して $x_1{}^2 + (3x_1 - 5)^2 = 5$
$10(x_1{}^2 - 3x_1 + 2) = 0$
$(x_1 - 1)(x_1 - 2) = 0$ よって $x_1 = 1, 2$
$x_1 = 1$ のとき $y_1 = -2$
$x_1 = 2$ のとき $y_1 = 1$
したがって，接線の方程式は
$x - 2y = 5$, $2x + y = 5$
接点は，順に **$(1, -2)$, $(2, 1)$**
また，この2つの接点を通る直線の方程式は
$$y - (-2) = \frac{1 - (-2)}{2 - 1}(x - 1)$$
整理して **$y = 3x - 5$**

注意 2つの接点を (x_1, y_1), (x_2, y_2) とすると，①が成り立ち，同様に
$$3x_2 - y_2 = 5 \quad \cdots\cdots ①'$$
①，①'は，直線 $3x - y = 5$ が2つの接点を通ることを示している。

132 基本 解説 (1) 円の中心をCとすると，接線 ℓ が半径 CA に垂直であることを利用する。

解答 (1) 円の中心は
C(2, 1) 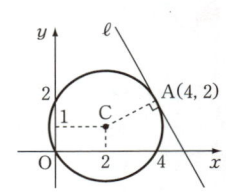
円周上の点 A(4, 2) に対して，CA の傾きは
$$\frac{2-1}{4-2} = \frac{1}{2}$$
点Aにおける円の接線 ℓ は，CA に垂直だから，ℓ の傾きは **-2**

(2) 接線 ℓ の方程式は
$y - 2 = -2(x - 4)$
よって **$y = -2x + 10$**

注意 一般に，円 $(x - a)^2 + (y - b)^2 = r^2$ 上の点 (x_1, y_1) における接線の方程式は
$$(x_1 - a)(x - a) + (y_1 - b)(y - b) = r^2$$

133 応用 解説 円と直線が交わるとき，円の中心から直線までの距離を d，円の半径を r，弦の長さを l とすると，$\left(\dfrac{l}{2}\right)^2 + d^2 = r^2$ である。

解答 $(x - 1)^2 + (y - 3)^2 = 25$ $\cdots\cdots ①$
$2x - y + k = 0$ $\cdots\cdots ②$
円①の中心 (1, 3) と②との距離 d は
$$d = \frac{|2 \cdot 1 - 3 + k|}{\sqrt{2^2 + (-1)^2}} = \frac{|k - 1|}{\sqrt{5}}$$
また，円①の半径を r，①が②から切り取る線分の長さを l とすると 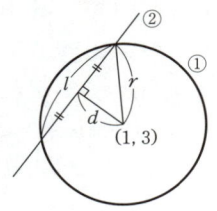
$$\left(\frac{l}{2}\right)^2 + d^2 = r^2$$
ここで $r = 5$
$l = \sqrt{80} = 2\sqrt{20}$
だから
$$(\sqrt{20})^2 + \left(\frac{|k - 1|}{\sqrt{5}}\right)^2 = 25$$
$(k - 1)^2 = 25$, $k - 1 = \pm 5$
よって **$k = 6, -4$**

POINT
円の弦の長さ
$\Longrightarrow$ 弦の中点をとり，三平方の定理

134 応用 解説 一般に，円が直線から切り取る線分の中点は，円の中心から直線に下ろした垂線の足だが，本問では円の中心は直線上にある。

解答 $x^2 + y^2 - 2x - 4y = 0$ $\cdots\cdots ①$
$y = 3x - 1$ $\cdots\cdots ②$
①から $(x - 1)^2 + (y - 2)^2 = 5$
この円の中心は (1, 2) で，直線②の上にある。
したがって，円①が直線②から切り取る線分は円の直径である。よって求める線分の
中点の座標は (1, 2)，線分の長さは $2\sqrt{5}$

135 応用 解説 求める円の方程式は，定数 k を用いて
$$x^2 + y^2 - 25 + k(7x + y - 25) = 0$$
とおける。

解答 円 $x^2 + y^2 = 25$ と直線 $7x + y - 25 = 0$ の交点を通る円の方程式は，k を定数として
$$x^2 + y^2 - 25 + k(7x + y - 25) = 0 \quad \cdots\cdots ①$$
とおける。これが原点を通るとき，①に $x = 0$, $y = 0$ を代入して
$-25 - 25k = 0$ よって $k = -1$

①に代入して　　$x^2+y^2-7x-y=0$

したがって　　$\left(x-\dfrac{7}{2}\right)^2+\left(y-\dfrac{1}{2}\right)^2=\dfrac{25}{2}$

第3節　軌跡と領域

136 基本 解答 条件を満たす点を P(x, y) とする。

AP＝BP から　　AP^2＝BP^2

$(x-1)^2+y^2=(x-3)^2+(y-2)^2$

$4x+4y-12=0$

よって，求める軌跡は

直線 $x+y-3=0$

> **POINT**
> 点 P の軌跡
> $\Longrightarrow$ P(x, y) とおき，関係式を求める

137 基本 解説 点 P の座標を (x, y) として，x, y の関係式を求める。

解答 点 P の座標を (x, y) とする。

(1) PA^2＋PB^2＝50 から

$\{(x+3)^2+y^2\}+\{(x-3)^2+y^2\}=50$

$2x^2+2y^2=32$　　よって　　$x^2+y^2=16$

したがって，求める軌跡は

中心が原点 O，半径が 4 の円

(2) PA^2－PB^2＝24 から

$\{(x+3)^2+y^2\}-\{(x-3)^2+y^2\}=24$

$12x=24$　　よって　　$x=2$

したがって，求める軌跡は　　**直線 $x=2$**

138 基本 解答 点 P の座標を (x, y) とする。

(1) AP^2＝BP^2＋CP^2 から

$x^2+(y-3)^2$
$\quad=\{(x+3)^2+(y+3)^2\}+\{(x-3)^2+y^2\}$

$x^2+y^2+12y+18=0$

$x^2+(y+6)^2=18$

よって，求める軌跡は

中心が $(0, -6)$，半径が $3\sqrt{2}$ の円

(2) AP^2＋BP^2＝2CP^2 から

$\{x^2+(y-3)^2\}+\{(x+3)^2+(y+3)^2\}$
$\qquad=2\{(x-3)^2+y^2\}$

$18x+9=0$　　よって　　$x=-\dfrac{1}{2}$

したがって，求める軌跡は　　**直線 $x=-\dfrac{1}{2}$**

139 応用 解説 定点通過は $f(x, y)+ag(x, y)=0$ の形に直して，$f(x, y)=0$, $g(x, y)=0$ の解を求める。

解答　　$y=ax^2+(a+1)x+1-2a$ ……①

から　　$(x-y+1)+a(x^2+x-2)=0$ ……②

a が実数全体を動くとき，②は

$x-y+1=0$ かつ $x^2+x-2=0$

に対してつねに成り立つ。第2式から

$(x-1)(x+2)=0$

よって　　$x=1, -2$

したがって，定点は　　$(1, 2)$, $(-2, -1)$

この 2 点から等距離にある点を (x, y) とする
と　　$(x-1)^2+(y-2)^2=(x+2)^2+(y+1)^2$

整理して　　$-2x-4y=4x+2y$

よって　　$y=-x$

140 基本 解説 点 P の座標を (x, y) として，AP：BP＝2：1 を満たす x, y の関係式を求める。

解答 条件 AP：BP＝2：1 から

AP＝2BP　　よって　　AP^2＝4BP^2

点 P の座標を (x, y) とすると

$(x+4)^2+y^2=4\{(x-2)^2+y^2\}$

$3x^2+3y^2-24x=0$

$x^2+y^2-8x=0$

よって　　$(x-4)^2+y^2=16$

したがって

求める円の**中心は $(4, 0)$，半径は 4**

141 基本 解説 円 $x^2+y^2=4$ の周上の点を P(p, q), AP の中点を Q(x, y) として，p, q を消去し，x, y だけの関係式を求める。

解答 円 $x^2+y^2=4$ の周上の点 P の座標を (p, q) とすると

$p^2+q^2=4$ ……①

線分 AP の中点 Q の座標を (x, y) とすると

$x=\dfrac{4+p}{2}$, $y=\dfrac{4+q}{2}$

よって　　$p=2x-4$, $q=2y-4$

これらを①に代入して
$$(2x-4)^2+(2y-4)^2=4$$
$$(x-2)^2+(y-2)^2=1$$
したがって，求める軌跡は
中心が(2, 2)，半径が1の円

142 基本 解説 直線 $2x+3y-6=0$ 上の点を
Q(p, q)，点 P の座標を (x, y) として考える。

解答 直線 $2x+3y-6=0$ 上の点 Q の座標を (p, q) とおくと
$$2p+3q-6=0 \quad \cdots\cdots①$$
線分 OQ を 2:1 の比に外分する点 P の座標を (x, y) とおくと
$$x=\frac{-1\cdot 0+2\cdot p}{2-1},\quad y=\frac{-1\cdot 0+2\cdot q}{2-1}$$
よって $p=\dfrac{x}{2},\quad q=\dfrac{y}{2}$
これらを①に代入して
$$2\cdot\frac{x}{2}+3\cdot\frac{y}{2}-6=0$$
$$2x+3y-12=0$$
よって，求める軌跡は
直線 $2x+3y-12=0$

143 応用 解説 円 $x^2+y^2=4$ 上の点を P(p, q)，△PAB の重心を G(x, y) として考える。

解答 円 $x^2+y^2=4$ の周上の点 P の座標を (p, q) とすると
$$p^2+q^2=4 \quad \cdots\cdots①$$
△PAB の重心 G の座標を (x, y) とすると
$$x=\frac{p+6+0}{3},\quad y=\frac{q+0+9}{3}$$
$$p=3x-6,\quad q=3y-9$$
これらを①に代入して
$$(3x-6)^2+(3y-9)^2=4$$
$$(x-2)^2+(y-3)^2=\frac{4}{9}$$
よって，求める軌跡は
中心が(2, 3)，半径が $\dfrac{2}{3}$ の円

144 応用 解説 $x^2=x+a$ の異なる 2 つの実数解を α, β として，線分 PQ の中点 R(x, y) を α, β で表し，x, y の関係式を求める。x, y の変域にも注意する。

解答 放物線 $y=x^2$ と直線 $y=x+a$ の共有点の x 座標は $x^2=x+a$
すなわち $x^2-x-a=0 \quad \cdots\cdots①$
の実数解である。
異なる 2 点で交わるには，判別式を D として
$$D=(-1)^2-4\cdot(-a)>0$$
$$a>-\frac{1}{4} \quad \cdots\cdots②$$
このとき，①の 2 つの解を α, β とすると，これは 2 点 P, Q の x 座標である。線分 PQ の中点を R(x, y) とすると
$$x=\frac{\alpha+\beta}{2},\quad y=x+a=\frac{\alpha+\beta}{2}+a \quad \cdots\cdots③$$
①で，解と係数の関係から $\alpha+\beta=1$
②かつ③から $x=\dfrac{1}{2},\quad y=\dfrac{1}{2}+a>\dfrac{1}{4}$
よって，求める軌跡の方程式は
直線の一部 $x=\dfrac{1}{2}\quad\left(y>\dfrac{1}{4}\right)$

注意 異なる 2 点で交わるから $D>0$

POINT 軌跡問題
$\Longrightarrow$ 軌跡の限界に注意

145 応用 解説 Q, R の座標をそれぞれ Q$(a, 0)$，R$(0, b)$ とおいて考える。

解答 x 軸上の点 Q と y 軸上の点 R をそれぞれ Q$(a, 0)$，R$(0, b)$ とおくと，QR=4 から
$$a^2+b^2=4^2 \quad \cdots\cdots①$$
線分 QR の中点 P の座標を P(x, y) とすると，
$x=\dfrac{a}{2},\quad y=\dfrac{b}{2}$ から $a=2x,\quad b=2y$
これらを①に代入して
$$4x^2+4y^2=4^2 \quad\text{よって}\quad x^2+y^2=4$$
したがって，求める軌跡は
中心が原点，半径が 2 の円

146 基本 解説 (2) 頂点の座標を (x, y) として，p で表す。p を消去して x, y だけの式を作る。

解答 (1) $y=x^2-px+2p \quad \cdots\cdots①$
から $x^2-y-p(x-2)=0$
これが p の値に関係なく成り立つから

$x^2-y=0$ かつ $x-2=0$

すなわち，定点は $(2, 4)$

(2) ①を変形して

$$y=\left(x-\frac{p}{2}\right)^2+2p-\frac{p^2}{4}$$

したがって，放物線①の頂点を (x, y) とすると $x=\frac{p}{2}$, $y=2p-\frac{p^2}{4}$

p を消去して $y=2\cdot 2x-\frac{(2x)^2}{4}$

よって，頂点の軌跡は

放物線 $y=4x-x^2$

147 基本 **解説** (1) 点対称の問題である。

解答 (1) 点Pの座標を (x, y) とすると，線分PQ の中点が $(1, -2)$ だから

$$\frac{a+x}{2}=1, \frac{b+y}{2}=-2$$

よって $x=2-a$, $y=-4-b$ ……①

したがって $P(2-a, -4-b)$

(2) 点Q(a, b) が直線 $3x-2y+1=0$ 上を動くとき

$3a-2b+1=0$ ……②

①から $a=2-x$
$b=-4-y$

これらを②に代入して

$3(2-x)-2(-4-y)+1=0$
$3x-2y-15=0$

よって，求める点Pの軌跡は

直線 $3x-2y-15=0$

注意 (2)は，点 $(1, -2)$ に関して直線 $3x-2y+1=0$ と対称な直線であり，図に示したように点 $(1, -6)$ を通り，$3x-2y+1=0$ に平行である。

148 応用 **解説** (1) 点P(x, y) として，垂直条件と中点条件から求める。

解答 (1) Pの座標を (x, y) とすると，直線PQと直線 $y=2x$ は垂直だから

$$\frac{y-y_1}{x-x_1}\cdot 2=-1$$

よって $x+2y=x_1+2y_1$ ……①

線分PQの中点 $\left(\frac{x+x_1}{2}, \frac{y+y_1}{2}\right)$ は $y=2x$ 上にあるから

$$\frac{y+y_1}{2}=2\cdot\frac{x+x_1}{2}$$

よって $2x-y=-2x_1+y_1$ ……②

①，②を x, y について解いて

$$(x, y)=\left(\frac{-3x_1+4y_1}{5}, \frac{4x_1+3y_1}{5}\right)$$

(2) Qが直線 $x+y=2$ 上を動くとき

$x_1+y_1=2$ ……③

x_1, y_1 をそれぞれ x と y で表すと，①，②は x, y に関して見た式と，x_1, y_1 に関して見た式が同じなので，(1)の結果で x と x_1, y と y_1 を入れかえて

$$x_1=\frac{-3x+4y}{5}, y_1=\frac{4x+3y}{5}$$

これらを③に代入して，整理すると

$x+7y=10$

よって，求める点Pの軌跡は

直線 $x+7y-10=0$

149 応用 **解説** 円 $(x-a)^2+(y-b)^2=r^2$ の外部の点 (X, Y) から円に引いた接線の長さ l は

$\sqrt{(X-a)^2+(Y-b)^2-r^2}$

で与えられる。

解答 $(x+1)^2+(y-1)^2=1$ ……①
$(x-2)^2+(y-4)^2=4$ ……②

2円①，②の中心間の距離は

$\sqrt{(2+1)^2+(4-1)^2}=\sqrt{18}=3\sqrt{2}$

これは2円の半径の和3より大きいから，2円は互いに他の外部にある。点Pの座標を (X, Y) とすると，Pから①に引いた接線の長さ l_1 は

$l_1{}^2+1^2=(X+1)^2+(Y-1)^2$

よって $l_1=\sqrt{(X+1)^2+(Y-1)^2-1}$

同様に，Pから②に引いた接線の長さ l_2 は

$l_2=\sqrt{(X-2)^2+(Y-4)^2-4}$

条件 $l_1:l_2=1:2$ から $4l_1{}^2=l_2{}^2$

$4\{(X+1)^2+(Y-1)^2-1\}$
$\qquad =(X-2)^2+(Y-4)^2-4$

$$3(X^2+Y^2+4X-4)=0$$
よって　$(X+2)^2+Y^2=8$
したがって，求める軌跡は
中心が $(-2, 0)$，半径が $2\sqrt{2}$ の円

150 応用 解説　交点 $P(x, y)$ は ℓ と m の両方の式を満たすから，軌跡の方程式を求めるには ℓ, m の式から t を消去して，x, y の関係式を作る。
ただし，除外点に注意。

解答　$\ell : tx-y=t$ ……①
$m : x+ty=2t+1$ ……②
それぞれ t について整理すると
$t(x-1)-y=0$ ……③
$t(y-2)+(x-1)=0$ ……④
③から
(ア) $x-1=0$ のとき　$x=1$, $y=0$
これを④に代入して，$-2t=0$, すなわち
$t=0$ で，$(x, y)=(1, 0)$ は適する。
(イ) $x-1 \neq 0$ のとき
$t=\dfrac{y}{x-1}$ を④に代入すると
$\dfrac{y}{x-1}\cdot(y-2)+(x-1)=0$
$y(y-2)+(x-1)^2=0$
$(x-1)^2+(y-1)^2=1$
ただし　$x \neq 1$
よって，求める P の図形は
円 $(x-1)^2+(y-1)^2=1$ から，点 $(1, 2)$ を除いたもので，右図のようになる。

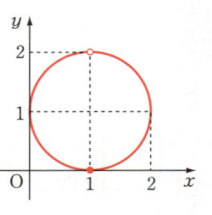

注意　ℓ, m の交点を具体的に求めると
$(x, y)=\left(\dfrac{(t+1)^2}{t^2+1}, \dfrac{2t^2}{t^2+1}\right)$ となるが，これから P の軌跡を求めるのは面倒である。

POINT
媒介変数 t を含む2直線の交点の軌跡
$\Longrightarrow f(x, y)+tg(x, y)=0$
の形から，t を消去する

151 基本 解説　$y>f(x)$, $y<f(x)$ の表す領域はそれぞれ $y=f(x)$ のグラフの上側，下側の部分である。(3)は，$x \geqq -2$ と変形する。

解答　(1) $y \leqq 2x-2$ は，直線 $y=2x-2$ とその下側の部分である。
(2) $3x-y-1<0$ から　$y>3x-1$
よって，直線 $y=3x-1$ の上側の部分。
(3) $2x+4 \geqq 0$ から　$x \geqq -2$
よって，直線 $x=-2$ とその右側の部分。
(4) $y-3<0$ から　$y<3$
よって，直線 $y=3$ の下側の部分。

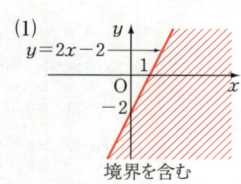

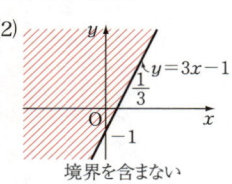

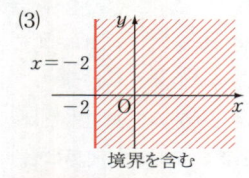

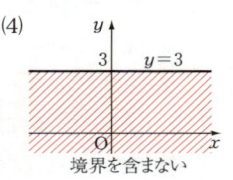

(1) $y=2x-2$
境界を含む

(2) $y=3x-1$
境界を含まない

(3) $x=-2$
境界を含む

(4) $y=3$
境界を含まない

POINT
$y>f(x)$ **の表す領域**
$\Longrightarrow y=f(x)$ **のグラフの上側の部分**

152 基本 解説　いずれも円の内部か外部を表す。円周を含むかどうかに注意する。

解答　(1) $x^2+y^2<4$ は円 $x^2+y^2=4$ の内部である。
(2) $x^2+y^2>2y+3$ から
$x^2+(y-1)^2>4$
よって
円 $x^2+(y-1)^2=4$ の外部である。
(3) $x^2+y^2-2x-4y+1 \leqq 0$ から
$(x-1)^2+(y-2)^2 \leqq 4$
よって，円 $(x-1)^2+(y-2)^2=4$ とその内部である。

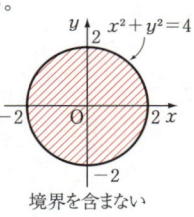

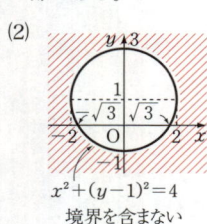

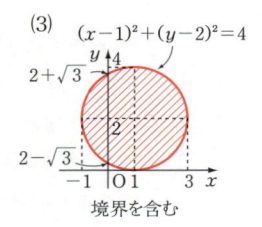

(2) $x^2+(y-1)^2=4$
境界を含まない

(3) $(x-1)^2+(y-2)^2=4$
境界を含む

153 基本 解説 2つの不等式が表す領域を図示し，その共通部分をとる。

解答 (1) $y \geqq x$ は直線 $y=x$ とその上側の部分で，$y \leqq -x$ は直線 $y=-x$ とその下側の部分である。境界はすべて含む。

(2) $2x+y-3 \leqq 0$ から $y \leqq -2x+3$
直線 $y=-2x+3$ とその下側の部分である。
$x^2+y^2 \leqq 9$ は円 $x^2+y^2=9$ とその内部である。境界はすべて含む。

(3) $4x < x^2+y^2$ から $(x-2)^2+y^2 > 4$
よって，円 $(x-2)^2+y^2=4$ の外部である。
$x^2+y^2 \leqq 9$ は円 $x^2+y^2=9$ とその内部である。境界は円 $x^2+y^2=9$ 上の点は含むが，円 $(x-2)^2+y^2=4$ 上の点はすべて含まない。

(4) $|x-y| > 1$ から $x-y < -1$, $x-y > 1$
よって $y > x+1$ または $y < x-1$
したがって，直線 $y=x+1$ の上側，または直線 $y=x-1$ の下側の部分である。境界は含まない。

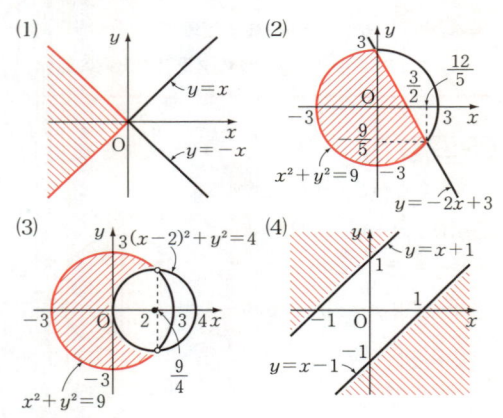

(1) (2) (3) (4) 〔図〕

154 基本 解説 不等式 $AB > 0$ は $A > 0$, $B > 0$ または $A < 0$, $B < 0$ と同値である。

解答 (1) $(3x+2y-6)(x-y+2) > 0$
$3x+2y-6 > 0$ かつ $x-y+2 > 0$ の表す領域 D_1 と，$3x+2y-6 < 0$ かつ $x-y+2 < 0$ の表す領域 D_2 の和集合で，境界は含まない。

(2) $(x+2y)(x^2+y^2-4) \leqq 0$
$x+2y \geqq 0$ かつ $x^2+y^2-4 \leqq 0$ の表す領域 D_1 と，$x+2y \leqq 0$ かつ $x^2+y^2-4 \geqq 0$ の表す領域 D_2 の和集合で，境界を含む。

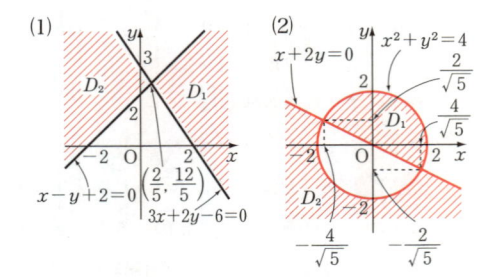

(1) (2) 〔図〕

155 応用 解説 いずれも連立不等式で表される。

解答 (1) 直線 $y=x+1$ の下側の部分と直線 $y=-\dfrac{1}{2}x+1$ の上側の部分との共通部分。
よって $y < x+1$ かつ $y > -\dfrac{1}{2}x+1$
すなわち
$x-y+1 > 0$ かつ $x+2y-2 > 0$

(2) 円 $x^2+y^2=1$ の外部と円 $(x-1)^2+y^2=4$ の内部だから
$x^2+y^2 > 1$ かつ $(x-1)^2+y^2 < 4$

156 応用 解説 領域を図示して，x および y 座標が整数となる点を求める。

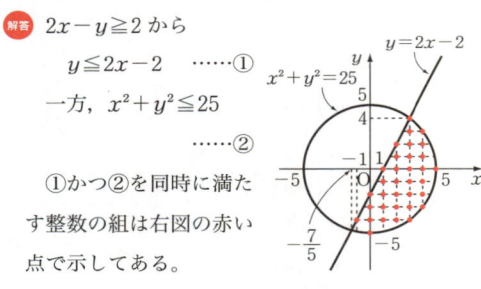

解答 $2x-y \geqq 2$ から
$y \leqq 2x-2$ ……①
一方，$x^2+y^2 \leqq 25$
……②
①かつ②を同時に満たす整数の組は右図の赤い点で示してある。
よって，x, y 座標がともに整数となる (x, y) の組は，赤い点の個数を数えて **34 組**

157 応用 解説 直線 $ax+y+1=0$ と線分 PQ が共有点をもつための傾き $-a$ の条件を調べてもよいが，正領域・負領域の考えを利用するほうが簡単である。

解答 $f(x, y) = ax+y+1$
とおくと，2 点 $P(-1, 4)$, $Q(2, 1)$ は同時に直線 $f(x, y) = 0$ 上にあることはない。
したがって，線分 PQ が直線 $f(x, y) = 0$ とただ 1 つの共有点をもつには P, Q のいずれかが直線上にあるか，または一方が $f(x, y)$ の正領域，他方が負領域にあればよいから

$$f(-1, 4) \cdot f(2, 1) \leq 0$$
$$(-a+4+1)(2a+1+1) \leq 0$$
$$2(a-5)(a+1) \geq 0$$

よって　　$a \leq -1, 5 \leq a$

158 基本　解説　$x-y=k$ とおいて，この直線が領域と共有点をもつときを考える。

解答　$x^2+y^2 \leq 4$ ……①

①は円 $x^2+y^2=4$ とその内部である。

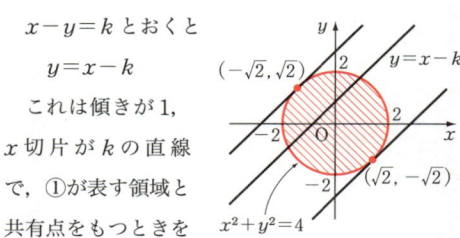

$x-y=k$ とおくと
$$y=x-k$$

これは傾きが1，x切片がkの直線で，①が表す領域と共有点をもつときを考えれば，円 $x^2+y^2=4$ と直線 $y=x-k$ が接するとき，kの値が最大，最小となる。

これは円の中心Oと直線 $x-y-k=0$ との距離が半径2に等しいときだから
$$\frac{|-k|}{\sqrt{1^2+(-1)^2}}=\frac{|k|}{\sqrt{2}}=2 \quad |k|=2\sqrt{2}$$

よって　　$k=\pm 2\sqrt{2}$

したがって，$x-y$ は

最大値 $2\sqrt{2}$

最小値 $-2\sqrt{2}$

POINT
条件が不等式の最大・最小
$\implies$ 領域を利用

159 応用　解説　x^2+y^2 は原点Oと点(x, y)の距離の平方を示す。

解答　$2x+y \geq 2$
　　　$2x-y \leq 2$
　　　$y \leq x$

これらを同時に満たす点(x, y)は右図の斜線部分で，境界を含む。

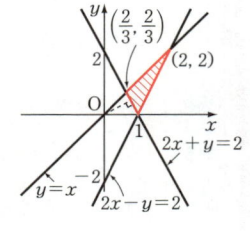

ここで，x^2+y^2 は原点Oと点(x, y)の距離の平方を表すから，**最大値**は $(x, y)=(2, 2)$ のときで　　$2^2+2^2=8$

最小値はOから $2x+y-2=0$ に下ろした垂線の長さの平方で
$$\left(\frac{|-2|}{\sqrt{2^2+1^2}}\right)^2=\frac{4}{5}$$

注意　$x^2+y^2=k \ (k>0)$ とおいて，中心が原点，半径が $\sqrt{k}$ の円と考えて，斜線部分と共有点をもつような k の最大値，最小値を求めてもよい。

160 応用　解説　(1) 電力とガスの制限に注意して x, y の不等式を作る。$x \geq 0, y \geq 0$ にも注意。

(2) このようなタイプの問題を，「線形計画法」という。

解答　(1) 電力の条件から
$$40x+30y \leq 150$$
ガスの条件から
$$2x+5y \leq 11$$
また　　$x \geq 0, y \geq 0$

よって
$$4x+3y \leq 15, \ 2x+5y \leq 11$$
$$x \geq 0, \ y \geq 0$$

(2) (1)の不等式を同時に満たす点(x, y)の領域は右図の斜線部分で，境界はすべて含む。

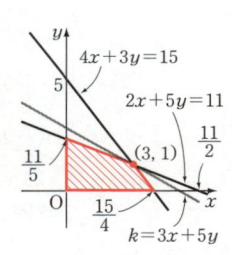

利益 k 万円は
$$k=3x+5y$$

だから，$y=-\frac{3}{5}x+\frac{k}{5}$ より，傾きが $-\frac{3}{5}$，y 切片が $\frac{k}{5}$ の直線を表す。

斜線部分と共有点をもつとき，kの値を最大にするのは
$$(x, y)=(3, 1)$$
のときである。

よって

製品Aを3 kg，製品Bを1 kg

作ればよい。

実戦問題① p.42〜43

1 【解説】 $AP=|x-(-4)|$ である。
【解答】 $AP=|x-(-4)|=|x+4|$

(1) $x=-2$ のとき $AP=|2|=2$ (5点)

(2) $AP=1$ のとき $|x+4|=1$
$x+4=\pm 1$
よって $x=-3,\ -5$ (5点)

(3) $AP<2$ のとき $|x+4|<2$
$-2<x+4<2$
よって $-6<x<-2$ (5点)

2 【解説】 内分点・外分点の公式を利用する。
【解答】 (1) $C(x,\ y)$ とすると
$$x=\frac{3\cdot(-6)+2\cdot 4}{2+3}=\frac{-10}{5}=-2$$
$$y=\frac{3\cdot 2+2\cdot 7}{2+3}=\frac{20}{5}=4$$
よって $C(-2,\ 4)$ (7点)

(2) $D(x,\ y)$ とすると
$$x=\frac{-3\cdot(-6)+2\cdot 4}{2-3}=\frac{26}{-1}=-26$$
$$y=\frac{-3\cdot 2+2\cdot 7}{2-3}=\frac{8}{-1}=-8$$
よって $D(-26,\ -8)$ (3点)
$$CD=\sqrt{(-26+2)^2+(-8-4)^2}$$
$$=\sqrt{12^2(2^2+1^2)}=12\sqrt{5}$$ (8点)

3 【解説】 $A(0,\ 0)$, $B(a,\ 0)$, $C(b,\ c)$ $(a\ne 0,\ c\ne 0)$ とおいても一般性は失われない。

【解答】 A, B, C の座標を $A(0,\ 0)$, $B(a,\ 0)$, $C(b,\ c)$ $(a\ne 0,\ c\ne 0)$ とおく。 (3点)
△ABC の重心 G の座標は
$$G\left(\frac{a+b}{3},\ \frac{c}{3}\right)$$
$AB^2+AC^2=a^2+b^2+c^2$ (6点)

また $BG^2+CG^2+4AG^2$
$$=\left\{\left(\frac{a+b}{3}-a\right)^2+\left(\frac{c}{3}\right)^2\right\}+\left\{\left(\frac{a+b}{3}-b\right)^2+\left(\frac{c}{3}-c\right)^2\right\}+4\left\{\left(\frac{a+b}{3}\right)^2+\left(\frac{c}{3}\right)^2\right\}$$ (9点)
$$=\left(\frac{b-2a}{3}\right)^2+\left(\frac{a-2b}{3}\right)^2+4\left(\frac{a+b}{3}\right)^2+c^2$$
$$=a^2+b^2+c^2$$ (12点)
よって $AB^2+AC^2=BG^2+CG^2+4AG^2$ (15点)

4 【解答】 (1) 2点 $(3,\ 1)$, $(4,\ -5)$ を通る直線の方程式は
$$y-1=\frac{-5-1}{4-3}(x-3)$$
$$y=-6x+19$$ (5点)

(2) 直線 $2x+y+4=0$ の傾きは -2 だから、これに垂直な直線の傾きは $\frac{1}{2}$
点 $(1,\ 3)$ を通り、傾き $\frac{1}{2}$ の直線の方程式は
$$y-3=\frac{1}{2}(x-1)$$
$$y=\frac{1}{2}x+\frac{5}{2}$$ (5点)

(3) 2点 $(0,\ -3)$, $(2,\ 0)$ を通る直線の傾きは $\frac{3}{2}$ だから、これに平行で点 $(-1,\ 4)$ を通る直線の方程式は $y-4=\frac{3}{2}(x+1)$
$$y=\frac{3}{2}x+\frac{11}{2}$$ (5点)

5 【解説】 (1) 点と直線の距離の公式を利用する。
【解答】 (1) 直線 AB の方程式は
$$y-3=\frac{2-3}{-2-1}(x-1)$$
よって $x-3y+8=0$ (3点)
したがって、原点と直線 AB との距離 h は
$$h=\frac{|8|}{\sqrt{1^2+(-3)^2}}=\frac{8}{\sqrt{10}}=\frac{4\sqrt{10}}{5}$$ (8点)

(2) 線分 AB の長さは
$$AB=\sqrt{(-2-1)^2+(2-3)^2}=\sqrt{10}$$
よって、△OAB の面積は
$$\frac{1}{2}AB\cdot h=\frac{1}{2}\cdot\sqrt{10}\cdot\frac{8}{\sqrt{10}}=4$$ (7点)

【注意】 一般に $O(0,\ 0)$, $A(a,\ b)$, $B(c,\ d)$ で定まる △OAB の面積 S は $S=\frac{1}{2}|ad-bc|$ で与えられる（本問でこれを確かめてみよう）。

6 【解説】 2直線の交点を通る直線の方程式を、定数 k を用いて表す方法で解いてもよいが、2直線の交点を具体的に求めるほうがラク。

【解答】 2直線 $x+y=2$, $2x-y=6$ の交点は

$A\left(\dfrac{8}{3},\ -\dfrac{2}{3}\right)$

(1) 直線 OA の傾きは $-\dfrac{2}{3} \div \dfrac{8}{3} = -\dfrac{1}{4}$

よって，求める直線の方程式は

$y = -\dfrac{1}{4}x$ (5点)

(2) 直線 $y=x$ に垂直な直線の傾きは -1 だから，求める直線の方程式は

$y + \dfrac{2}{3} = -\left(x - \dfrac{8}{3}\right)$

$y = -x + 2$ (5点)

7 解説 最短距離の問題で，(1)は(2)のヒント。
AP＝PB だから，△OPB に着目して
OP＋AP＝OP＋PB≧OB

解答 (1) 点 B の座標を $(a,\ b)$ とすると，直線 ℓ と直線 AB の垂直条件から

$\dfrac{b-4}{a+5} \cdot \left(-\dfrac{3}{2}\right) = -1$

よって　$2a - 3b = -22$　……①　(2点)

また，線分 AB の中点 $\left(\dfrac{a-5}{2},\ \dfrac{b+4}{2}\right)$ は直線 ℓ 上にあるから

$3 \cdot \dfrac{a-5}{2} + 2 \cdot \dfrac{b+4}{2} - 6 = 0$

よって　$3a + 2b = 19$　……②　(4点)

①，②を解いて　$a=1,\ b=8$

したがって　**B(1, 8)**　(7点)

(2) 直線 ℓ 上の点 P に対して
AP＝PB だから
OP＋AP
＝OP＋PB≧OB
等号が成り立つのは，点 P が OB と直線 ℓ の交点 Q に一致するときである。　(2点)

直線 OB：$y=8x$ と $\ell : 3x+2y-6=0$ を連立させて　$3x + 2 \cdot 8x - 6 = 0$

$19x = 6$

よって　$x = \dfrac{6}{19},\ y = \dfrac{48}{19}$

したがって，求める最小値は
OB＝$\sqrt{1^2 + 8^2} = \sqrt{65}$　(5点)

そのときの点 P の座標は $\left(\dfrac{6}{19},\ \dfrac{48}{19}\right)$　(8点)

実戦問題② p.50～51

1 解説 (2) 点 (2, 1) を通るので，求める円は第1象限にある。
(3) 円の半径は点 (2, 3) から直線までの距離で与えられる。

解答 (1) 円の半径は　$\sqrt{(-1-3)^2 + 1^2} = \sqrt{17}$

よって　$(x-3)^2 + (y+1)^2 = 17$　(5点)

(2) 第1象限で x 軸，y 軸に接する円の方程式は
$(x-r)^2 + (y-r)^2 = r^2$　$(r>0)$
とおける。これが点 (2, 1) を通るから
$(2-r)^2 + (1-r)^2 = r^2$
$r^2 - 6r + 5 = 0$
$(r-1)(r-5) = 0$
$r = 1,\ 5$

よって　$(x-1)^2 + (y-1)^2 = 1$
$(x-5)^2 + (y-5)^2 = 25$　(5点)

(3) 2点 $(-1, -1),\ (3, 1)$ を通る直線の方程式は　$x - 2y - 1 = 0$　……①
点 (2, 3) と直線①との距離が円の半径 r で

$r = \dfrac{|2 - 2 \cdot 3 - 1|}{\sqrt{1^2 + (-2)^2}} = \dfrac{5}{\sqrt{5}} = \sqrt{5}$

よって　$(x-2)^2 + (y-3)^2 = 5$　(5点)

2 解説 $x^2 + y^2 + ax + by + c = 0$ とおいてもよいし，3点を図示すれば円の中心が (2, 1) であることが容易にわかる。

解答 3点 $(2, -1),\ (2, 3),\ (4, 1)$ を通る円の方程式を　$x^2 + y^2 + ax + by + c = 0$
とおくと　$2a - b + c = -5$
$2a + 3b + c = -13$
$4a + b + c = -17$　(4点)

これらを解いて　$a = -4,\ b = -2,\ c = 1$
よって　$x^2 + y^2 - 4x - 2y + 1 = 0$
したがって　$(x-2)^2 + (y-1)^2 = 4$　(10点)

3 解説 円の中心と直線との距離 d と，円の半径 r との大小から求める。

解答 直線　$mx - y + 2 = 0$　……①
円　$x^2 + y^2 = 3$　……②
円②は半径 r が $r=\sqrt{3}$ で，中心 O(0, 0) と直線①との距離 d は

$$d = \frac{|2|}{\sqrt{m^2+(-1)^2}} = \frac{2}{\sqrt{m^2+1}}$$

(1) 異なる2点で交わるのは，$d<r$ のときで

$$\frac{2}{\sqrt{m^2+1}} < \sqrt{3} \text{ から } 2 < \sqrt{3}\sqrt{m^2+1}$$

$$2^2 < 3(m^2+1)$$

$$m^2 > \frac{1}{3}$$

よって　$m < -\frac{\sqrt{3}}{3},\ \frac{\sqrt{3}}{3} < m$　　（5点）

(2) 接するのは，$d=r$ のときで

$$m = \pm\frac{\sqrt{3}}{3}$$　　（5点）

(3) 共有点がないのは，$d>r$ のときで

$$-\frac{\sqrt{3}}{3} < m < \frac{\sqrt{3}}{3}$$　　（5点）

4 **解説** 判別式を利用してもできるが，接線の公式 $x_1 x + y_1 y = r^2$ を用いるほうが簡単。

解答 円 $x^2+y^2=3$ 上の点 $(x_1,\ y_1)$ における接線の方程式は　$x_1 x + y_1 y = 3$

これが点 (3, 3) を通るから

$$3x_1 + 3y_1 = 3$$

よって　$x_1 + y_1 = 1$　……①　（4点）

また　$x_1^2 + y_1^2 = 3$　……②　（6点）

①から　$y_1 = 1 - x_1$

②に代入して　$x_1^2 + (1-x_1)^2 = 3$

$$x_1^2 - x_1 - 1 = 0 \quad \text{よって} \quad x_1 = \frac{1 \pm \sqrt{5}}{2}$$

したがって，①より

$$(x_1,\ y_1) = \left(\frac{1\pm\sqrt{5}}{2},\ \frac{1\mp\sqrt{5}}{2}\right) \text{（複号同順）}$$

（10点）

よって，接線の方程式は

$$(1\pm\sqrt{5})x + (1\mp\sqrt{5})y = 6 \quad \text{（複号同順）}$$

（15点）

5 **解説** (1) 円外の点から原点を中心とする円に引いた接線の長さ $l = \sqrt{x_1^2 + y_1^2 - r^2}$ は覚えておくとよい。

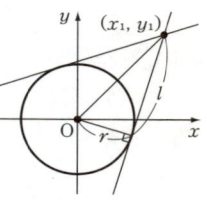

解答 (1) 点 A(2, 1) から $x^2+y^2=2$ に引いた接線の長さを l とおくと

$$l^2 + (\sqrt{2})^2 = (2-0)^2 + (1-0)^2$$

よって　$l = \sqrt{2^2+1^2-2} = \sqrt{3}$　　（8点）

(2) 円 $x^2+y^2=2$ の中心 O(0, 0) と直線 $y=2x-1$ との距離 d は

$$d = \frac{|-1|}{\sqrt{2^2+(-1)^2}} = \frac{1}{\sqrt{5}}$$

また，円の半径は　$r = \sqrt{2}$

したがって，直線が円によって切り取られる線分の長さを l' とすると

$$\left(\frac{l'}{2}\right)^2 + d^2 = r^2$$

よって　$l' = 2\sqrt{r^2 - d^2}$

$$= 2\sqrt{(\sqrt{2})^2 - \left(\frac{1}{\sqrt{5}}\right)^2}$$

$$= \frac{6}{\sqrt{5}} = \frac{6\sqrt{5}}{5}$$　　（7点）

6 **解説** 2円が接するのは外接と内接の2つの場合がある。それぞれ

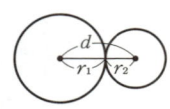

中心間の距離＝半径の和

中心間の距離＝半径の差

となるときである。

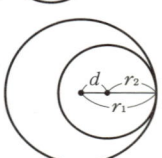

解答 円 $x^2+y^2+10x-8y+16=0$ ……①

を変形して　$(x+5)^2+(y-4)^2=25$

したがって　中心 (−5, 4)，半径 5

円①の中心と求める円の中心 (7, −1) との距離は　$d = \sqrt{(7+5)^2+(-1-4)^2} = 13$

求める円の半径を R とすると　2円が外接するとき

$d = R+5$ から　$R = 8$　　（5点）

2円が内接するとき

$d = |R-5|$ から　$R = 18$　　（9点）

よって，求める円の方程式は

外接：$(x-7)^2+(y+1)^2=64$　　（12点）

内接：$(x-7)^2+(y+1)^2=324$　　（15点）

7 **解説** 2円の交点を通る円の方程式は，定数 k を用いて $f(x,\ y)+kg(x,\ y)=0$ の形で表される。

解答 求める円は，定数 k を用いて

$$x^2+y^2-4+k(x^2+y^2+4x+2y+1)=0$$

とおける。　　（5点）

これが原点を通るから $x=0$, $y=0$ を代入して
$$-4+k=0 \quad よって \quad k=4$$
したがって，求める円の方程式は
$$5x^2+5y^2+16x+8y=0$$
(15点)

実戦問題③　p.60〜61

1 解説　2定点からの距離の比が一定だから，円になることはわかっている。

解答　点 P の座標を (x, y) とすると，
AP：BP＝3：2 から　　$2AP=3BP$
よって　　$4AP^2=9BP^2$
$$4\{(x+5)^2+y^2\}=9\{(x-5)^2+y^2\}$$
$$5(x^2+y^2-26x+25)=0$$
よって　　$(x-13)^2+y^2=12^2$
したがって，求める軌跡は
中心が (13, 0), 半径が 12 の円　(10点)

注意　線分 AB を 3：2 の比に内分，外分する点はそれぞれ　　(1, 0), (25, 0)
求める点 P の軌跡は，この2点を直径の両端とする円である。

2 解説　点 Q, P の座標をそれぞれ (a, b), (x, y) として考える。

解答　点 Q の座標を (a, b) とすると，Q は直線 $2x-y+1=0$ 上を動くから
$$2a-b+1=0 \quad \cdots\cdots ①$$
点 P の座標を (x, y) とすると，P は線分 AQ の中点だから
$$x=\frac{3+a}{2}, \quad y=\frac{1+b}{2}$$
よって　　$a=2x-3$, $b=2y-1$
これらを①に代入して
$$2(2x-3)-(2y-1)+1=0$$
$$2x-y-2=0$$
よって，求める点 P の軌跡は
直線　$2x-y-2=0$　(10点)

3 解説　点 A, B は円上の点だから，P が A, B に一致するときは △ABP ができない。

解答　円　$x^2+y^2-8y-9=0$ 　……①
上の点を P(a, b) とすると

$$a^2+b^2-8b-9=0 \quad \cdots\cdots ②$$
A$(-3, 0)$, B$(3, 0)$ はともに円①上にある。
△ABP の重心を G(x, y) とすると
$$x=\frac{-3+3+a}{3}, \quad y=\frac{b}{3}$$
よって　　$a=3x$, $b=3y$
これらを②に代入して
$$9x^2+9y^2-24y-9=0$$
$$x^2+\left(y-\frac{4}{3}\right)^2=\frac{25}{9} \quad \cdots\cdots ③$$
(12点)

ただし，$(a, b)\neq(\pm 3, 0)$ から
$(x, y)\neq(\pm 1, 0)$

したがって，G の軌跡は**中心が $\left(0, \dfrac{4}{3}\right)$, 半径が $\dfrac{5}{3}$ の円から2点 $(\pm 1, 0)$ を除いたもの**である。
(15点)

4 解説　三角形の内接円の中心は，3つの内角の二等分線の交点だから3本の直線に至る距離が等しく，それが円の半径になる。

解答　
$$x-y+2=0 \quad \cdots\cdots ①$$
$$x+y-14=0 \quad \cdots\cdots ②$$
$$7x-y-10=0 \quad \cdots\cdots ③$$

三角形の内接円の中心を I(a, b), 半径を r とすると，I から3本の直線①〜③に至る距離は，すべて r である。
(5点)

点 I が，直線①の上側，直線②，③の下側にあることに注意すれば
$$b>a+2, \quad b<-a+14, \quad b<7a-10$$
すなわち
$$a-b+2<0, \quad a+b-14<0,$$
$$7a-b-10>0$$
だから
$$r=\frac{|a-b+2|}{\sqrt{1+1}}=\frac{|a+b-14|}{\sqrt{1+1}}=\frac{|7a-b-10|}{\sqrt{49+1}}$$
から
$$\frac{-a+b-2}{\sqrt{2}}=\frac{-a-b+14}{\sqrt{2}}=\frac{7a-b-10}{5\sqrt{2}}$$

第2章　図形と方程式

よって　　$a=4$, $b=8$　　　　　（10点）

このとき　　$r=\dfrac{2}{\sqrt{2}}=\sqrt{2}$

したがって，求める円の方程式は

$(x-4)^2+(y-8)^2=2$　　　　　（15点）

5 解説　それぞれを変形してグラフの上側・下側，あるいは円の内部・外部に着目する。

解答 (1)　$y \geqq -\dfrac{1}{2}x-1$

(2)　$(x-1)^2+(y+1)^2 \leqq 4$

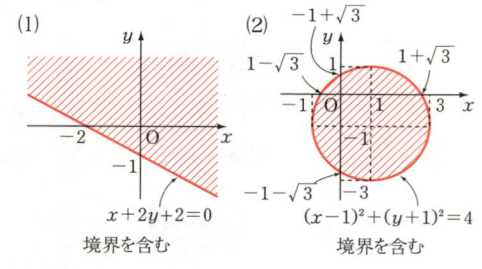

(1)

境界を含む

(2)

境界を含む

(3)　$x^2+y^2 \leqq 4$, $\left(x+\dfrac{1}{2}\right)^2+\left(y+\dfrac{1}{2}\right)^2 \geqq \dfrac{1}{2}$

(4)　$y \geqq 2x$, $x^2+y^2 \leqq 5$

　または　　$y \leqq 2x$, $x^2+y^2 \geqq 5$

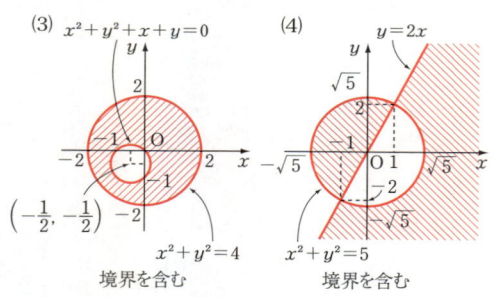

(3)　$x^2+y^2+x+y=0$

境界を含む

(4)　$y=2x$

境界を含む

（各5点，計20点）

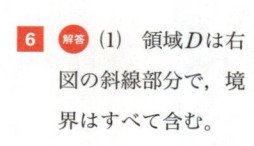

6 解答 (1)　領域 D は右図の斜線部分で，境界はすべて含む。
　　　　　　　　　　（6点）

(2)　(ア)　$3x+y=k$

とおくと

$y=-3x+k$

傾き -3，y 切片 k の直線だから，

$(x, y)=\left(\dfrac{8}{5}, \dfrac{9}{5}\right)$ のとき

最大値　$3 \cdot \dfrac{8}{5}+\dfrac{9}{5}=\dfrac{33}{5}$

$(x, y)=(0, 1)$ のとき

最小値　$3 \cdot 0+1=1$　　　　　（7点）

(イ)　x^2+y^2 は原点 O と点 (x, y) の距離の平方だから

$(x, y)=(0, 3)$ のとき

最大値　$0^2+3^2=9$

$(x, y)=(0, 1)$ のとき

最小値　$0^2+1^2=1$　　　　　（7点）

注意　(イ)　$x^2+y^2=k$ $(k>0)$ とおけば，中心が原点，半径が $\sqrt{k}$ の円と考えて解くこともできる。

7 解説　条件 p, q を満たす実数 x, y の組 (x, y) の集合を，座標平面上の領域で表し，2つの領域が一致することを示す。

解答　$p: |x+y|<1$ かつ $|x-y|<1$ ……①

　　　$q: |x|+|y|<1$ ……②

不等式①は

$-1<x+y<1$ かつ $-1<x-y<1$

したがって，条件 p を満たす (x, y) の集合は右図の斜線部分で，境界を除く。　（5点）

また，不等式②は

$x \geqq 0$, $y \geqq 0$ のとき

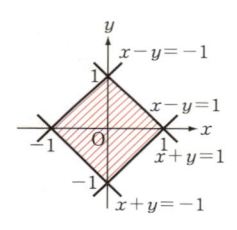

$x+y<1$

$x \geqq 0$, $y \leqq 0$ のとき　　$x-y<1$

$x \leqq 0$, $y \geqq 0$ のとき　　$-x+y<1$

$x \leqq 0$, $y \leqq 0$ のとき　　$-x-y<1$

となるから，条件 q を満たす (x, y) の集合は右図の斜線部分で，境界を除く。

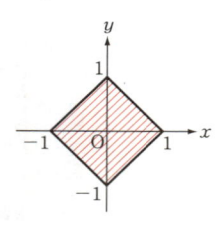

座標平面上の2つの領域は一致するから，条件 p, q は同値である。　　　　　（10点）

POINT
条件が2文字についての不等式で表されるときの必要条件，十分条件，同値の証明 ⟹ 領域が利用できる

第3章 三角関数

第1節 三角関数

161 基本 解説 与えられた角を $\alpha+360°\times n$（n は整数，α は $-180°<\alpha\leqq 180°$ を満たす角）の形に直して，動径 OP の表す角を考える。

解答 (1) $330°=-30°+360°$

(2) $-315°=45°+360°\times(-1)$

(3) $420°=60°+360°$

よって，図示すると下図のようになる。

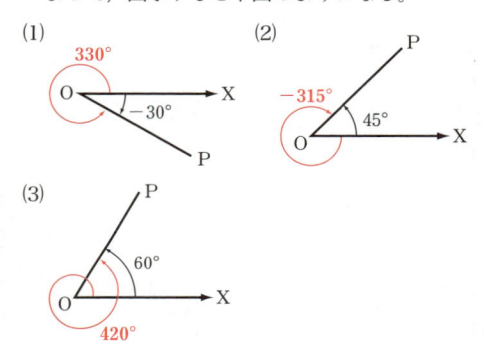

(1) 330°, -30°, O, X
(2) P, -315°, O, 45°, X
(3) P, 60°, O, 420°, X

162 基本 解説 与えられた角を $\alpha+360°\times n$（n は整数，$0°<\alpha\leqq 360°$）の形に直す。

解答 (1) $930°=210°+360°\times 2$ から，求める正の最小の角は **210°**

(2) $-230°=130°+360°\times(-1)$ から，求める正の最小の角は **130°**

(3) $-675°=45°+360°\times(-2)$ から，求める正の最小の角は **45°**

163 基本 解説 まず，与えられた角を $\alpha+360°\times n$（n は整数，$-180°<\alpha\leqq 180°$）の形に直し，単位円を用いて三角関数の値を求める。

解答 (1) $750°=30°+360°\times 2$

点 P が単位円の周上にあって，動径 OP の表す角が $30°$ のとき，点 P の座標は

$$\left(\frac{\sqrt{3}}{2}, \frac{1}{2}\right)$$

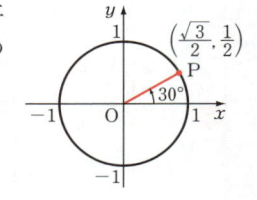

よって $\sin 750°=\dfrac{1}{2}$

(2) $-480°=-120°+360°\times(-1)$

点 P が単位円の周上にあって，動径 OP の表す角が $-120°$ のとき，点 P の座標は

$$\left(-\frac{1}{2}, -\frac{\sqrt{3}}{2}\right)$$

よって $\cos(-480°)=-\dfrac{1}{2}$

(3) $3645°=45°+360°\times 10$

点 P が単位円の周上にあって，動径 OP の表す角が $45°$ のとき，点 P の座標は

$$\left(\frac{1}{\sqrt{2}}, \frac{1}{\sqrt{2}}\right)$$

よって $\tan 3645°=1$

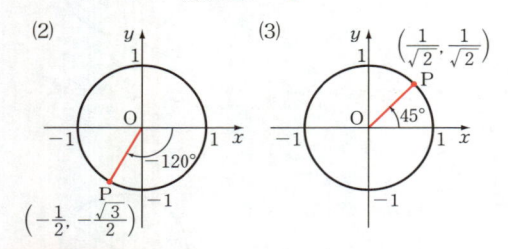

POINT　三角関数の値 $\Longrightarrow$ 単位円を用いる

164 基本 解説 度数法と弧度法の間に成り立つ次の関係式を用いる。

$$1°=\frac{\pi}{180} \text{ ラジアン}, \quad 1 \text{ ラジアン}=\frac{180°}{\pi}$$

解答 (1) $45°=45\cdot\dfrac{\pi}{180}=\dfrac{\pi}{4}$ **ラジアン**

$-135°=-135\cdot\dfrac{\pi}{180}=-\dfrac{3}{4}\pi$ **ラジアン**

$210°=210\cdot\dfrac{\pi}{180}=\dfrac{7}{6}\pi$ **ラジアン**

$900°=900\cdot\dfrac{\pi}{180}=5\pi$ **ラジアン**

(2) $\dfrac{4}{3}\pi$ ラジアン $=\dfrac{4}{3}\pi\cdot\dfrac{180°}{\pi}=$ **240°**

$-\dfrac{5}{4}\pi$ ラジアン $=-\dfrac{5}{4}\pi\cdot\dfrac{180°}{\pi}=$ **-225°**

$\dfrac{13}{6}\pi$ ラジアン $=\dfrac{13}{6}\pi\cdot\dfrac{180°}{\pi}=$ **390°**

$\dfrac{11}{3}\pi$ ラジアン $=\dfrac{11}{3}\pi\cdot\dfrac{180°}{\pi}=$ **660°**

注意 (2)は，π を $180°$ に置き換える方法でもよい。

POINT

度数法から弧度法へ
$$a° = a \cdot \frac{\pi}{180} \text{ ラジアン}$$

弧度法から度数法へ
$$\theta \text{ ラジアン} = \theta \cdot \frac{180°}{\pi}$$

165 基本 解答 (1) 点 P が単位円周上にあって動径 OP の表す角が $\theta = \frac{3}{4}\pi$ のとき

$$P\left(-\frac{1}{\sqrt{2}}, \frac{1}{\sqrt{2}}\right)$$

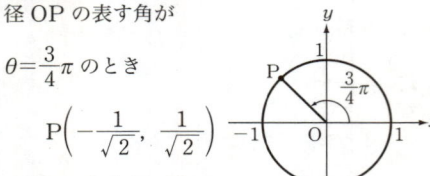

である。したがって

$$\sin\theta = \frac{1}{\sqrt{2}}, \quad \cos\theta = -\frac{1}{\sqrt{2}}, \quad \tan\theta = -1$$

(2) $\theta = \frac{13}{6}\pi = \frac{\pi}{6} + 2\pi$

角 θ を表す動径 OP は右図のようであり

$$P\left(\frac{\sqrt{3}}{2}, \frac{1}{2}\right)$$

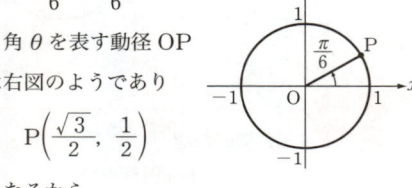

となるから

$$\sin\theta = \frac{1}{2}, \quad \cos\theta = \frac{\sqrt{3}}{2}, \quad \tan\theta = \frac{1}{\sqrt{3}}$$

(3) $\theta = -\frac{5}{4}\pi = \frac{3}{4}\pi + 2\pi \times (-1)$

角 θ を表す動径は(1)と一致する。

$$\sin\theta = \frac{1}{\sqrt{2}}, \quad \cos\theta = -\frac{1}{\sqrt{2}}, \quad \tan\theta = -1$$

166 基本 解説 半径が r, 中心角が θ (ラジアン) の扇形について

弧の長さ $l = r\theta$

面積 $S = \frac{1}{2}r^2\theta = \frac{1}{2}lr$

解答 (1) 弧の長さ $3 \cdot \frac{\pi}{4} = \frac{3}{4}\pi$

面積 $\frac{1}{2} \cdot 3^2 \cdot \frac{\pi}{4} = \frac{9}{8}\pi$

(2) 弧の長さ $10 \cdot \frac{2}{3}\pi = \frac{20}{3}\pi$

面積 $\frac{1}{2} \cdot 10^2 \cdot \frac{2}{3}\pi = \frac{100}{3}\pi$

167 基本 解説 $\sin^2\theta + \cos^2\theta = 1$ を用いて, まず(1)は $\cos\theta$ の値, (2)は $\sin\theta$ の値を求める。それぞれ符号に注意すること。

解答 (1) $\sin\theta = \frac{5}{13}$ のとき

$$\cos^2\theta = 1 - \sin^2\theta = 1 - \left(\frac{5}{13}\right)^2 = \frac{144}{169}$$

$\frac{\pi}{2} < \theta < \pi$ だから $\cos\theta < 0$

よって $\cos\theta = -\frac{12}{13}$

$$\tan\theta = \frac{\sin\theta}{\cos\theta} = \frac{5}{13} \cdot \left(-\frac{13}{12}\right) = -\frac{5}{12}$$

(2) $\cos\theta = -\frac{3}{5}$ のとき

$$\sin^2\theta = 1 - \cos^2\theta = 1 - \left(-\frac{3}{5}\right)^2 = \frac{16}{25}$$

$\pi < \theta < \frac{3}{2}\pi$ だから $\sin\theta < 0$

よって $\sin\theta = -\frac{4}{5}$

$$\tan\theta = \frac{\sin\theta}{\cos\theta} = -\frac{4}{5} \cdot \left(-\frac{5}{3}\right) = \frac{4}{3}$$

168 応用 解説 θ に制限がないので, $\cos\theta$ は正と負の両方の値をとり得る。

解答 $\sin\theta = \frac{1}{3}$ のとき

$$\cos^2\theta = 1 - \sin^2\theta = 1 - \left(\frac{1}{3}\right)^2 = \frac{8}{9}$$

(ア) $\cos\theta > 0$ のとき

$$\cos\theta = \frac{2\sqrt{2}}{3}, \quad \tan\theta = \frac{\sin\theta}{\cos\theta} = \frac{\sqrt{2}}{4}$$

(イ) $\cos\theta < 0$ のとき

$$\cos\theta = -\frac{2\sqrt{2}}{3}, \quad \tan\theta = -\frac{\sqrt{2}}{4}$$

169 基本 解説 (1) 左辺を通分して, $\sin^2\theta + \cos^2\theta = 1$ を用いる。

(2) $\sin^2\theta + \cos^2\theta = 1$, $\tan\theta = \frac{\sin\theta}{\cos\theta}$ を用いて, 左辺－右辺＝0 を示す。

解答 (1) $\frac{\sin\theta}{1+\cos\theta} + \frac{\sin\theta}{1-\cos\theta}$

$$= \frac{\sin\theta(1-\cos\theta) + \sin\theta(1+\cos\theta)}{(1+\cos\theta)(1-\cos\theta)}$$

$$= \frac{2\sin\theta}{1-\cos^2\theta} = \frac{2\sin\theta}{\sin^2\theta} = \frac{2}{\sin\theta}$$

よって
$$\frac{\sin\theta}{1+\cos\theta}+\frac{\sin\theta}{1-\cos\theta}=\frac{2}{\sin\theta}$$

(2) $\tan^2\theta-\sin^2\theta-\tan^2\theta\sin^2\theta$

$=(\tan^2\theta-\tan^2\theta\sin^2\theta)-\sin^2\theta$

$=\tan^2\theta(1-\sin^2\theta)-\sin^2\theta$

$=\tan^2\theta\cos^2\theta-\sin^2\theta$

$=\sin^2\theta-\sin^2\theta=0$

よって　$\tan^2\theta-\sin^2\theta=\tan^2\theta\sin^2\theta$

POINT 等式の証明
$$\Longrightarrow \begin{cases}\sin^2\theta+\cos^2\theta=1\\ \tan\theta=\dfrac{\sin\theta}{\cos\theta}\end{cases} を利用$$

170 応用　解説　いずれも $\sin\theta$ と $\cos\theta$ についての対称式だから，和 $\sin\theta+\cos\theta$ と積 $\sin\theta\cos\theta$ の式で表される。

解答 (1) $\sin\theta+\cos\theta=\dfrac{\sqrt{3}}{3}$ の両辺を平方すると

$$(\sin\theta+\cos\theta)^2=\frac{1}{3}$$

$$\sin^2\theta+2\sin\theta\cos\theta+\cos^2\theta=\frac{1}{3}$$

$\sin^2\theta+\cos^2\theta=1$ だから

$$1+2\sin\theta\cos\theta=\frac{1}{3}$$

よって　$\sin\theta\cos\theta=-\dfrac{1}{3}$

(2) $\sin^3\theta+\cos^3\theta$

$=(\sin\theta+\cos\theta)(\sin^2\theta-\sin\theta\cos\theta+\cos^2\theta)$

$=\dfrac{\sqrt{3}}{3}\cdot\left(1+\dfrac{1}{3}\right)=\dfrac{4\sqrt{3}}{9}$

(3) $\tan\theta+\dfrac{1}{\tan\theta}=\dfrac{\sin\theta}{\cos\theta}+\dfrac{\cos\theta}{\sin\theta}$

$=\dfrac{\sin^2\theta+\cos^2\theta}{\cos\theta\sin\theta}$

$=\dfrac{1}{\sin\theta\cos\theta}=-3$

POINT $\sin\theta$, $\cos\theta$ についての対称式
$\Longrightarrow \sin\theta+\cos\theta$, $\sin\theta\cos\theta$
で表される

171 応用　解説　与えられた式を通分する。

解答 $\dfrac{\cos\theta}{1+\sin\theta}+\dfrac{\cos\theta}{1-\sin\theta}$

$=\dfrac{\cos\theta(1-\sin\theta)+\cos\theta(1+\sin\theta)}{(1+\sin\theta)(1-\sin\theta)}$

$=\dfrac{2\cos\theta}{1-\sin^2\theta}=\dfrac{2\cos\theta}{\cos^2\theta}=\dfrac{2}{\cos\theta}$

172 基本　解説　(1) $\dfrac{3}{4}\pi=\dfrac{\pi}{2}+\dfrac{\pi}{4}$ だから，変換公式 $\sin\left(\dfrac{\pi}{2}+\theta\right)=\cos\theta$ を使って，鋭角の三角関数で表す。

解答 (1) $\sin\dfrac{3}{4}\pi=\sin\left(\dfrac{\pi}{2}+\dfrac{\pi}{4}\right)$

$=\cos\dfrac{\pi}{4}=\dfrac{1}{\sqrt{2}}$

注意　$\sin\dfrac{3}{4}\pi=\sin\left(\pi-\dfrac{\pi}{4}\right)=\sin\dfrac{\pi}{4}$

(2) $\cos\left(-\dfrac{7}{6}\pi\right)=\cos\left\{\dfrac{5}{6}\pi+2\pi\times(-1)\right\}$

$=\cos\dfrac{5}{6}\pi=\cos\left(\pi-\dfrac{\pi}{6}\right)$

$=-\cos\dfrac{\pi}{6}=-\dfrac{\sqrt{3}}{2}$

注意　$\cos\left(-\dfrac{7}{6}\pi\right)=\cos\dfrac{7}{6}\pi=\cos\left(\pi+\dfrac{\pi}{6}\right)$

$=-\cos\dfrac{\pi}{6}$

(3) $\tan\dfrac{25}{6}\pi=\tan\left(\dfrac{\pi}{6}+2\pi\times 2\right)$

$=\tan\dfrac{\pi}{6}=\dfrac{1}{\sqrt{3}}$

173 基本　解説　角 α が $\alpha=\left(\dfrac{\pi}{2}\times\text{偶数}\right)+\theta$ の形で表されるとき，sin, cos は sin, cos のままである。また，$\alpha=\left(\dfrac{\pi}{2}\times\text{奇数}\right)+\theta$ の形で表されるとき，sin, cos は cos, sin と入れかわると覚えると便利。

解答 (1) $\sin\theta+\sin\left(\dfrac{\pi}{2}+\theta\right)+\sin(\pi+\theta)$

$+\sin\left(\dfrac{3}{2}\pi+\theta\right)$

$=\sin\theta+\cos\theta-\sin\theta+\sin\left(\pi+\dfrac{\pi}{2}+\theta\right)$

$=\sin\theta+\cos\theta-\sin\theta-\cos\theta=0$

第 3 章　三角関数

(2) $\cos\theta+\cos\left(\dfrac{\pi}{2}+\theta\right)+\cos(\pi+\theta)$
$\qquad +\cos\left(\dfrac{3}{2}\pi+\theta\right)$
$=\cos\theta-\sin\theta-\cos\theta+\sin\theta=0$

POINT

$\left(\dfrac{\pi}{2}\times\text{偶数}\right)+\theta$ の三角関数
$\implies$ sin, cos はそのまま

$\left(\dfrac{\pi}{2}\times\text{奇数}\right)+\theta$ の三角関数
$\implies$ sin, cos は入れかわる

174 応用 解説 A, B, C は三角形の内角である。

解答 (1) A, B, C は △ABC の内角だから
$\qquad A+B+C=\pi$
$\qquad B+C=\pi-A$
よって $\sin(B+C)=\sin(\pi-A)$
$\qquad\qquad\qquad =\sin A$

(2) $\sin\dfrac{B+C}{2}=\sin\dfrac{\pi-A}{2}$
$\qquad\qquad =\sin\left(\dfrac{\pi}{2}-\dfrac{A}{2}\right)=\cos\dfrac{A}{2}$

(3) $\tan\dfrac{B+C}{2}=\tan\dfrac{\pi-A}{2}$
$\qquad\qquad =\tan\left(\dfrac{\pi}{2}-\dfrac{A}{2}\right)=\dfrac{1}{\tan\dfrac{A}{2}}$

よって $\tan\dfrac{A}{2}\tan\dfrac{B+C}{2}$
$\qquad\qquad =\tan\dfrac{A}{2}\cdot\dfrac{1}{\tan\dfrac{A}{2}}=1$

175 基本 解説 $y=a\sin k\theta$, $y=a\cos k\theta$
($a\neq 0$, $k>0$) の周期は, $\dfrac{2\pi}{k}$ である。

また, $y=\sin k\theta$, $y=\cos k\theta$ の値域は
$-1\leq\sin k\theta\leq 1$, $-1\leq\cos k\theta\leq 1$ である。

解答 (1) $y=3\sin 2\theta$

周期は $\dfrac{2\pi}{2}=\pi$

また $-1\leq\sin 2\theta\leq 1$ から
$\qquad -3\leq 3\sin 2\theta\leq 3$
すなわち $-3\leq y\leq 3$
よって **最大値 3, 最小値 -3**

(2) $y=-2\cos\dfrac{\theta}{3}$

周期は $2\pi\times 3=6\pi$

また $-1\leq\cos\dfrac{\theta}{3}\leq 1$ から
$\qquad 2\geq -2\cos\dfrac{\theta}{3}\geq -2$
すなわち $-2\leq y\leq 2$
よって **最大値 2, 最小値 -2**

POINT

$\sin k\theta$, $\cos k\theta$ ($k\neq 0$) の周期
$\implies \dfrac{2\pi}{|k|}$

176 基本 解説 一般に, $y=f(x-p)$ のグラフは, $y=f(x)$ のグラフを x 軸の方向に p だけ平行移動したものである。

解答 $y=\sin\left(\theta-\dfrac{\pi}{6}\right)$ のグラフは, $y=\sin\theta$ のグラフを θ 軸の方向に $\dfrac{\pi}{6}$ だけ平行移動したものだから, 右図の実線のようになる。

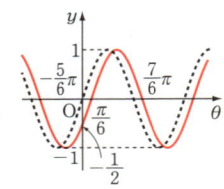

177 応用 解説 まず, $y=\tan\theta$ のグラフを θ 軸の方向に 2 倍に拡大する。

解答 $y=\tan\dfrac{\theta}{2}+1$ は周期が $\pi\times 2=2\pi$ で, そのグラフは $y=\tan\theta$ のグラフを θ 軸の方向に 2 倍に拡大し, y 軸の方向に 1 だけ平行移動したものだから, 右図のようになる。

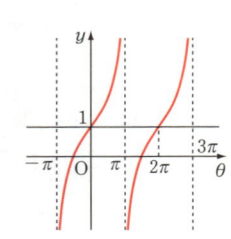

178 応用 解説 a の符号が不明だから, $f(x)$ の周期は $\dfrac{2\pi}{a}$ ではなく, $\dfrac{2\pi}{|a|}$ である。

解答 $f(x)=\sin\left(ax+\dfrac{3}{4}\pi\right)$ の周期は $\dfrac{2\pi}{|a|}$ だから, これが $\dfrac{\pi}{90}$ に等しいとき $\dfrac{2\pi}{|a|}=\dfrac{\pi}{90}$
$\qquad |a|=180$
よって $a=\pm 180$

179 基本 解説 $\sin\theta$, $\cos\theta$ の周期は 2π, $\tan\theta$ の周期は π だから，単位円を利用して，(1), (2)は，まず $0 \leq \theta < 2\pi$ の範囲で，(3)は $0 \leq \theta < \pi$ の範囲で解く。

解答 (1) 単位円と直線 $y = \dfrac{1}{\sqrt{2}}$ との交点を P, P′ とすると，動径 OP, OP′ の表す角は
$0 \leq \theta < 2\pi$ では
$\theta = \dfrac{\pi}{4}, \dfrac{3}{4}\pi$ 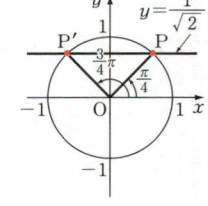
よって，求める θ は
$\theta = \dfrac{\pi}{4} + 2n\pi, \dfrac{3}{4}\pi + 2n\pi$ （n は整数）

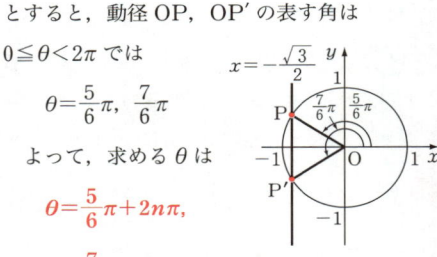

(2) 単位円と直線 $x = -\dfrac{\sqrt{3}}{2}$ との交点を P, P′ とすると，動径 OP, OP′ の表す角は
$0 \leq \theta < 2\pi$ では
$\theta = \dfrac{5}{6}\pi, \dfrac{7}{6}\pi$
よって，求める θ は
$\theta = \dfrac{5}{6}\pi + 2n\pi,$
$\dfrac{7}{6}\pi + 2n\pi$ （n は整数）

(3) 単位円と直線 $y = -\sqrt{3}x$ との交点のうち，$y > 0$ のものを P とすると，動径 OP の表す角は $\dfrac{2}{3}\pi$ 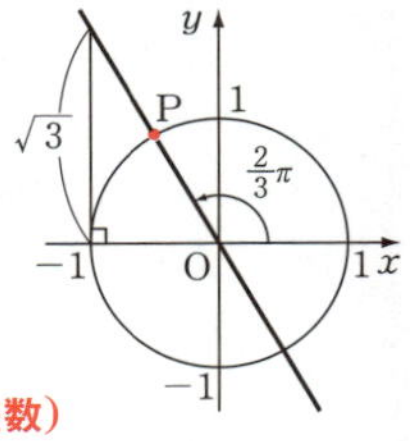
よって，求める角は
$\theta = \dfrac{2}{3}\pi + n\pi$ （n は整数）

180 基本 解説 (1) $2\theta = x$ とおくと $\sin x = \dfrac{1}{2}$
$0 \leq \theta < 2\pi$ だから，$0 \leq x < 4\pi$ に注意して解く。

(2) $\theta - \dfrac{\pi}{6} = x$ とおく。

解答 (1) $\sin 2\theta = \dfrac{1}{2}$

$2\theta = x$ とおくと $\sin x = \dfrac{1}{2}$

$0 \leq \theta < 2\pi$ のとき $0 \leq x < 4\pi$

よって $x = \dfrac{\pi}{6}, \dfrac{5}{6}\pi, \dfrac{13}{6}\pi, \dfrac{17}{6}\pi$

したがって
$\theta = \dfrac{\pi}{12}, \dfrac{5}{12}\pi, \dfrac{13}{12}\pi, \dfrac{17}{12}\pi$

(2) $\cos\left(\theta - \dfrac{\pi}{6}\right) = -\dfrac{1}{\sqrt{2}}$

$\theta - \dfrac{\pi}{6} = x$ とおくと $\cos x = -\dfrac{1}{\sqrt{2}}$

$0 \leq \theta < 2\pi$ のとき $-\dfrac{\pi}{6} \leq x < \dfrac{11}{6}\pi$

よって $x = \dfrac{3}{4}\pi, \dfrac{5}{4}\pi$

したがって $\theta = \dfrac{11}{12}\pi, \dfrac{17}{12}\pi$

181 基本 解説 単位円を用いて，(1)は $x \leq \dfrac{1}{\sqrt{2}}$，(2)は傾きが $-\sqrt{3}$ 以上となる θ の範囲を求める。

解答 (1) $\cos\theta = \dfrac{1}{\sqrt{2}}$ となるのは，単位円と直線 $x = \dfrac{1}{\sqrt{2}}$ の交点を考えて $\theta = \dfrac{\pi}{4}, \dfrac{7}{4}\pi$

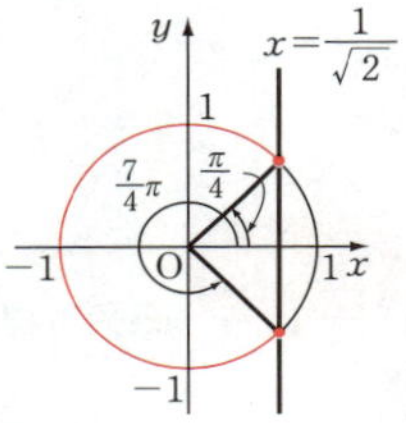

よって，$\cos\theta \leq \dfrac{1}{\sqrt{2}}$ となる θ の値の範囲は
$\dfrac{\pi}{4} \leq \theta \leq \dfrac{7}{4}\pi$

(2) 動径 OP の傾きが $-\sqrt{3}$ になるのは
$\theta = \dfrac{2}{3}\pi, \dfrac{5}{3}\pi$

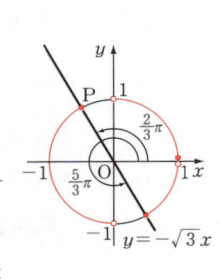

よって $\tan\theta \geq -\sqrt{3}$

すなわち，OP の傾きが $-\sqrt{3}$ 以上となるのは
$0 \leq \theta < \dfrac{\pi}{2}, \dfrac{2}{3}\pi \leq \theta < \dfrac{3}{2}\pi,$
$\dfrac{5}{3}\pi \leq \theta < 2\pi$

POINT 三角方程式・不等式 $\Longrightarrow$ 単位円を利用

182 応用 解説 (1) $\tan x = k$ の形を導く。
(2) $\sin^2 x + \cos^2 x = 1$ を用いて，$\cos x$ についての2次不等式を作る。

解答 (1) $\sqrt{3}\sin x+\cos x=0$

$\cos x=0$ のとき，$\sin x=\pm 1$ で適さない。

したがって $\cos x\neq 0$

方程式の両辺を $\cos x$ で割ると

$$\sqrt{3}\cdot\frac{\sin x}{\cos x}+1=0$$

よって $\tan x=-\dfrac{1}{\sqrt{3}}$

$0\leqq x<2\pi$ の範囲では $x=\dfrac{5}{6}\pi,\ \dfrac{11}{6}\pi$

(2) $5\cos x-2\sin^2 x+4<0$

$\sin^2 x=1-\cos^2 x$ を代入して

$$2\cos^2 x+5\cos x+2<0$$
$$(2\cos x+1)(\cos x+2)<0$$

$-1\leqq\cos x\leqq 1$ だから $\cos x+2>0$

したがって $2\cos x+1<0$

$\cos x<-\dfrac{1}{2}$ よって $\dfrac{2}{3}\pi<x<\dfrac{4}{3}\pi$

POINT
三角方程式・不等式
$\Longrightarrow$ 式の形を見て，1種類の三角関数で表せないか考える

183 応用 解説 $\sin y=\dfrac{\sqrt{2}}{2}\sin x$ と $\tan y=\dfrac{\sqrt{3}}{3}\tan x$ の両辺を辺々割って，$\cos y$ と $\cos x$ の関係式を求め，$\sin^2 y+\cos^2 y=1$ を用いる。

解答 $\sin y=\dfrac{\sqrt{2}}{2}\sin x$ ……①

$\tan y=\dfrac{\sqrt{3}}{3}\tan x$ ……②

①，②の両辺を辺々割って

$$\dfrac{\sin y}{\tan y}=\dfrac{\frac{\sqrt{2}}{2}\sin x}{\frac{\sqrt{3}}{3}\tan x}=\dfrac{\sqrt{6}}{2}\cdot\dfrac{\sin x}{\tan x}$$

$\dfrac{\sin x}{\tan x}=\cos x$，$\dfrac{\sin y}{\tan y}=\cos y$ だから

$\cos y=\dfrac{\sqrt{6}}{2}\cos x$ ……③

①，③の両辺を平方して，辺々加えると

$$\sin^2 y+\cos^2 y=\left(\dfrac{\sqrt{2}}{2}\sin x\right)^2+\left(\dfrac{\sqrt{6}}{2}\cos x\right)^2$$
$$1=\dfrac{1}{2}\sin^2 x+\dfrac{3}{2}\cos^2 x$$
$$1=\dfrac{1}{2}\sin^2 x+\dfrac{3}{2}(1-\sin^2 x)$$
$$\sin^2 x=\dfrac{1}{2}$$

$0<x<\dfrac{\pi}{2}$ では $\sin x>0$ だから

$\sin x=\dfrac{1}{\sqrt{2}}$ よって $x=\dfrac{\pi}{4}$

このとき，①，③から

$\sin y=\dfrac{1}{2}$，$\cos y=\dfrac{\sqrt{3}}{2}$

$0<y<\dfrac{\pi}{2}$ だから $y=\dfrac{\pi}{6}$

したがって $x=\dfrac{\pi}{4}$，$y=\dfrac{\pi}{6}$

184 基本 解説 関数 $y=\sin x$，$y=\cos x$ について，x の変域に制限がない，あるいは変域の幅が 2π 以上ならば，その値域はともに $-1\leqq y\leqq 1$ である。

解答 (1) $y=\sin\left(\theta+\dfrac{\pi}{4}\right)$

$-1\leqq\sin\left(\theta+\dfrac{\pi}{4}\right)\leqq 1$ だから，y は

$\theta+\dfrac{\pi}{4}=\dfrac{\pi}{2}+2n\pi$ すなわち

$\theta=\dfrac{\pi}{4}+2n\pi$ のとき，**最大値 1**

$\theta+\dfrac{\pi}{4}=\dfrac{3}{2}\pi+2n\pi$ すなわち

$\theta=\dfrac{5}{4}\pi+2n\pi$ のとき，**最小値 −1**

をとる。ただし，n は整数である。

(2) $y=3-2\cos 2\theta$

$-1\leqq\cos 2\theta\leqq 1$ だから

$-2\leqq -2\cos 2\theta\leqq 2$

$1\leqq 3-2\cos 2\theta\leqq 5$

よって $1\leqq y\leqq 5$

また，$\cos 2\theta=1$ のとき $2\theta=2n\pi$

$\cos 2\theta=-1$ のとき $2\theta=\pi+2n\pi$

よって，y は

$\theta=\dfrac{\pi}{2}+n\pi$ のとき，**最大値 5**

$\theta = n\pi$ のとき，**最小値 1**

をとる。ただし，n は整数である。

185 応用 **解説** $\sin\theta = x$ とおいて，y を x の 2 次式で表す。$0 \leqq \theta \leqq \pi$ のとき，$0 \leqq \sin\theta \leqq 1$ に注意する。

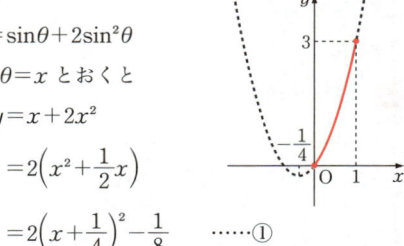

解答 $y = \sin\theta + 2\sin^2\theta$

$\sin\theta = x$ とおくと

$y = x + 2x^2$
$= 2\left(x^2 + \dfrac{1}{2}x\right)$
$= 2\left(x + \dfrac{1}{4}\right)^2 - \dfrac{1}{8}$ ……①

$0 \leqq \theta \leqq \pi$ のとき，$0 \leqq \sin\theta \leqq 1$ だから

$0 \leqq x \leqq 1$

この範囲で，①のグラフは上図のようになるから，y は $x = \sin\theta = 1$ すなわち $\theta = \dfrac{\pi}{2}$ のとき最大値 3 をとり，$x = \sin\theta = 0$ すなわち $\theta = 0, \pi$ のとき最小値 0 をとる。

よって，y の **最大値 3，最小値 0**

POINT
$\sin\theta$ の 2 次式の最大値・最小値
$\Longrightarrow \sin\theta = x$ と置き換える
x の変域に注意

186 応用 **解説** $\tan\theta = x$ とおく。$\dfrac{\pi}{6} \leqq \theta \leqq \dfrac{\pi}{3}$ のとき

$\dfrac{1}{\sqrt{3}} \leqq \tan\theta \leqq \sqrt{3}$

解答 $y = \tan^2\theta - 2\tan\theta + 3$

$\tan\theta = x$ とおくと

$y = x^2 - 2x + 3$
$= (x-1)^2 + 2$ ……①

$\dfrac{\pi}{6} \leqq \theta \leqq \dfrac{\pi}{3}$ のとき

$\dfrac{1}{\sqrt{3}} \leqq \tan\theta \leqq \sqrt{3}$

よって $\dfrac{1}{\sqrt{3}} \leqq x \leqq \sqrt{3}$

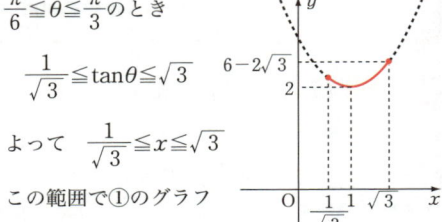

この範囲で①のグラフは右図のようになり，

$\sqrt{3} - 1 > 1 - \dfrac{1}{\sqrt{3}}$ だから，y は $x = \tan\theta = \sqrt{3}$

すなわち $\theta = \dfrac{\pi}{3}$ のとき最大値 $6 - 2\sqrt{3}$ をとり，

$x = \tan\theta = 1$ すなわち $\theta = \dfrac{\pi}{4}$ のとき最小値 2 をとる。

よって，y の **最大値 $6 - 2\sqrt{3}$，最小値 2**

187 応用 **解説** $\sin^2\theta = 1 - \cos^2\theta$ を用いて，与えられた式を $\cos\theta$ だけの式に直す。

$0 \leqq \theta \leqq \pi$ のとき，$-1 \leqq \cos\theta \leqq 1$ に注意する。

解答 $y = \sin^2\theta + \cos\theta - 1$ とおくと

$y = (1 - \cos^2\theta) + \cos\theta - 1$
$= -\cos^2\theta + \cos\theta$

$\cos\theta = x$ とおくと

$y = -x^2 + x$
$= -\left(x - \dfrac{1}{2}\right)^2 + \dfrac{1}{4}$
……①

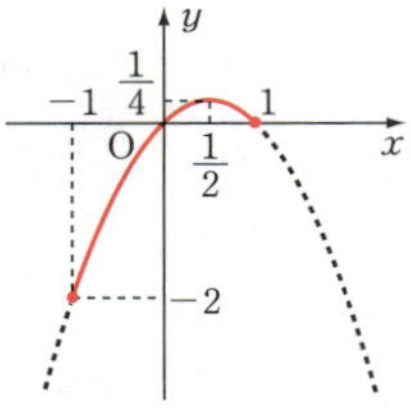

$0 \leqq \theta \leqq \pi$ のとき

$-1 \leqq \cos\theta \leqq 1$ よって $-1 \leqq x \leqq 1$

この範囲で，①のグラフは上図のようになるから，y は $x = \cos\theta = \dfrac{1}{2}$ すなわち $\theta = \dfrac{\pi}{3}$ のとき

最大値 $\dfrac{1}{4}$ をとり，$x = \cos\theta = -1$ すなわち

$\theta = \pi$ のとき最小値 -2 をとる。

よって，y の **最大値 $\dfrac{1}{4}$，最小値 -2**

第2節　加法定理

188 基本 **解説** (1)は正弦の加法定理，(2)は余弦の加法定理を用いる。

解答 (1) 正弦の加法定理から

$\sin(-75°) = -\sin 75° = -\sin(45° + 30°)$
$= -(\sin 45° \cos 30° + \cos 45° \sin 30°)$
$= -\left(\dfrac{1}{\sqrt{2}} \cdot \dfrac{\sqrt{3}}{2} + \dfrac{1}{\sqrt{2}} \cdot \dfrac{1}{2}\right) = \underline{-\dfrac{\sqrt{6} + \sqrt{2}}{4}}$

(2) 余弦の加法定理から

$\cos(-105°) = \cos 105° = \cos(60° + 45°)$
$= \cos 60° \cos 45° - \sin 60° \sin 45°$
$= \dfrac{1}{2} \cdot \dfrac{1}{\sqrt{2}} - \dfrac{\sqrt{3}}{2} \cdot \dfrac{1}{\sqrt{2}} = \underline{\dfrac{\sqrt{2} - \sqrt{6}}{4}}$

189 基本 解説 (1) $195°=180°+15°$ から
$$\sin 195°=\sin(180°+15°)=-\sin 15°$$
(2) $\cos 345°=\cos(-15°+360°)$
$$=\cos(-15°)=\cos 15°$$

解答 (1) $\sin 195°$
$=\sin(180°+15°)$
$=-\sin 15°$
$=-\sin(45°-30°)$
$=-(\sin 45°\cos 30°-\cos 45°\sin 30°)$
$=-\left(\dfrac{1}{\sqrt{2}}\cdot\dfrac{\sqrt{3}}{2}-\dfrac{1}{\sqrt{2}}\cdot\dfrac{1}{2}\right)=\underline{\dfrac{\sqrt{2}-\sqrt{6}}{4}}$

(2) $\cos 345°$
$=\cos(-15°+360°)$
$=\cos(-15°)$
$=\cos 15°$
$=\cos(45°-30°)$
$=\cos 45°\cos 30°+\sin 45°\sin 30°$
$=\dfrac{1}{\sqrt{2}}\cdot\dfrac{\sqrt{3}}{2}+\dfrac{1}{\sqrt{2}}\cdot\dfrac{1}{2}=\underline{\dfrac{\sqrt{6}+\sqrt{2}}{4}}$

190 応用 解説 $\dfrac{\pi}{2}<\alpha<\pi$ のとき $\cos\alpha<0$
$0<\beta<\dfrac{\pi}{2}$ のとき $\sin\beta>0$
に注意して，$\cos\alpha$，$\sin\beta$ の値を求める。

解答 $\sin\alpha=\dfrac{12}{13}$ のとき
$$\cos^2\alpha=1-\sin^2\alpha=1-\left(\dfrac{12}{13}\right)^2=\dfrac{25}{169}$$
$\dfrac{\pi}{2}<\alpha<\pi$ のとき，$\cos\alpha<0$ だから
$$\cos\alpha=-\dfrac{5}{13}$$
また，$\cos\beta=\dfrac{4}{5}$ のとき
$$\sin^2\beta=1-\cos^2\beta=1-\left(\dfrac{4}{5}\right)^2=\dfrac{9}{25}$$
$0<\beta<\dfrac{\pi}{2}$ のとき，$\sin\beta>0$ だから
$$\sin\beta=\dfrac{3}{5}$$
よって，余弦の加法定理から
$\cos(\alpha+\beta)=\cos\alpha\cos\beta-\sin\alpha\sin\beta$
$=-\dfrac{5}{13}\cdot\dfrac{4}{5}-\dfrac{12}{13}\cdot\dfrac{3}{5}=\underline{-\dfrac{56}{65}}$

POINT $\sin(\alpha\pm\beta)$, $\cos(\alpha\pm\beta)$ の値
$\Longrightarrow$ 加法定理を利用

191 基本 解説 $\tan(\alpha+\beta)=\dfrac{\tan\alpha+\tan\beta}{1-\tan\alpha\tan\beta}$ の公式
を用いる。

解答 正接の加法定理から
$\tan 75°=\tan(30°+45°)$
$=\dfrac{\tan 30°+\tan 45°}{1-\tan 30°\tan 45°}$
$=\dfrac{\dfrac{1}{\sqrt{3}}+1}{1-\dfrac{1}{\sqrt{3}}\cdot 1}=\dfrac{1+\sqrt{3}}{\sqrt{3}-1}$
$=\dfrac{(\sqrt{3}+1)^2}{3-1}=\dfrac{4+2\sqrt{3}}{2}=\underline{2+\sqrt{3}}$

192 応用 解説 2直線 $y=2x$, $y=-3x$ が x 軸の正の向きとなす角を α, β とすると，$\beta-\alpha$ は鋭角だから，$\theta=\beta-\alpha$ である。

解答 2直線 $y=2x$, $y=-3x$ が x 軸の正の向きとなす角をそれぞれ α, β とすると
$\tan\alpha=2$
$\tan\beta=-3$
$\beta-\alpha$ は鋭角だから
$\theta=\beta-\alpha$
よって
$\tan\theta=\tan(\beta-\alpha)$
$=\dfrac{\tan\beta-\tan\alpha}{1+\tan\beta\tan\alpha}=\dfrac{-3-2}{1+(-3)\cdot 2}=1$
$0<\theta<\dfrac{\pi}{2}$ では $\underline{\theta=\dfrac{\pi}{4}}$

POINT 2直線のなす角
$\Longrightarrow$ tan の加法定理を利用

193 応用 解説 $\tan(\alpha+\beta)$ の形から
$(1+\tan\alpha)(1+\tan\beta)$
$=1+(\tan\alpha+\tan\beta)+\tan\alpha\tan\beta$
の形をめざす。

解答 $\alpha+\beta=\dfrac{\pi}{4}$ のとき
$\tan(\alpha+\beta)=\tan\dfrac{\pi}{4}=1$

よって　　$\dfrac{\tan\alpha+\tan\beta}{1-\tan\alpha\tan\beta}=1$

分母を払って

　　$\tan\alpha+\tan\beta=1-\tan\alpha\tan\beta$

よって　　$\tan\alpha+\tan\beta+\tan\alpha\tan\beta=1$

したがって

　　$(1+\tan\alpha)(1+\tan\beta)$
　　$=1+\tan\alpha+\tan\beta+\tan\alpha\tan\beta$
　　$=1+1=\color{red}{2}$

別解　$\alpha+\beta=\dfrac{\pi}{4}$ のとき　　$\beta=\dfrac{\pi}{4}-\alpha$

よって

　　$\tan\beta=\tan\left(\dfrac{\pi}{4}-\alpha\right)$
　　　　$=\dfrac{\tan\dfrac{\pi}{4}-\tan\alpha}{1+\tan\dfrac{\pi}{4}\tan\alpha}=\dfrac{1-\tan\alpha}{1+\tan\alpha}$

したがって

　　$(1+\tan\alpha)(1+\tan\beta)$
　　$=(1+\tan\alpha)\left(1+\dfrac{1-\tan\alpha}{1+\tan\alpha}\right)$
　　$=(1+\tan\alpha)\cdot\dfrac{2}{1+\tan\alpha}=\color{red}{2}$

194 基本　解説　加法定理を用いる。

　　$\sin(\alpha+\beta)=\sin\alpha\cos\beta+\cos\alpha\sin\beta$

解答　(1)　正弦の加法定理から

　　$\sin20°\cos70°+\sin70°\cos20°$
　　$=\sin(20°+70°)$
　　$=\sin\color{red}{90°}=\color{red}{1}$

(2)　$\sin(\theta+90°)$
　　$=\sin\theta\cos90°+\color{red}{\cos\theta}\sin90°$
　　$=\sin\theta\cdot0+\cos\theta\cdot1=\color{red}{\cos\theta}$

195 基本　解説　$\sin\left(\theta+\dfrac{2}{3}\pi\right)$, $\sin\left(\theta+\dfrac{4}{3}\pi\right)$ それぞれに加法定理を用いる。

解答　正弦の加法定理から

　　$\sin\left(\theta+\dfrac{2}{3}\pi\right)=\sin\theta\cos\dfrac{2}{3}\pi+\cos\theta\sin\dfrac{2}{3}\pi$
　　　　　　　　$=\sin\theta\cdot\left(-\dfrac{1}{2}\right)+\cos\theta\cdot\dfrac{\sqrt{3}}{2}$
　　　　　　　　$=-\dfrac{1}{2}\sin\theta+\dfrac{\sqrt{3}}{2}\cos\theta$

$\sin\left(\theta+\dfrac{4}{3}\pi\right)=\sin\theta\cos\dfrac{4}{3}\pi+\cos\theta\sin\dfrac{4}{3}\pi$
　　　　　　$=\sin\theta\cdot\left(-\dfrac{1}{2}\right)+\cos\theta\cdot\left(-\dfrac{\sqrt{3}}{2}\right)$
　　　　　　$=-\dfrac{1}{2}\sin\theta-\dfrac{\sqrt{3}}{2}\cos\theta$

よって

　　$\sin\theta+\sin\left(\theta+\dfrac{2}{3}\pi\right)+\sin\left(\theta+\dfrac{4}{3}\pi\right)$
　　$=\sin\theta+\left(-\dfrac{1}{2}\sin\theta+\dfrac{\sqrt{3}}{2}\cos\theta\right)$
　　$\quad+\left(-\dfrac{1}{2}\sin\theta-\dfrac{\sqrt{3}}{2}\cos\theta\right)$
　　$=0$

196 応用　解説　余弦の加法定理を用いて左辺を変形し，右辺を導く。

解答　加法定理から

　　$\dfrac{\cos(\alpha-\beta)}{\cos(\alpha+\beta)}=\dfrac{\cos\alpha\cos\beta+\sin\alpha\sin\beta}{\cos\alpha\cos\beta-\sin\alpha\sin\beta}$

分母・分子を $\cos\alpha\cos\beta$ で割ると

　　$\dfrac{\cos(\alpha-\beta)}{\cos(\alpha+\beta)}=\dfrac{1+\dfrac{\sin\alpha\sin\beta}{\cos\alpha\cos\beta}}{1-\dfrac{\sin\alpha\sin\beta}{\cos\alpha\cos\beta}}$

$\dfrac{\sin\alpha}{\cos\alpha}=\tan\alpha$, $\dfrac{\sin\beta}{\cos\beta}=\tan\beta$ だから

　　$\dfrac{\cos(\alpha-\beta)}{\cos(\alpha+\beta)}=\dfrac{1+\tan\alpha\tan\beta}{1-\tan\alpha\tan\beta}$

POINT　等式の証明
　　⟹　複雑な式から簡単な式を導く

197 応用　解説　与えられた等式を加法定理を使って $\sin\alpha$, $\sin\beta$, $\cos\alpha$, $\cos\beta$ で表し，両辺を $\cos\alpha\cos\beta$ で割る。

解答　$\cos(\alpha-\beta)=2\sin(\alpha+\beta)$

加法定理から

　　$\cos\alpha\cos\beta+\sin\alpha\sin\beta$
　　$=2(\sin\alpha\cos\beta+\cos\alpha\sin\beta)$

この両辺を $\cos\alpha\cos\beta$ で割ると

　　$1+\dfrac{\sin\alpha}{\cos\alpha}\cdot\dfrac{\sin\beta}{\cos\beta}=2\left(\dfrac{\sin\alpha}{\cos\alpha}+\dfrac{\sin\beta}{\cos\beta}\right)$

　　$1+\tan\alpha\tan\beta=2(\tan\alpha+\tan\beta)$

よって　　$\dfrac{\tan\alpha+\tan\beta}{1+\tan\alpha\tan\beta}=\dfrac{1}{2}$

第3章　三角関数

別解 $\dfrac{\tan\alpha+\tan\beta}{1+\tan\alpha\tan\beta}$

$=\dfrac{\dfrac{\sin\alpha}{\cos\alpha}+\dfrac{\sin\beta}{\cos\beta}}{1+\dfrac{\sin\alpha}{\cos\alpha}\cdot\dfrac{\sin\beta}{\cos\beta}}$

$=\dfrac{\sin\alpha\cos\beta+\cos\alpha\sin\beta}{\cos\alpha\cos\beta+\sin\alpha\sin\beta}=\dfrac{\sin(\alpha+\beta)}{\cos(\alpha-\beta)}$

よって，$\cos(\alpha-\beta)=2\sin(\alpha+\beta)$ のとき

$$\dfrac{\tan\alpha+\tan\beta}{1+\tan\alpha\tan\beta}=\dfrac{1}{2}$$

198 基本 解説 $0<\alpha<\dfrac{\pi}{2}$ のとき $\cos\alpha>0$ に注意して $\cos\alpha$ の値を求め，2倍角の公式を用いる。

解答 $\sin\alpha=\dfrac{3}{5}$ のとき

$$\cos^2\alpha=1-\sin^2\alpha=1-\left(\dfrac{3}{5}\right)^2=\dfrac{16}{25}$$

$0<\alpha<\dfrac{\pi}{2}$ のとき，$\cos\alpha>0$ だから

$$\cos\alpha=\dfrac{4}{5}$$

(1) 正弦の2倍角の公式から

$\sin2\alpha=2\sin\alpha\cos\alpha$

$=2\cdot\dfrac{3}{5}\cdot\dfrac{4}{5}=\dfrac{24}{25}$

(2) 余弦の2倍角の公式から

$\cos2\alpha=\cos^2\alpha-\sin^2\alpha$

$=\left(\dfrac{4}{5}\right)^2-\left(\dfrac{3}{5}\right)^2=\dfrac{7}{25}$

(3) $\tan2\alpha=\dfrac{\sin2\alpha}{\cos2\alpha}=\dfrac{24}{25}\cdot\dfrac{25}{7}=\dfrac{24}{7}$

> **POINT**
> $\sin\alpha$，$\cos\alpha$ から 2α の三角関数
> $\Longrightarrow$ 2倍角の公式

199 基本 解説 $67.5°=\dfrac{135°}{2}$ として，半角の公式を用いる。$\tan67.5°$ は $\dfrac{\sin67.5°}{\cos67.5°}$ で計算する。

解答 半角の公式から

$\sin^267.5°=\sin^2\dfrac{135°}{2}$

$=\dfrac{1-\cos135°}{2}$

$=\dfrac{1}{2}\left(1+\dfrac{1}{\sqrt{2}}\right)=\dfrac{2+\sqrt{2}}{4}$

$\cos^267.5°=\cos^2\dfrac{135°}{2}$

$=\dfrac{1+\cos135°}{2}=\dfrac{2-\sqrt{2}}{4}$

$\sin67.5°>0$，$\cos67.5°>0$ だから

$\sin67.5°=\dfrac{\sqrt{2+\sqrt{2}}}{2}$，$\cos67.5°=\dfrac{\sqrt{2-\sqrt{2}}}{2}$

よって

$\tan67.5°=\dfrac{\sin67.5°}{\cos67.5°}$

$=\dfrac{\sqrt{2+\sqrt{2}}}{2}\cdot\dfrac{2}{\sqrt{2-\sqrt{2}}}$

$=\sqrt{\dfrac{2+\sqrt{2}}{2-\sqrt{2}}}$

$=\sqrt{\dfrac{(2+\sqrt{2})^2}{2}}$

$=\dfrac{2+\sqrt{2}}{\sqrt{2}}=\sqrt{2}+1$

200 基本 解説 $\dfrac{\pi}{2}<\alpha<\pi$ のとき，$\dfrac{\pi}{4}<\dfrac{\alpha}{2}<\dfrac{\pi}{2}$ だから，$\sin\dfrac{\alpha}{2}>0$，$\cos\dfrac{\alpha}{2}>0$ である。

解答 $\dfrac{\pi}{2}<\alpha<\pi$，$\cos\alpha=-\dfrac{3}{5}$

(1) $\sin^2\dfrac{\alpha}{2}=\dfrac{1-\cos\alpha}{2}=\dfrac{8}{10}=\dfrac{4}{5}$

$\dfrac{\pi}{4}<\dfrac{\alpha}{2}<\dfrac{\pi}{2}$ のとき，$\sin\dfrac{\alpha}{2}>0$ だから

$\sin\dfrac{\alpha}{2}=\sqrt{\dfrac{4}{5}}=\dfrac{2\sqrt{5}}{5}$

(2) $\cos^2\dfrac{\alpha}{2}=\dfrac{1+\cos\alpha}{2}=\dfrac{2}{10}=\dfrac{1}{5}$

$\dfrac{\pi}{4}<\dfrac{\alpha}{2}<\dfrac{\pi}{2}$ のとき，$\cos\dfrac{\alpha}{2}>0$ だから

$\cos\dfrac{\alpha}{2}=\sqrt{\dfrac{1}{5}}=\dfrac{1}{\sqrt{5}}=\dfrac{\sqrt{5}}{5}$

(3) $\tan\dfrac{\alpha}{2}=\dfrac{\sin\dfrac{\alpha}{2}}{\cos\dfrac{\alpha}{2}}=\dfrac{\dfrac{2\sqrt{5}}{5}}{\dfrac{\sqrt{5}}{5}}=2$

> **POINT**
> $\sin\alpha$，$\cos\alpha$ から $\dfrac{\alpha}{2}$ の三角関数
> $\Longrightarrow$ 半角の公式

201 応用 解説 和・差を積に変形する公式，および積を和・差に変形する公式を用いる。

解答 (1) $\sin 75° + \sin 165°$
$= 2\sin\dfrac{165° + 75°}{2}\cos\dfrac{165° - 75°}{2}$
$= 2\sin 120°\cos 45°$
$= 2 \cdot \dfrac{\sqrt{3}}{2} \cdot \dfrac{1}{\sqrt{2}} = \underline{\dfrac{\sqrt{6}}{2}}$

(2) $\cos 75° - \cos 15°$
$= -2\sin\dfrac{75° + 15°}{2}\sin\dfrac{75° - 15°}{2}$
$= -2\sin 45°\sin 30°$
$= -2 \cdot \dfrac{1}{\sqrt{2}} \cdot \dfrac{1}{2} = \underline{-\dfrac{\sqrt{2}}{2}}$

(3) $\sin 15°\cos 75°$
$= \cos 75°\sin 15°$
$= \dfrac{1}{2}\{\sin(75° + 15°) - \sin(75° - 15°)\}$
$= \dfrac{1}{2}(\sin 90° - \sin 60°)$
$= \dfrac{1}{2}\left(1 - \dfrac{\sqrt{3}}{2}\right) = \underline{\dfrac{2 - \sqrt{3}}{4}}$

(4) $\cos 37.5°\cos 7.5°$
$= \dfrac{1}{2}\{\cos(37.5° + 7.5°) + \cos(37.5° - 7.5°)\}$
$= \dfrac{1}{2}(\cos 45° + \cos 30°)$
$= \dfrac{1}{2}\left(\dfrac{1}{\sqrt{2}} + \dfrac{\sqrt{3}}{2}\right) = \underline{\dfrac{\sqrt{2} + \sqrt{3}}{4}}$

202 応用 解説 和・差を積に変形する公式を用いる。

解答 (1) $\sin 3\theta + \sin \theta$
$= 2\sin\dfrac{3\theta + \theta}{2}\cos\dfrac{3\theta - \theta}{2} = \underline{2\sin 2\theta \cos\theta}$

(2) $\cos 5\theta - \cos\theta$
$= -2\sin\dfrac{5\theta + \theta}{2}\sin\dfrac{5\theta - \theta}{2} = \underline{-2\sin 3\theta \sin 2\theta}$

203 応用 解説 $\sin B + \sin C$ を積の形に変形し，$B + C = \dfrac{2}{3}\pi$ および $\cos\dfrac{B - C}{2} \leqq 1$ を用いる。

解答 和を積に変形する公式から
$\sin B + \sin C = 2\sin\dfrac{B + C}{2}\cos\dfrac{B - C}{2}$

三角形の内角の和は π だから，$A = \dfrac{\pi}{3}$ のとき

$B + C = \dfrac{2}{3}\pi$

よって $\sin B + \sin C = 2\sin\dfrac{\pi}{3}\cos\dfrac{B - C}{2}$
$= \sqrt{3}\cos\dfrac{B - C}{2}$

B, C は三角形の内角だから
$0 < \cos\dfrac{B - C}{2} \leqq 1$
$0 < \sqrt{3}\cos\dfrac{B - C}{2} \leqq \sqrt{3}$

したがって $0 < \sin B + \sin C \leqq \sqrt{3}$

最大となるのは，$\dfrac{B - C}{2} = 0$，すなわち

$B = C$ のとき **最大値** $\sqrt{3}$

このときの形状は，$A = B = C = \dfrac{\pi}{3}$ から

正三角形

204 基本 解説 (1) $\sin 2\theta = 2\sin\theta\cos\theta$ を用いる。
(2) $\cos 2\theta = 1 - 2\sin^2\theta$ を用いる。

解答 (1) $\sin 2\theta + \sqrt{2}\sin\theta = 0$
$\sin 2\theta = 2\sin\theta\cos\theta$ だから
$2\sin\theta\cos\theta + \sqrt{2}\sin\theta = 0$
$\sin\theta(2\cos\theta + \sqrt{2}) = 0$

よって $\sin\theta = 0$ または $\cos\theta = -\dfrac{1}{\sqrt{2}}$

$0 \leqq \theta < 2\pi$ のとき
$\sin\theta = 0$ から $\theta = 0, \pi$
$\cos\theta = -\dfrac{1}{\sqrt{2}}$ から $\theta = \dfrac{3}{4}\pi, \dfrac{5}{4}\pi$

よって $\underline{\theta = 0, \dfrac{3}{4}\pi, \pi, \dfrac{5}{4}\pi}$

(2) $\cos 2\theta + \sin\theta - 1 = 0$
$\cos 2\theta = 1 - 2\sin^2\theta$ だから
$(1 - 2\sin^2\theta) + \sin\theta - 1 = 0$
$2\sin^2\theta - \sin\theta = 0$
$\sin\theta(2\sin\theta - 1) = 0$

よって $\sin\theta = 0, \dfrac{1}{2}$

$0 \leqq \theta < 2\pi$ のとき
$\sin\theta = 0$ から $\theta = 0, \pi$
$\sin\theta = \dfrac{1}{2}$ から $\theta = \dfrac{\pi}{6}, \dfrac{5}{6}\pi$

よって $\underline{\theta = 0, \dfrac{\pi}{6}, \dfrac{5}{6}\pi, \pi}$

> **POINT** 三角方程式
> $\implies$ 1種類の三角関数の方程式か
> 積＝0 の形に

205 応用 解説 和を積に変形する公式を用いて, 方程式を積＝0 の形にもち込む。

解答 $\sin 3\theta + \sin\theta = 0$

和を積に変形する公式から

$$2\sin\frac{3\theta+\theta}{2}\cos\frac{3\theta-\theta}{2}=0$$

$$2\sin 2\theta \cos\theta = 0$$

よって $\sin 2\theta = 0$ または $\cos\theta = 0$

$0 \leqq \theta < 2\pi$ のとき $0 \leqq 2\theta < 4\pi$

$\sin 2\theta = 0$ から

$2\theta = 0,\ \pi,\ 2\pi,\ 3\pi$

よって $\theta = 0,\ \dfrac{\pi}{2},\ \pi,\ \dfrac{3}{2}\pi$

$\cos\theta = 0$ から $\theta = \dfrac{\pi}{2},\ \dfrac{3}{2}\pi$

したがって $\theta = 0,\ \dfrac{\pi}{2},\ \pi,\ \dfrac{3}{2}\pi$

206 基本 解説 (1) 左辺を展開し $\sin^2\alpha + \cos^2\alpha = 1$, $2\sin\alpha\cos\alpha = \sin 2\alpha$ を用いる。

(2) $\dfrac{\pi}{12} = \dfrac{\pi}{4} - \dfrac{\pi}{6}$ としてもできるが,「(1)を用いて」とあるので, (1)で $\alpha = \dfrac{\pi}{12}$ とおく。

解答 (1) $(\sin\alpha + \cos\alpha)^2$
$= \sin^2\alpha + 2\sin\alpha\cos\alpha + \cos^2\alpha$
$= 1 + 2\sin\alpha\cos\alpha$

2倍角の公式から

$2\sin\alpha\cos\alpha = \sin 2\alpha$

よって $(\sin\alpha + \cos\alpha)^2 = 1 + \sin 2\alpha$

(2) (1)で $\alpha = \dfrac{\pi}{12}$ とおくと

$$\left(\sin\frac{\pi}{12} + \cos\frac{\pi}{12}\right)^2 = 1 + \sin\frac{\pi}{6}$$

$$= 1 + \frac{1}{2} = \frac{3}{2}$$

$\sin\dfrac{\pi}{12} > 0,\ \cos\dfrac{\pi}{12} > 0$ だから

$\sin\dfrac{\pi}{12} + \cos\dfrac{\pi}{12} > 0$

よって $\sin\dfrac{\pi}{12} + \cos\dfrac{\pi}{12} = \sqrt{\dfrac{3}{2}} = \dfrac{\sqrt{6}}{2}$

207 応用 解説 問題文は $\alpha = 36°$ のとき $5\alpha = 180°$ を用いて, $3\alpha = 180° - 2\alpha$ となっている。
両辺の $\cos$ をとり $\cos 3\alpha = \cos(180° - 2\alpha)$ として, $\cos\alpha$ だけの方程式に直す。

解答 $3\alpha = 180° - 2\alpha$

両辺の $\cos$ をとって

$\cos 3\alpha = \cos(180° - 2\alpha)$

$\cos 3\alpha = \cos(2\alpha + \alpha)$
$= \cos 2\alpha \cos\alpha - \sin 2\alpha \sin\alpha$
$= (2\cos^2\alpha - 1)\cos\alpha - 2\sin^2\alpha \cos\alpha$
$= 2\cos^3\alpha - \cos\alpha - 2(1 - \cos^2\alpha)\cos\alpha$
$= 4\cos^3\alpha - 3\cos\alpha$

$\cos(180° - 2\alpha) = -\cos 2\alpha = 1 - 2\cos^2\alpha$

したがって

$4\cos^3\alpha - 3\cos\alpha = 1 - 2\cos^2\alpha$

$4\cos^3\alpha + 2\cos^2\alpha - 3\cos\alpha - 1 = 0$

$(\cos\alpha + 1)(4\cos^2\alpha - 2\cos\alpha - 1) = 0$

すなわち $\cos\alpha + 1 = 0$,

$4\cos^2\alpha - 2\cos\alpha - 1 = 0$

よって $\cos\alpha = -1,\ \dfrac{1 \pm \sqrt{5}}{4}$

$\cos\alpha = \cos 36° > 0$ だから

$\cos 36° = \dfrac{1 + \sqrt{5}}{4}$

208 応用 解説 $\theta = 2 \cdot \dfrac{\theta}{2}$ と考え, 2倍角の公式を用い, $\sin^2\dfrac{\theta}{2} + \cos^2\dfrac{\theta}{2} = 1$ に着目して変形する。

解答 2倍角の公式から

$\sin\theta = \sin\left(2 \cdot \dfrac{\theta}{2}\right)$

$= 2\sin\dfrac{\theta}{2}\cos\dfrac{\theta}{2}$

$= \dfrac{2\sin\dfrac{\theta}{2}\cos\dfrac{\theta}{2}}{\cos^2\dfrac{\theta}{2} + \sin^2\dfrac{\theta}{2}}$

分母・分子を $\cos^2\dfrac{\theta}{2}$ で割って

$\sin\theta = \dfrac{2\tan\dfrac{\theta}{2}}{1 + \tan^2\dfrac{\theta}{2}}$

同様にして

$$\cos\theta = \cos\left(2\cdot\frac{\theta}{2}\right)$$

$$= \cos^2\frac{\theta}{2} - \sin^2\frac{\theta}{2}$$

$$= \frac{\cos^2\frac{\theta}{2} - \sin^2\frac{\theta}{2}}{\cos^2\frac{\theta}{2} + \sin^2\frac{\theta}{2}} = \frac{1-\tan^2\frac{\theta}{2}}{1+\tan^2\frac{\theta}{2}}$$

$$\tan\theta = \frac{\sin\theta}{\cos\theta} = \frac{2\tan\frac{\theta}{2}}{1-\tan^2\frac{\theta}{2}}$$

よって，$\tan\frac{\theta}{2}=t$ とおくとき

$$\sin\theta = \frac{2t}{1+t^2},\ \cos\theta = \frac{1-t^2}{1+t^2},\ \tan\theta = \frac{2t}{1-t^2}$$

> **POINT**
>
> $\tan\dfrac{\theta}{2}=t$
>
> $\Longrightarrow \sin\theta = \dfrac{2t}{1+t^2},\ \cos\theta = \dfrac{1-t^2}{1+t^2}$

209 応用 解説 左辺を変形して右辺を導く。

$\sin^2\alpha,\ \sin^2\beta$ に $\quad \sin^2\theta = \dfrac{1-\cos 2\theta}{2}$

$\sin^2(\alpha+\beta)$ には $\quad \sin^2\theta = 1-\cos^2\theta$

を用いて余弦 cos の式を作る。

解答 $\sin^2\alpha + \sin^2\beta + \sin^2(\alpha+\beta)$

$$= \frac{1-\cos 2\alpha}{2} + \frac{1-\cos 2\beta}{2} + 1 - \cos^2(\alpha+\beta)$$

$$= 2 - \frac{1}{2}(\cos 2\alpha + \cos 2\beta) - \cos^2(\alpha+\beta)$$

$$= 2 - \frac{1}{2}\cdot 2\cos(\alpha+\beta)\cos(\alpha-\beta) - \cos^2(\alpha+\beta)$$

$$= 2 - \cos(\alpha+\beta)\{\cos(\alpha-\beta) + \cos(\alpha+\beta)\}$$

$$= 2 - \cos(\alpha+\beta)\cdot 2\cos\alpha\cos\beta$$

よって

$$\sin^2\alpha + \sin^2\beta + \sin^2(\alpha+\beta)$$
$$= 2 - 2\cos\alpha\cos\beta\cos(\alpha+\beta)$$

210 基本 解説 三角関数の合成の公式

$$a\sin\theta + b\cos\theta = \sqrt{a^2+b^2}\sin(\theta+\alpha)$$

$$\left(\cos\alpha = \frac{a}{\sqrt{a^2+b^2}},\ \sin\alpha = \frac{b}{\sqrt{a^2+b^2}}\right)$$

を用いる。

解答 (1) $\sin\theta + \cos\theta$

$$= \sqrt{2}\left(\frac{1}{\sqrt{2}}\sin\theta + \frac{1}{\sqrt{2}}\cos\theta\right)$$

$$= \sqrt{2}\left(\sin\theta\cos\frac{\pi}{4} + \cos\theta\sin\frac{\pi}{4}\right)$$

$$= \sqrt{2}\sin\left(\theta+\frac{\pi}{4}\right)$$

(2) $\sin\theta - \sqrt{3}\cos\theta$

$$= 2\left(\frac{1}{2}\sin\theta - \frac{\sqrt{3}}{2}\cos\theta\right)$$

$$= 2\left(\sin\theta\cos\frac{\pi}{3} - \cos\theta\sin\frac{\pi}{3}\right)$$

$$= 2\sin\left(\theta-\frac{\pi}{3}\right)$$

(3) $\sqrt{3^2+(\sqrt{3})^2} = 2\sqrt{3}$ だから

$3\sin\theta - \sqrt{3}\cos\theta$

$$= 2\sqrt{3}\left(\frac{\sqrt{3}}{2}\sin\theta - \frac{1}{2}\cos\theta\right)$$

$$= 2\sqrt{3}\left(\sin\theta\cos\frac{\pi}{6} - \cos\theta\sin\frac{\pi}{6}\right)$$

$$= 2\sqrt{3}\sin\left(\theta-\frac{\pi}{6}\right)$$

211 応用 解説 左辺を合成して，方程式を $r\sin(\theta+\alpha) = \dfrac{1}{\sqrt{2}}$ の形にする。

解答

$$\sin\theta + \cos\theta = \frac{1}{\sqrt{2}}$$

$$\sqrt{2}\left(\frac{1}{\sqrt{2}}\sin\theta + \frac{1}{\sqrt{2}}\cos\theta\right) = \frac{1}{\sqrt{2}}$$

$$\sqrt{2}\sin\left(\theta+\frac{\pi}{4}\right) = \frac{1}{\sqrt{2}}$$

$$\sin\left(\theta+\frac{\pi}{4}\right) = \frac{1}{2}$$

$0 \leqq \theta < 2\pi$ のとき

$$\frac{\pi}{4} \leqq \theta+\frac{\pi}{4} < \frac{9}{4}\pi$$

から $\quad \theta+\dfrac{\pi}{4} = \dfrac{5}{6}\pi,\ \dfrac{13}{6}\pi$

よって $\quad \theta = \dfrac{7}{12}\pi,\ \dfrac{23}{12}\pi$

> **POINT**
>
> $a\sin\theta + b\cos\theta = c$
>
> $\Longrightarrow r\sin(\theta+\alpha) = c$ の形へ

第3章 三角関数

212 応用 解説 左辺を合成して，不等式を $r\sin(\theta-\alpha)\leqq 1$ の形にする。

解答
$$\sin\theta-\sqrt{3}\cos\theta\leqq 1$$
$$2\left(\frac{1}{2}\sin\theta-\frac{\sqrt{3}}{2}\cos\theta\right)\leqq 1$$
$$2\sin\left(\theta-\frac{\pi}{3}\right)\leqq 1$$
$$\sin\left(\theta-\frac{\pi}{3}\right)\leqq \frac{1}{2}$$

$0\leqq\theta<2\pi$ のとき $-\frac{\pi}{3}\leqq\theta-\frac{\pi}{3}<\frac{5}{3}\pi$ から

$-\frac{\pi}{3}\leqq\theta-\frac{\pi}{3}\leqq\frac{\pi}{6}$, $\frac{5}{6}\pi\leqq\theta-\frac{\pi}{3}<\frac{5}{3}\pi$

よって $0\leqq\theta\leqq\frac{\pi}{2}$, $\frac{7}{6}\pi\leqq\theta<2\pi$

213 基本 解説 $a\sin\theta+b\cos\theta=r\sin(\theta+\alpha)$
および $-1\leqq\sin(\theta+\alpha)\leqq 1$ を用いる。

解答
$y=\sin\theta+\sqrt{3}\cos\theta$
$=2\left(\frac{1}{2}\sin\theta+\frac{\sqrt{3}}{2}\cos\theta\right)$
$=2\left(\sin\theta\cos\frac{\pi}{3}+\cos\theta\sin\frac{\pi}{3}\right)$
$=2\sin\left(\theta+\frac{\pi}{3}\right)$

$-1\leqq\sin\left(\theta+\frac{\pi}{3}\right)\leqq 1$ だから
$-2\leqq y\leqq 2$

よって，n を整数として

$\theta=\frac{\pi}{6}+2n\pi$ のとき　　最大値 2

$\theta=-\frac{5}{6}\pi+2n\pi$ のとき　　最小値 -2

したがって，y の **最大値 2, 最小値 -2**

214 基本 解説 $\sqrt{3^2+4^2}=5$ である。

解答
$y=3\sin\theta+4\cos\theta$
$=5\left(\frac{3}{5}\sin\theta+\frac{4}{5}\cos\theta\right)$
$=5\sin(\theta+\alpha)$

ただし $\cos\alpha=\frac{3}{5}$, $\sin\alpha=\frac{4}{5}$

$-1\leqq\sin(\theta+\alpha)\leqq 1$ だから
$-5\leqq y\leqq 5$

よって，n を整数として

$\theta+\alpha=\frac{\pi}{2}+2n\pi$ のとき　　最大値 5

$\theta+\alpha=-\frac{\pi}{2}+2n\pi$ のとき　　最小値 -5

したがって，y の **最大値 5, 最小値 -5**

POINT $\sin$, $\cos$ を含む式の最大・最小
$\Longrightarrow$ $\begin{cases}1\text{種類の三角関数で表す}\\ \text{合成する}\end{cases}$

215 応用 解説 $\sin\left(x+\frac{\pi}{3}\right)$ に加法定理を用いて，与えられた関数を $a\sin x+b\cos x$ の形にまとめてから，三角関数を合成する。また
$\sqrt{2^2+(\sqrt{3})^2}=\sqrt{7}$

解答
$y=\sin x+2\sin\left(x+\frac{\pi}{3}\right)$
$=\sin x+2\left(\sin x\cos\frac{\pi}{3}+\cos x\sin\frac{\pi}{3}\right)$
$=\sin x+2\left(\frac{1}{2}\sin x+\frac{\sqrt{3}}{2}\cos x\right)$
$=2\sin x+\sqrt{3}\cos x$
$=\sqrt{7}\sin(x+\alpha)$

ただし $\cos\alpha=\frac{2}{\sqrt{7}}$
$\sin\alpha=\sqrt{\frac{3}{7}}$

$\frac{1}{2}=\sqrt{\frac{1}{4}}<\sqrt{\frac{3}{7}}<\frac{1}{\sqrt{2}}$

だから

$\sin\frac{\pi}{6}<\sin\alpha<\sin\frac{\pi}{4}$

よって $\frac{\pi}{6}<\alpha<\frac{\pi}{4}$

$0\leqq x\leqq\pi$ のとき

$\frac{\pi}{6}<\alpha\leqq x+\alpha\leqq\pi+\alpha<\frac{5}{4}\pi$

したがって

$x+\alpha=\frac{\pi}{2}$ のとき

最大値 $\sqrt{7}$

$x+\alpha=\pi+\alpha$ すなわち $x=\pi$ のとき

最小値 $-\sqrt{3}$

グラフは右図。

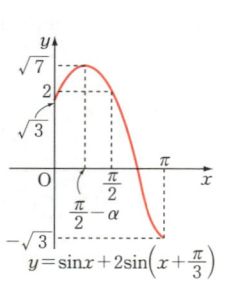

> **POINT**
> $y = a\sin\theta + b\cos\theta$
> （θ が周期より小さい区間）
> $\Longrightarrow y = r\sin(\theta + \alpha)$ として，
> $\theta + \alpha$ の変域に注意する

216 応用 解説 2倍角の公式から
$$\cos^2 x = \frac{1+\cos 2x}{2}, \quad \sin^2 x = \frac{1-\cos 2x}{2}$$
$$\sin x \cos x = \frac{1}{2}\sin 2x$$
よって，$y = a\sin 2x + b\cos 2x + c$ の形になる。

解答 $y = \cos^2 x - 4\sin x \cos x - 3\sin^2 x$
$$= \frac{1+\cos 2x}{2} - 4 \cdot \frac{1}{2}\sin 2x - 3 \cdot \frac{1-\cos 2x}{2}$$
$$= -2\sin 2x + 2\cos 2x - 1$$
$$= 2\sqrt{2}\sin\left(2x + \frac{3}{4}\pi\right) - 1$$

ここで，$0 \leqq x \leqq \dfrac{\pi}{2}$ だから
$$\frac{3}{4}\pi \leqq 2x + \frac{3}{4}\pi \leqq \frac{7}{4}\pi$$

よって，$2x + \dfrac{3}{4}\pi = \dfrac{3}{4}\pi$ すなわち

$x = 0$ のとき　　**最大値 1**

$2x + \dfrac{3}{4}\pi = \dfrac{3}{2}\pi$ すなわち

$x = \dfrac{3}{8}\pi$ のとき　　**最小値 $-2\sqrt{2}-1$**

> **POINT**
> $\sin^2 x, \cos^2 x, \sin x \cos x$ で表される関数の最大・最小
> $\Longrightarrow a\sin 2x + b\cos 2x$ の形へ

実戦問題① 　　　p.70〜71

1 解説 (1) $\sin(180°+\theta) = -\sin\theta$
　　$\cos(\theta - 360°) = \cos\theta$
　　$\tan(360°-\theta) = \tan(-\theta) = -\tan\theta$
の変換公式を用いる。

(2) $\sin 200° = \sin(180°+20°) = -\sin 20°$
　$\cos 200° = \cos(180°+20°) = -\cos 20°$
および $\sin^2\theta + \cos^2\theta = 1$ を用いる。

解答 (1) $\sin 210° = \sin(180°+30°)$
$$= -\sin 30° = -\frac{1}{2}$$
$\cos(-315°) = \cos(45°-360°)$
$$= \cos 45° = \frac{1}{\sqrt{2}}$$
$\tan 330° = \tan(360°-30°)$
$$= \tan(-30°)$$
$$= -\tan 30° = -\frac{1}{\sqrt{3}}$$

よって
$\sin 210°\cos(-315°)\tan 330°$
$$= -\frac{1}{2} \cdot \frac{1}{\sqrt{2}} \cdot \left(-\frac{1}{\sqrt{3}}\right) = \frac{\sqrt{6}}{12} \quad \text{(5点)}$$

(2) $\sin 200° = \sin(180°+20°) = -\sin 20°$
　$\cos 200° = \cos(180°+20°) = -\cos 20°$
したがって
$(\sin 200° + \cos 200°)^2 + (\sin 20° - \cos 20°)^2$
$= (-\sin 20° - \cos 20°)^2 + (\sin 20° - \cos 20°)^2$
$= 2(\sin^2 20° + \cos^2 20°) = 2$ 　　(5点)

2 解説 $\sin^2\theta + \cos^2\theta = 1$ の両辺を $\cos^2\theta$ で割った
公式 $1+\tan^2\theta = \dfrac{1}{\cos^2\theta}$ を用いる。

解答 $\tan\theta = -3$ のとき
$1+\tan^2\theta = \dfrac{1}{\cos^2\theta}$ から　　$\cos^2\theta = \dfrac{1}{10}$
θ は第4象限の角だから　　$\cos\theta > 0$
よって　$\cos\theta = \dfrac{\sqrt{10}}{10}$ 　　(4点)

$\sin\theta = \tan\theta \cos\theta$
$$= -3 \cdot \frac{\sqrt{10}}{10} = -\frac{3\sqrt{10}}{10} \quad \text{(8点)}$$

3 解説 いずれも $\sin\theta$ と $\cos\theta$ についての対称式
だから，$\sin\theta + \cos\theta$ と $\sin\theta\cos\theta$ で表せる。

解答 (1) $\sin\theta + \cos\theta = \dfrac{1}{2}$ の両辺を平方すると
$$(\sin\theta + \cos\theta)^2 = \frac{1}{4}$$
$$\sin^2\theta + 2\sin\theta\cos\theta + \cos^2\theta = \frac{1}{4}$$
$$1 + 2\sin\theta\cos\theta = \frac{1}{4}$$
よって　$\sin\theta\cos\theta = -\dfrac{3}{8}$ 　　(4点)

(2) $\sin^3\theta+\cos^3\theta$
$=(\sin\theta+\cos\theta)(\sin^2\theta-\sin\theta\cos\theta+\cos^2\theta)$
$=\dfrac{1}{2}\cdot\left(1+\dfrac{3}{8}\right)=\dfrac{11}{16}$ （4点）

(3) $\tan\theta+\dfrac{1}{\tan\theta}=\dfrac{\sin\theta}{\cos\theta}+\dfrac{\cos\theta}{\sin\theta}$
$=\dfrac{\sin^2\theta+\cos^2\theta}{\cos\theta\sin\theta}$
$=\dfrac{1}{\sin\theta\cos\theta}=-\dfrac{8}{3}$ （4点）

4 **解説** (1), (2)はまず $0\leqq\theta<2\pi$ の範囲で，(3)は $0\leqq\theta<\pi$ の範囲で θ の値を求める。

解答 (1) $2\sin\theta+1=0$ から
$\sin\theta=-\dfrac{1}{2}$
$0\leqq\theta<2\pi$ では $\theta=\dfrac{7}{6}\pi,\ \dfrac{11}{6}\pi$
よって
$\theta=\dfrac{7}{6}\pi+2n\pi,\ \dfrac{11}{6}\pi+2n\pi$ （n は整数）
（5点）

(2) $\sqrt{2}\cos\theta+1=0$ から
$\cos\theta=-\dfrac{1}{\sqrt{2}}$
$0\leqq\theta<2\pi$ では $\theta=\dfrac{3}{4}\pi,\ \dfrac{5}{4}\pi$
よって
$\theta=\dfrac{3}{4}\pi+2n\pi,\ \dfrac{5}{4}\pi+2n\pi$ （n は整数）
（5点）

(3) $3\tan\theta-\sqrt{3}=0$ から
$\tan\theta=\dfrac{1}{\sqrt{3}}$
$0\leqq\theta<\pi$ では $\theta=\dfrac{\pi}{6}$
よって
$\theta=\dfrac{\pi}{6}+n\pi$ （n は整数） （5点）

5 **解説** それぞれ単位円を利用して求める。

解答 (1) $2\sin\theta+\sqrt{2}\leqq 0$
$\sin\theta\leqq-\dfrac{1}{\sqrt{2}}$
$0\leqq\theta<2\pi$ では

$\dfrac{5}{4}\pi\leqq\theta\leqq\dfrac{7}{4}\pi$ （5点）

(2) $2\cos\theta+1\geqq 0$
$\cos\theta\geqq-\dfrac{1}{2}$
$0\leqq\theta<2\pi$ では
$0\leqq\theta\leqq\dfrac{2}{3}\pi,$
$\dfrac{4}{3}\pi\leqq\theta<2\pi$ （5点）

(3) $\tan\theta-\sqrt{3}\geqq 0$
$\tan\theta\geqq\sqrt{3}$
$0\leqq\theta<2\pi$ では
$\dfrac{\pi}{3}\leqq\theta<\dfrac{\pi}{2},$
$\dfrac{4}{3}\pi\leqq\theta<\dfrac{3}{2}\pi$ （5点）

6 **解説** $y=a\sin k\theta+b\ (a\neq 0,\ k\neq 0)$ の周期は $\dfrac{2\pi}{|k|}$，また値域は $-1\leqq\sin k\theta\leqq 1$ に注意して求める。

解答 $y=3\sin 2\theta+1$
周期は
$\dfrac{2\pi}{2}=\pi$ （4点）
また，値域は $-1\leqq\sin 2\theta\leqq 1$ から
$-2\leqq 3\sin 2\theta+1\leqq 4$
よって $-2\leqq y\leqq 4$ （10点）

7 **解説** 変換公式を用いて，左辺から右辺を導く。

解答 $\cos\left(\dfrac{\pi}{2}-\theta\right)=\sin\theta$
$\cos(-\theta)=\cos\theta,\ \cos(\pi+\theta)=-\cos\theta$
$\cos\left(\dfrac{3}{2}\pi+\theta\right)=-\cos\left(\dfrac{\pi}{2}+\theta\right)=\sin\theta$
よって
$\dfrac{\cos\left(\dfrac{\pi}{2}-\theta\right)}{1+\cos(-\theta)}+\dfrac{\cos\left(\dfrac{3}{2}\pi+\theta\right)}{1+\cos(\pi+\theta)}$
$=\dfrac{\sin\theta}{1+\cos\theta}+\dfrac{\sin\theta}{1-\cos\theta}$
$=\dfrac{\sin\theta(1-\cos\theta)+\sin\theta(1+\cos\theta)}{(1+\cos\theta)(1-\cos\theta)}$
$=\dfrac{2\sin\theta}{1-\cos^2\theta}=\dfrac{2\sin\theta}{\sin^2\theta}=\dfrac{2}{\sin\theta}$

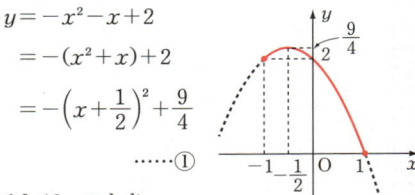

すなわち

$$\frac{\cos\left(\frac{\pi}{2}-\theta\right)}{1+\cos(-\theta)}+\frac{\cos\left(\frac{3}{2}\pi+\theta\right)}{1+\cos(\pi+\theta)}=\frac{2}{\sin\theta}$$

(10点)

8 解説 $\cos^2\theta=1-\sin^2\theta$ を用いて，与えられた式を $\sin\theta$ だけの式に直す。

$0\leq\theta<2\pi$ のとき，$-1\leq\sin\theta\leq1$ に注意。

解答 $y=\cos^2\theta-\sin\theta+1$
$=(1-\sin^2\theta)-\sin\theta+1$
$=-\sin^2\theta-\sin\theta+2$

$\sin\theta=x$ とおくと

$y=-x^2-x+2$
$=-(x^2+x)+2$
$=-\left(x+\frac{1}{2}\right)^2+\frac{9}{4}$
……①

$0\leq\theta<2\pi$ のとき
　$-1\leq\sin\theta\leq1$　よって　$-1\leq x\leq1$

この範囲で，①のグラフは上図のようになるから，y は $x=\sin\theta=-\frac{1}{2}$

すなわち　$\theta=\frac{7}{6}\pi,\ \frac{11}{6}\pi$ のとき

最大値 $\frac{9}{4}$ をとり，

$x=\sin\theta=1$ すなわち $\theta=\frac{\pi}{2}$ のとき

最小値 0 をとる。

よって，y の **最大値** $\dfrac{9}{4}$，**最小値** **0** (10点)

9 解説 (1) 2次方程式の解と係数の関係を用いる。
(2) $(\sin\theta+\cos\theta)^2=1+2\sin\theta\cos\theta$ を利用。

解答 $2x^2-x+k=0$

(1) 解と係数の関係から
　　$\sin\theta+\cos\theta=\dfrac{1}{2}$ 　　(5点)

(2) 同じく　$\sin\theta\cos\theta=\dfrac{k}{2}$

$(\sin\theta+\cos\theta)^2=1+2\sin\theta\cos\theta$ から

$\left(\dfrac{1}{2}\right)^2=1+2\cdot\dfrac{k}{2}$

よって　$k=-\dfrac{3}{4}$ 　　(5点)

実戦問題② p.82〜83

1 解説 (1) $255°=180°+75°$, $75°=45°+30°$ だから，変換公式と加法定理を用いる。

解答 (1) $\cos255°$
$=\cos(180°+75°)$
$=-\cos75°$
$=-\cos(30°+45°)$
$=-\cos30°\cos45°+\sin30°\sin45°$
$=-\dfrac{\sqrt{3}}{2}\cdot\dfrac{1}{\sqrt{2}}+\dfrac{1}{2}\cdot\dfrac{1}{\sqrt{2}}$
$=\dfrac{\sqrt{2}-\sqrt{6}}{4}$ 　　(5点)

(2) $\tan195°$
$=\tan(180°+15°)$
$=\tan15°$
$=\tan(45°-30°)$
$=\dfrac{\tan45°-\tan30°}{1+\tan45°\tan30°}$
$=\dfrac{1-\dfrac{1}{\sqrt{3}}}{1+1\cdot\dfrac{1}{\sqrt{3}}}=\dfrac{\sqrt{3}-1}{\sqrt{3}+1}=2-\sqrt{3}$ 　(5点)

2 解説 まず，$\cos\alpha$ の値を求める。

$\dfrac{\pi}{2}<\alpha<\pi$ のとき　　$\cos\alpha<0$

解答 $\cos^2\alpha=1-\sin^2\alpha=1-\left(\dfrac{4}{5}\right)^2=\dfrac{9}{25}$

$\dfrac{\pi}{2}<\alpha<\pi$ では，$\cos\alpha<0$ だから

$\cos\alpha=-\dfrac{3}{5}$

(1) $\sin^2\dfrac{\alpha}{2}=\dfrac{1-\cos\alpha}{2}=\dfrac{1}{2}\left(1+\dfrac{3}{5}\right)=\dfrac{4}{5}$

$\dfrac{\pi}{2}<\alpha<\pi$ のとき　$\dfrac{\pi}{4}<\dfrac{\alpha}{2}<\dfrac{\pi}{2}$

$\sin\dfrac{\alpha}{2}>0$ から　$\sin\dfrac{\alpha}{2}=\dfrac{2\sqrt{5}}{5}$ 　(5点)

(2) $\cos^2\dfrac{\alpha}{2}=\dfrac{1+\cos\alpha}{2}=\dfrac{1}{2}\left(1-\dfrac{3}{5}\right)=\dfrac{1}{5}$

$\cos\dfrac{\alpha}{2}>0$ から　$\cos\dfrac{\alpha}{2}=\dfrac{\sqrt{5}}{5}$ 　(5点)

第3章 三角関数

3 解説 (2) 2倍角の公式を用いる。
(4) $-\pi < \alpha - \beta < 0$ に注意する。

解答 (1) $\cos^2\alpha = 1 - \sin^2\alpha = 1 - \left(\dfrac{12}{13}\right)^2 = \dfrac{25}{169}$

$0 < \alpha < \dfrac{\pi}{2}$ から $\cos\alpha > 0$

よって $\cos\alpha = \dfrac{5}{13}$ (5点)

(2) $\sin2\alpha = 2\sin\alpha\cos\alpha$

$= 2 \cdot \dfrac{12}{13} \cdot \dfrac{5}{13} = \dfrac{120}{169}$ (5点)

(3) $\cos^2\beta = 1 - \sin^2\beta = 1 - \left(\dfrac{5}{13}\right)^2 = \dfrac{144}{169}$

$\dfrac{\pi}{2} < \beta < \pi$ から $\cos\beta < 0$

よって $\cos\beta = -\dfrac{12}{13}$

したがって

$\sin(\alpha-\beta) = \sin\alpha\cos\beta - \cos\alpha\sin\beta$

$= \dfrac{12}{13} \cdot \left(-\dfrac{12}{13}\right) - \dfrac{5}{13} \cdot \dfrac{5}{13}$

$= -1$ (5点)

(4) $-\pi < \alpha - \beta < 0$ だから

$\alpha - \beta = -\dfrac{\pi}{2}$ (5点)

4 解説 2直線と x 軸の正の向きとのなす角を α, β とする。

解答 2直線

$y = 2x - 2$

$y = \dfrac{1}{3}x - 2$

と x 軸の正の向きとのなす角を α, β とすると

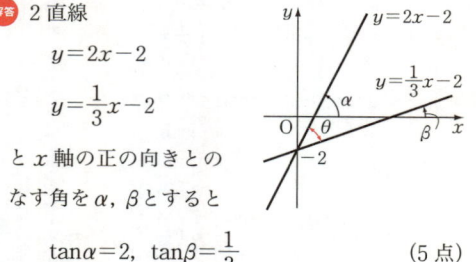

$\tan\alpha = 2$, $\tan\beta = \dfrac{1}{3}$ (5点)

求める2直線のなす角 θ は

$\theta = \alpha - \beta$

したがって

$\tan\theta = \tan(\alpha-\beta) = \dfrac{\tan\alpha - \tan\beta}{1 + \tan\alpha\tan\beta}$

$= \dfrac{2 - \dfrac{1}{3}}{1 + 2 \cdot \dfrac{1}{3}} = \dfrac{\dfrac{5}{3}}{\dfrac{5}{3}} = 1$

$0 \leqq \theta \leqq \dfrac{\pi}{2}$ では $\theta = \dfrac{\pi}{4}$ (12点)

5 解説 (1) $\cos2\theta = 1 - 2\sin^2\theta$ を用いる。

解答 (1) $\cos2\theta = \sin\theta$ から

$1 - 2\sin^2\theta = \sin\theta$

$2\sin^2\theta + \sin\theta - 1 = 0$

$(\sin\theta + 1)(2\sin\theta - 1) = 0$

よって $\sin\theta = -1, \dfrac{1}{2}$

したがって, $0 \leqq \theta < 2\pi$ のとき

$\sin\theta = -1$ から $\theta = \dfrac{3}{2}\pi$

$\sin\theta = \dfrac{1}{2}$ から $\theta = \dfrac{\pi}{6}, \dfrac{5}{6}\pi$

よって $\theta = \dfrac{\pi}{6}, \dfrac{5}{6}\pi, \dfrac{3}{2}\pi$ (6点)

(2) $\sin4\theta + \sin2\theta = 0$ から

$2\sin3\theta\cos\theta = 0$

よって $\sin3\theta = 0$ または $\cos\theta = 0$

$0 \leqq \theta < 2\pi$ のとき $0 \leqq 3\theta < 6\pi$

$\sin3\theta = 0$ から

$3\theta = 0, \pi, 2\pi, 3\pi, 4\pi, 5\pi$

$\theta = 0, \dfrac{\pi}{3}, \dfrac{2}{3}\pi, \pi, \dfrac{4}{3}\pi, \dfrac{5}{3}\pi$

$\cos\theta = 0$ から $\theta = \dfrac{\pi}{2}, \dfrac{3}{2}\pi$

よって

$\theta = 0, \dfrac{\pi}{3}, \dfrac{\pi}{2}, \dfrac{2}{3}\pi, \pi, \dfrac{4}{3}\pi, \dfrac{3}{2}\pi, \dfrac{5}{3}\pi$

(6点)

6 解説 (3) $\theta + \alpha$ の変域に注意する。

解答 (1) $\sqrt{3}\sin\theta + 3\cos\theta$

$= 2\sqrt{3}\left(\dfrac{1}{2}\sin\theta + \dfrac{\sqrt{3}}{2}\cos\theta\right)$

$= 2\sqrt{3}\sin\left(\theta + \dfrac{\pi}{3}\right)$ (6点)

(2) (1)より $y = 2\sqrt{3}\sin\left(\theta + \dfrac{\pi}{3}\right)$

$0 \leqq \theta \leqq 2\pi$ のとき

$\dfrac{\pi}{3} \leqq \theta + \dfrac{\pi}{3} \leqq \dfrac{7}{3}\pi$

よって

$\theta + \dfrac{\pi}{3} = \dfrac{\pi}{2}$ すなわち $\theta = \dfrac{\pi}{6}$ のとき

最大値 $2\sqrt{3}$ (3点)

$\theta+\dfrac{\pi}{3}=\dfrac{3}{2}\pi$ すなわち $\theta=\dfrac{7}{6}\pi$ のとき

  最小値 $-2\sqrt{3}$ (6点)

(3) $\sqrt{3}\sin\theta+3\cos\theta=3$

  $2\sqrt{3}\sin\left(\theta+\dfrac{\pi}{3}\right)=3$

  $\sin\left(\theta+\dfrac{\pi}{3}\right)=\dfrac{\sqrt{3}}{2}$

$0\leqq\theta\leqq 2\pi$ より $\dfrac{\pi}{3}\leqq\theta+\dfrac{\pi}{3}\leqq\dfrac{7}{3}\pi$

よって $\theta+\dfrac{\pi}{3}=\dfrac{\pi}{3},\ \dfrac{2}{3}\pi,\ \dfrac{7}{3}\pi$

したがって $\theta=0,\ \dfrac{\pi}{3},\ 2\pi$ (6点)

7 解説 (2) $-\dfrac{\pi}{2}<\alpha-\beta<\dfrac{\pi}{2}$ に注意する。

解答 (1) ①，②の両辺の平方を加えると

  $(\sin^2\alpha+2\sin\alpha\sin\beta+\sin^2\beta)$
    $+(\cos^2\alpha+2\cos\alpha\cos\beta+\cos^2\beta)=4$
  $2+2(\cos\alpha\cos\beta+\sin\alpha\sin\beta)=4$

よって $\cos(\alpha-\beta)=1$ (6点)

(2) $0<\alpha<\dfrac{\pi}{2},\ 0<\beta<\dfrac{\pi}{2}$ だから

  $-\dfrac{\pi}{2}<\alpha-\beta<\dfrac{\pi}{2}$

よって $\alpha-\beta=0$ (6点)

(3) (2)から $\alpha=\beta$

このとき①，②から

  $\sin\alpha=\dfrac{\sqrt{2}}{2},\ \cos\alpha=\dfrac{\sqrt{2}}{2}$

よって $\alpha=\beta=\dfrac{\pi}{4}$ (6点)

第4章　指数関数・対数関数

第1節　指数関数

217 基本 解説 累乗根の性質 $\sqrt[n]{a^n}=a$ を利用する。

解答 (1) $\sqrt{49}=\sqrt{7^2}=7$

(2) $\sqrt[3]{-8}=\sqrt[3]{(-2)^3}=-2$

(3) $\sqrt[4]{81}=\sqrt[4]{3^4}=3$

(4) $\sqrt[5]{-\dfrac{1}{32}}=\sqrt[5]{\left(-\dfrac{1}{2}\right)^5}=-\dfrac{1}{2}$

218 基本 解説 (1)は $(\sqrt[n]{a})^m=\sqrt[n]{a^m}$,

(2)は $\sqrt[n]{a}\times\sqrt[n]{b}=\sqrt[n]{ab}$, (3)は $\dfrac{\sqrt[n]{a}}{\sqrt[n]{b}}=\sqrt[n]{\dfrac{a}{b}}$,

(4)は $\sqrt[m]{\sqrt[n]{a}}=\sqrt[mn]{a}$ を利用する。

解答 (1) $(\sqrt[6]{25})^3=(\sqrt[6]{5^2})^3=(\sqrt[6]{5^2})^3=\sqrt[6]{5^6}=5$

(2) $\sqrt[4]{3}\times\sqrt[4]{27}=\sqrt[4]{3\cdot 27}=\sqrt[4]{3^4}=3$

(3) $\sqrt[3]{-56}\div\sqrt[3]{7}=\dfrac{\sqrt[3]{-56}}{\sqrt[3]{7}}=\sqrt[3]{\dfrac{-56}{7}}$
  $=\sqrt[3]{-8}$
  $=\sqrt[3]{(-2)^3}=-2$

(4) $\sqrt[5]{\sqrt{1024}}=\sqrt[10]{1024}=\sqrt[10]{2^{10}}=2$

219 応用 解説 それぞれの数を何乗かして根号をはずし，大小を比較する。(1)は，3と4の最小公倍数は12だから，それぞれを12乗する。

解答 (1) $(\sqrt[3]{5})^{12}=(\sqrt[3]{5^3})^4=5^4=625$

  $(\sqrt[4]{10})^{12}=(\sqrt[4]{10^4})^3=10^3=1000$

よって $(\sqrt[3]{5})^{12}<(\sqrt[4]{10})^{12}$

$\sqrt[3]{5}>0,\ \sqrt[4]{10}>0$ だから $\sqrt[3]{5}<\sqrt[4]{10}$

(2) $(\sqrt{3})^{12}=(\sqrt{3^2})^6=3^6=729$

  $(\sqrt[3]{6})^{12}=(\sqrt[3]{6^3})^4=6^4=1296$

  $(\sqrt[4]{7})^{12}=(\sqrt[4]{7^4})^3=7^3=343$

よって $(\sqrt[4]{7})^{12}<(\sqrt{3})^{12}<(\sqrt[3]{6})^{12}$

$\sqrt[4]{7}>0,\ \sqrt{3}>0,\ \sqrt[3]{6}>0$ だから

  $\sqrt[4]{7}<\sqrt{3}<\sqrt[3]{6}$

> **POINT**
> 底の異なる累乗根の大小比較
> ⟹ それぞれを何乗かして根号をはずす

220 基本 解説 0，負の指数，および分数の指数の定義に従って求める。

解答 (1) $10^0 = \mathbf{1}$

(2) $5^{-1} = \mathbf{\dfrac{1}{5}}$

(3) $3^{-3} = \dfrac{1}{3^3} = \mathbf{\dfrac{1}{27}}$

(4) $64^{-\frac{1}{2}} = \dfrac{1}{64^{\frac{1}{2}}} = \dfrac{1}{\sqrt{64}} = \dfrac{1}{\sqrt{8^2}} = \mathbf{\dfrac{1}{8}}$

(5) $16^{-0.25} = \dfrac{1}{16^{0.25}} = \dfrac{1}{16^{\frac{1}{4}}} = \dfrac{1}{\sqrt[4]{16}} = \dfrac{1}{\sqrt[4]{2^4}} = \mathbf{\dfrac{1}{2}}$

(6) $10000^{0.75} = 10000^{\frac{3}{4}} = \sqrt[4]{10000^3}$
$= (\sqrt[4]{10000})^3 = (\sqrt[4]{10^4})^3$
$= 10^3 = \mathbf{1000}$

221 基本 解説 指数法則を利用する。

解答 (1) $4^{\frac{4}{3}} \times 4^{\frac{1}{6}} = 4^{\frac{4}{3} + \frac{1}{6}} = 4^{\frac{3}{2}} = (2^2)^{\frac{3}{2}} = 2^{2 \times \frac{3}{2}}$
$= 2^3 = \mathbf{8}$

(2) $5^{\frac{1}{2}} \div 5^{\frac{1}{6}} \times 5^{\frac{2}{3}} = 5^{\frac{1}{2} - \frac{1}{6} + \frac{2}{3}} = 5^1 = \mathbf{5}$

(3) $(16^{\frac{1}{6}})^{-\frac{3}{2}} = 16^{\frac{1}{6} \times (-\frac{3}{2})} = 16^{-\frac{1}{4}} = (2^4)^{-\frac{1}{4}}$
$= 2^{4 \times (-\frac{1}{4})} = 2^{-1} = \mathbf{\dfrac{1}{2}}$

(4) $(2 \times 3^2)^{\frac{2}{3}} \times 2^{\frac{4}{3}} \div \sqrt[3]{3}$
$= 2^{\frac{2}{3}} \times (3^2)^{\frac{2}{3}} \times 2^{\frac{4}{3}} \div 3^{\frac{1}{3}}$
$= 2^{\frac{2}{3}} \times 3^{\frac{4}{3}} \times 2^{\frac{4}{3}} \div 3^{\frac{1}{3}}$
$= 2^{\frac{2}{3} + \frac{4}{3}} \times 3^{\frac{4}{3} - \frac{1}{3}} = 2^2 \times 3^1 = \mathbf{12}$

(注意) 指数法則を用いると，**220**の(4)〜(6)は次のように簡単に求めることができる。

(4) $64^{-\frac{1}{2}} = (8^2)^{-\frac{1}{2}} = 8^{-1} = \dfrac{1}{8}$

(5) $16^{-0.25} = (2^4)^{-\frac{1}{4}} = 2^{-1} = \dfrac{1}{2}$

(6) $10000^{0.75} = (10^4)^{\frac{3}{4}} = 10^3 = 1000$

POINT 指数法則の利用
$\Longrightarrow a^r a^s = a^{r+s},\ a^r \div a^s = a^{r-s},$
$(a^r)^s = a^{rs},\ (ab)^r = a^r b^r$

222 応用 解説 (1), (2)ともに乗法公式
$(A-B)(A^2+AB+B^2) = A^3 - B^3$ を利用する。

解答 (1) $(\sqrt[3]{a} - 1)(\sqrt[3]{a^2} + \sqrt[3]{a} + 1)$
$= (\sqrt[3]{a} - 1)\{(\sqrt[3]{a})^2 + \sqrt[3]{a} \cdot 1 + 1^2\}$
$= (\sqrt[3]{a})^3 - 1^3 = \mathbf{a - 1}$

(2) $(a^{\frac{1}{6}} - b^{\frac{1}{6}})(a^{\frac{1}{6}} + b^{\frac{1}{6}})(a^{\frac{2}{3}} + a^{\frac{1}{3}}b^{\frac{1}{3}} + b^{\frac{2}{3}})$
$= \{(a^{\frac{1}{6}})^2 - (b^{\frac{1}{6}})^2\}(a^{\frac{2}{3}} + a^{\frac{1}{3}}b^{\frac{1}{3}} + b^{\frac{2}{3}})$
$= (a^{\frac{1}{3}} - b^{\frac{1}{3}})\{(a^{\frac{1}{3}})^2 + a^{\frac{1}{3}}b^{\frac{1}{3}} + (b^{\frac{1}{3}})^2\}$
$= (a^{\frac{1}{3}})^3 - (b^{\frac{1}{3}})^3 = \mathbf{a - b}$

223 応用 解説 $4^x = (2^2)^x = 2^{2x} = (2^x)^2$，同様に $4^{-x} = (2^{-x})^2$ であり，$2^x \cdot 2^{-x} = 1$ となる。

解答 $2^x - 2^{-x} = 3$ のとき
$4^x + 4^{-x} = (2^x)^2 + (2^{-x})^2$
$= (2^x - 2^{-x})^2 + 2 \cdot 2^x \cdot 2^{-x}$
$= 3^2 + 2 = \mathbf{11}$

したがって
$(2^x + 2^{-x})^2 = 4^x + 4^{-x} + 2 = 13$
$2^x + 2^{-x} > 0$ だから
$2^x + 2^{-x} = \mathbf{\sqrt{13}}$

224 基本 解説 一般に，m 桁の自然数は $a \times 10^{m-1}$ $(1 \leqq a < 10)$ と表せる。

解答 (1) $2370000 = \mathbf{2.37 \times 10^6}$

(2) $0.000532 = \dfrac{5.32}{10000} = \mathbf{5.32 \times 10^{-4}}$

225 応用 解説 まず，距離を cm で表し，「時間＝距離÷速さ」を利用する。

解答 $1\ \text{km} = 1000\text{m} = 10^3\text{m}$
$= 10^3 \times 10^2 \text{cm} = 10^5 \text{cm}$

だから，冥王星と太陽の平均距離は
$5.915 \times 10^9 \text{km} = 5.915 \times 10^9 \times 10^5 \text{cm}$
$= 5.915 \times 10^{14} \text{cm}$

また，光の速さは 2.998×10^{10} cm/秒
よって，求める時間は
$5.915 \times 10^{14} \div (2.998 \times 10^{10})$
$= \dfrac{5.915 \times 10^{14}}{2.998 \times 10^{10}} = \dfrac{5.915 \times 10^4}{2.998}$
$= \dfrac{59150}{2.998} = 19729.8 \cdots [秒]$

すなわち，**約 19730 秒**（約 5 時間半）かかる。

226 応用 解説 （水素原子の質量）÷（電子の質量）を計算。

解答 与えられた質量から
$1.7 \times 10^{-24} \div (9.1 \times 10^{-28})$
$= \dfrac{1.7 \times 10^{-24}}{9.1 \times 10^{-28}} = \dfrac{1.7}{9.1} \times 10^{-24-(-28)}$
$= \dfrac{1.7}{9.1} \times 10^4 = 1868.1 \cdots$

よって，水素原子の質量は電子の質量の**およそ1868倍**である。

> **POINT**
> 大きな数や小さな数の計算
> $\Longrightarrow a \times 10^n$ の形にして計算
> ($1 \leq a < 10$, n は整数)

227 基本 解説 与えられた関数を変形して，$y=2^x$ のグラフとの関係を調べ，平行移動や対称移動を考える。

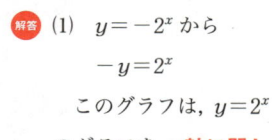

解答 (1) $y=-2^x$ から
$-y=2^x$
このグラフは，$y=2^x$ のグラフを **x 軸に関して対称移動**したものである。

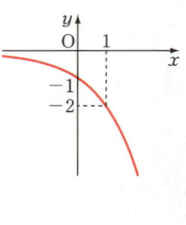

(2) $y=\dfrac{2^x}{8}=\dfrac{2^x}{2^3}=2^{x-3}$
このグラフは，$y=2^x$ のグラフを **x 軸の方向に 3 だけ平行移動**したものである。

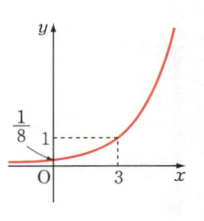

(3) $y=16 \cdot \left(\dfrac{1}{2}\right)^x = 2^4 \cdot 2^{-x} = 2^{4-x} = 2^{-(x-4)}$
このグラフは，$y=2^x$ のグラフを **y 軸に関して対称移動して得られる $y=2^{-x}$ のグラフを，x 軸の方向に 4 だけ平行移動**したものである。

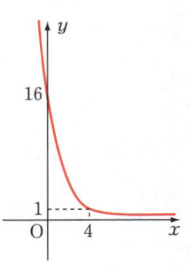

> **POINT**
> $y-q=f(x-p)$ のグラフ
> $\iff y=f(x)$ のグラフを x 軸の方向に p，y 軸の方向に q だけ平行移動

228 基本 解説 与えられた関数のグラフをかいて最大値と最小値を求めるか，あるいは，指数関数のグラフはつねに右上がりか右下がりのグラフであることを利用する。

解答 (1) $y=-3^{x-1}$ から $-y=3^{x-1}$
このグラフは，$y=3^x$ のグラフを x 軸に関して対称移動し，さらに x 軸の方向に 1 だけ平行移動したものだから，$-1 \leq x \leq 1$ のとき

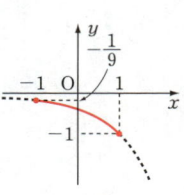

最大値 $-\dfrac{1}{9}$ $(x=-1)$

最小値 -1 $(x=1)$

(2) $y=\dfrac{9}{3^x}-1$ から
$y+1=\dfrac{3^2}{3^x}=3^{2-x}=3^{-(x-2)}$
このグラフは，$y=3^x$ のグラフを y 軸に関して対称移動し，x 軸の方向に 2，y 軸の方向に -1 だけ平行移動したものだから，$0 \leq x \leq 3$ のとき

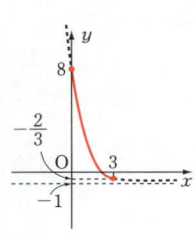

最大値 8 $(x=0)$

最小値 $-\dfrac{2}{3}$ $(x=3)$

注意 (1), (2)は，いずれも $y=3^x$ のグラフを対称移動・平行移動して得られるから，すべての x に対して右上がりかまたは右下がりである。
したがって，両端の値のみを計算すれば，最大値と最小値を求めることができる。

229 応用 解説 それぞれの数を底をそろえた累乗の形で表して，指数の大小を比較する。

解答 (1) $2^{-\frac{1}{3}}$, $8^{-\frac{1}{5}}=(2^3)^{-\frac{1}{5}}=2^{-\frac{3}{5}}$
$1=2^0$, $0.5^{\frac{1}{2}}=(2^{-1})^{\frac{1}{2}}=2^{-\frac{1}{2}}$
関数 $y=2^x$ は底が 2 で 1 より大きいから単調に増加する。
$0 > -\dfrac{1}{3} > -\dfrac{1}{2} > -\dfrac{3}{5}$ だから
$2^0 > 2^{-\frac{1}{3}} > 2^{-\frac{1}{2}} > 2^{-\frac{3}{5}}$
よって $1 > 2^{-\frac{1}{3}} > 0.5^{\frac{1}{2}} > 8^{-\frac{1}{5}}$

(2) $\sqrt[5]{a}=a^{\frac{1}{5}}$, $\left(\dfrac{1}{\sqrt[3]{a}}\right)^{-1}=\left(\dfrac{1}{a^{\frac{1}{3}}}\right)^{-1}=a^{\frac{1}{3}}$
$(\sqrt[4]{a^3})^{\frac{1}{3}}=(a^{\frac{3}{4}})^{\frac{1}{3}}=a^{\frac{1}{4}}$

$0 < a < 1$ のとき，関数 $y = a^x$ は単調に減少する。$\dfrac{1}{5} < \dfrac{1}{4} < \dfrac{1}{3}$ だから

$$a^{\frac{1}{5}} > a^{\frac{1}{4}} > a^{\frac{1}{3}}$$

よって $\sqrt[5]{a} > (\sqrt[4]{a^3})^{\frac{1}{3}} > \left(\dfrac{1}{\sqrt[3]{a}}\right)^{-1}$

POINT

$a^r < a^s \quad (a > 0, \ a \neq 1)$
$\Longrightarrow \begin{cases} 0 < a < 1 \text{ のとき} & r > s \\ 1 < a \text{ のとき} & r < s \end{cases}$

230 基本 解説 底をそろえて，$a^r = a^s \iff r = s$ を利用する。

解答 (1) $3^{x+1} = 27$

$27 = 3^3$ だから $\quad x + 1 = 3$

よって $\quad x = 2$

(2) $25^{-x-1} = \dfrac{1}{125}$

$25^{-x-1} = (5^2)^{-x-1} = 5^{-2x-2}$

$\dfrac{1}{125} = \dfrac{1}{5^3} = 5^{-3}$ だから

$-2x - 2 = -3 \quad$ よって $\quad x = \dfrac{1}{2}$

(3) $2^{2-x} = 16\sqrt{2}$

$16\sqrt{2} = 2^4 \times 2^{\frac{1}{2}} = 2^{4+\frac{1}{2}} = 2^{\frac{9}{2}}$ だから

$2 - x = \dfrac{9}{2} \quad$ よって $\quad x = -\dfrac{5}{2}$

(4) $\left(\dfrac{1}{4}\right)^{x-1} = 8$

$\left(\dfrac{1}{4}\right)^{x-1} = (4^{-1})^{x-1} = 4^{1-x} = (2^2)^{1-x} = 2^{2-2x}$

$8 = 2^3$ だから

$2 - 2x = 3 \quad$ よって $\quad x = -\dfrac{1}{2}$

231 基本 解説 底をそろえて，指数の大小関係を利用する。

解答 (1) $2^x > 16$

$16 = 2^4$ だから $\quad 2^x > 2^4$

底 2 は 1 より大きいから $\quad x > 4$

(2) $3^{-x+2} \leqq \dfrac{1}{81}$

$\dfrac{1}{81} = \dfrac{1}{3^4} = 3^{-4}$ だから $\quad 3^{-x+2} \leqq 3^{-4}$

底 3 は 1 より大きいから

$-x + 2 \leqq -4 \quad$ よって $\quad x \geqq 6$

(3) $\left(\dfrac{1}{3}\right)^x \leqq \dfrac{1}{9\sqrt{3}}$

$\dfrac{1}{9\sqrt{3}} = \dfrac{1}{3^2 \times 3^{\frac{1}{2}}} = \dfrac{1}{3^{2+\frac{1}{2}}} = \dfrac{1}{3^{\frac{5}{2}}} = \left(\dfrac{1}{3}\right)^{\frac{5}{2}}$

だから $\quad \left(\dfrac{1}{3}\right)^x \leqq \left(\dfrac{1}{3}\right)^{\frac{5}{2}}$

底 $\dfrac{1}{3}$ は 1 より小さいから $\quad x \geqq \dfrac{5}{2}$

(4) $8^x < \dfrac{1}{4} < 16 \cdot 2^x$

$8^x = (2^3)^x = 2^{3x}, \ \dfrac{1}{4} = \dfrac{1}{2^2} = 2^{-2}$

$16 \cdot 2^x = 2^4 \cdot 2^x = 2^{4+x}$

だから $\quad 2^{3x} < 2^{-2} < 2^{4+x}$

底 2 は 1 より大きいから

$3x < -2 < 4 + x$

よって $\quad -6 < x < -\dfrac{2}{3}$

232 応用 解説 (1) $3^x = t$ とおいて，t についての 2 次方程式を解く。$t > 0$ に注意する。

(2) $5^x = t$ とおいて，t についての 3 次不等式を解く。$t > 0$ に注意する。

解答 (1) $3^{2x+1} + 2 \cdot 3^x - 1 = 0$

$3^x = t$ とおくと，$t > 0$ で

$3^{2x+1} = 3^{2x} \cdot 3^1 = 3(3^x)^2 = 3t^2$ だから，方程式は

$3t^2 + 2t - 1 = 0$

$(t + 1)(3t - 1) = 0$

$t > 0$ だから $\quad t = \dfrac{1}{3}$

よって $\quad 3^x = \dfrac{1}{3} = 3^{-1}$

したがって $\quad x = -1$

(2) $5^{3x+1} - 6 \cdot 5^{2x} + 5^x < 0$

$5^x = t$ とおくと，$t > 0$ で

$5^{3x+1} = 5^{3x} \cdot 5^1 = 5(5^x)^3 = 5t^3$

$5^{2x} = (5^x)^2 = t^2$ だから，不等式は

$5t^3 - 6t^2 + t < 0$

$t(5t^2 - 6t + 1) < 0$

$t(t - 1)(5t - 1) < 0$

$t > 0$ だから $\quad (t - 1)(5t - 1) < 0$

よって $\quad \dfrac{1}{5} < t < 1$

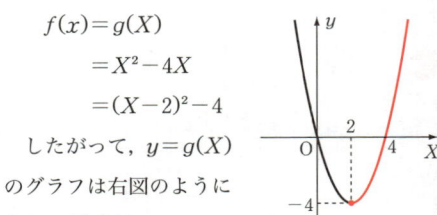

したがって　$5^{-1} < 5^x < 5^0$

底5は1より大きいから　$-1 < x < 0$

POINT
$a^x = t$ （$a > 0$, $a \neq 1$）
$\implies t > 0$ に注意

233 応用 解説 (1) $4^x + 4^{-x} = (2^x)^2 + (2^{-x})^2$
$= (2^x + 2^{-x})^2 - 2 \cdot 2^x \cdot 2^{-x}$ と変形する。

(2) X の変域に注意する。

解答 $f(x) = 4^x + 4^{-x} - 2^{2+x} - 2^{2-x} + 2$

(1) $X = 2^x + 2^{-x}$ とおくと
$4^x + 4^{-x} = (2^2)^x + (2^2)^{-x}$
$= (2^x)^2 + (2^{-x})^2$
$= (2^x + 2^{-x})^2 - 2 \cdot 2^x \cdot 2^{-x}$
$= X^2 - 2$

$2^{2+x} + 2^{2-x} = 2^2(2^x + 2^{-x}) = 4X$

よって　$f(x) = X^2 - 2 - 4X + 2$
　　　　　　$= X^2 - 4X$

(2) $2^x > 0$, $2^{-x} > 0$ だから，相加平均・相乗平均の関係から
$X = 2^x + 2^{-x} \geq 2\sqrt{2^x \cdot 2^{-x}} = 2$

よって　$X \geq 2$

(1)から
$f(x) = g(X)$
　　　$= X^2 - 4X$
　　　$= (X-2)^2 - 4$

したがって，$y = g(X)$ のグラフは右図のようになり，$f(x)$ は $X = 2$ すなわち $2^x = 2^{-x}$ から **$x = 0$ のとき最小**となり，**最小値　-4**

また，**最大値　なし**

第2節　対数関数

234 基本 解説 $a > 0$, $a \neq 1$, $y > 0$ のとき
$a^x = y \implies x = \log_a y$ を用いる。

解答 (1) $3^5 = 243$ のとき
　　$5 = \log_3 243$

(2) $5^{-2} = \dfrac{1}{25}$ のとき　$-2 = \log_5 \dfrac{1}{25}$

(3) $\sqrt[5]{32} = 2$ のとき，$32^{\frac{1}{5}} = 2$ だから
　　$\dfrac{1}{5} = \log_{32} 2$

(4) $7^0 = 1$ のとき　$0 = \log_7 1$

235 基本 解説 $a > 0$, $a \neq 1$, $y > 0$ のとき
$x = \log_a y \implies a^x = y$ を用いる。

解答 (1) $3 = \log_{10} 1000$ のとき　$10^3 = 1000$

(2) $\dfrac{1}{4} = \log_{16} 2$ のとき　$16^{\frac{1}{4}} = 2$

(3) $-\dfrac{1}{3} = \log_8 \dfrac{1}{2}$ のとき　$8^{-\frac{1}{3}} = \dfrac{1}{2}$

236 応用 解説 対数の定義 $\log_a y = x \iff a^x = y$ を利用する方法と，対数の性質 $\log_a a^p = p$ を利用する方法とがある。

解答 (1) $\log_{1000} 0.01 = x$ とおくと
$1000^x = 0.01$ から　$(10^3)^x = \dfrac{1}{100}$
$10^{3x} = 10^{-2}$
$3x = -2$

よって　$x = -\dfrac{2}{3}$

したがって　$\log_{1000} 0.01 = -\dfrac{2}{3}$

(2) $\log_{\sqrt{3}} 9 = \log_{\sqrt{3}} 3^2 = \log_{\sqrt{3}} (\sqrt{3})^4$
　　　　　　$= 4$

別解 (2) $\log_{\sqrt{3}} 9 = x$ とおくと
$(\sqrt{3})^x = 9$ から　$(3^{\frac{1}{2}})^x = 3^2$
$3^{\frac{1}{2}x} = 3^2$　　$\dfrac{1}{2}x = 2$　　よって　$x = 4$

したがって　$\log_{\sqrt{3}} 9 = 4$

POINT
対数の値の求め方
$\implies \log_a y = x$ とおいて，$a^x = y$ から求めるか，あるいは，$\log_a a^p = p$ を利用する

237 応用 解説 対数の定義
$a^x = M$ のとき　$x = \log_a M$
によって，$a^{\log_a M} = M$ である。

解答 (1) $10^{\log_{10} 2} = 2$

(2) $(\sqrt{2})^{\log_2 3} = (2^{\frac{1}{2}})^{\log_2 3} = (2^{\log_2 3})^{\frac{1}{2}}$
$= 3^{\frac{1}{2}} = \sqrt{3}$

> **POINT** 対数 $\log_a M$ の意味
> $\implies a^{\log_a M} = M$

238 基本 解説 対数の性質を利用して求める。
(2), (3)は1つの対数にまとめる。

解答 (1) $\log_3 \sqrt[4]{27} = \log_3 \sqrt[4]{3^3} = \log_3 3^{\frac{3}{4}} = \dfrac{3}{4}$

(2) $\dfrac{1}{2}\log_2 5 - \log_2 \dfrac{\sqrt{5}}{4} = \log_2 \sqrt{5} - \log_2 \dfrac{\sqrt{5}}{4}$
$= \log_2 \left(\sqrt{5} \times \dfrac{4}{\sqrt{5}}\right)$
$= \log_2 4 = \log_2 2^2 = 2$

(3) $\log_6 15 + \log_6 \dfrac{2}{5} = \log_6 \left(15 \times \dfrac{2}{5}\right)$
$= \log_6 6 = 1$

(4) $\dfrac{3}{2}\log_3 \sqrt[3]{12} = \dfrac{3}{2}\log_3 12^{\frac{1}{3}}$
$= \dfrac{1}{2}\log_3 12$
$= \dfrac{1}{2}\log_3 (2^2 \times 3)$
$= \dfrac{1}{2}(2\log_3 2 + \log_3 3)$
$= \log_3 2 + \dfrac{1}{2}$

> **POINT** 積, 商, 累乗の対数
> $\implies \log_a M + \log_a N = \log_a MN$
> $\log_a M - \log_a N = \log_a \dfrac{M}{N}$
> $\log_a M^p = p\log_a M$

239 応用 解説 前問同様, 対数の性質を利用する。

解答 (1) $\log_a x^3 y^2 = \log_a x^3 + \log_a y^2$
$= 3\log_a x + 2\log_a y$
$= 3X + 2Y$

(2) $\log_a \sqrt{\dfrac{x}{y}} = \log_a \left(\dfrac{x}{y}\right)^{\frac{1}{2}} = \dfrac{1}{2}\log_a \dfrac{x}{y}$
$= \dfrac{1}{2}(\log_a x - \log_a y)$
$= \dfrac{1}{2}(X - Y)$

(3) $\log_a \dfrac{\sqrt[4]{a}}{x\sqrt[3]{y}} = \log_a \sqrt[4]{a} - \log_a x\sqrt[3]{y}$
$= \log_a a^{\frac{1}{4}} - (\log_a x + \log_a \sqrt[3]{y})$
$= \dfrac{1}{4} - \left(\log_a x + \dfrac{1}{3}\log_a y\right)$
$= \dfrac{1}{4} - X - \dfrac{1}{3}Y$

240 応用 解説 (1) $\log_{10} 25 = \log_{10} 5^2 = 2\log_{10} 5$ に着目する。
(2) 三角比の値を求めて, 1つの対数に直す。

解答 (1) $(\log_{10} 5)^2 + \log_{10} 2 \cdot \log_{10} 25 + (\log_{10} 2)^2$
$= (\log_{10} 5)^2 + \log_{10} 2 \cdot \log_{10} 5^2 + (\log_{10} 2)^2$
$= (\log_{10} 5)^2 + 2\log_{10} 5 \cdot \log_{10} 2 + (\log_{10} 2)^2$
$= (\log_{10} 5 + \log_{10} 2)^2$
$= (\log_{10} 10)^2 = 1$

(2) $\log_2(\sin 45°) - \log_2(\sin 60°) + \log_2(\tan 60°)$
$= \log_2 \dfrac{1}{\sqrt{2}} - \log_2 \dfrac{\sqrt{3}}{2} + \log_2 \sqrt{3}$
$= \log_2 \left(\dfrac{1}{\sqrt{2}} \times \dfrac{2}{\sqrt{3}} \times \sqrt{3}\right)$
$= \log_2 \sqrt{2} = \log_2 2^{\frac{1}{2}} = \dfrac{1}{2}$

241 基本 解説 底の変換公式 $\log_a M = \dfrac{\log_b M}{\log_b a}$
($b > 0$, $b \neq 1$) を利用し, いずれも底を10に変換する。

解答 (1) $\log_3 2 = \dfrac{\log_{10} 2}{\log_{10} 3} = \dfrac{a}{b}$

(2) $\log_4 9 = \dfrac{\log_{10} 9}{\log_{10} 4} = \dfrac{\log_{10} 3^2}{\log_{10} 2^2}$
$= \dfrac{2\log_{10} 3}{2\log_{10} 2} = \dfrac{b}{a}$

(3) $\log_9 8 = \dfrac{\log_{10} 8}{\log_{10} 9} = \dfrac{\log_{10} 2^3}{\log_{10} 3^2}$
$= \dfrac{3\log_{10} 2}{2\log_{10} 3} = \dfrac{3a}{2b}$

242 基本 解説 $\log_a M = p$ とおいて, $a^p = M$ のように, 3つの対数を指数の形で表す。

解答 $\log_a M = p$, $\log_b a = q$, $\log_b M = r$ とおく。
このとき
$a^p = M$, $b^q = a$, $b^r = M$
第2式を第1式に代入して
$M = a^p = (b^q)^p = b^{pq}$
これと第3式から $b^{pq} = b^r$

$b>0$, $b\neq 1$ だから

$$pq=r \quad \text{すなわち} \quad p=\frac{r}{q}$$

よって $\log_a M=\dfrac{\log_b M}{\log_b a}$

243 応用 解説 底が異なるので，底をそろえる。このとき，底は1以外の任意の正の値をとってもよいが，問題にふさわしい値とするのがよい。

解答 (1) $\log_2 3 \cdot \log_3 5 \cdot \log_5 8$

$= \log_2 3 \cdot \dfrac{\log_2 5}{\log_2 3} \cdot \dfrac{\log_2 8}{\log_2 5}$

$= \log_2 8 = \log_2 2^3 = \mathbf{3}$

(2) $(\log_2 3+\log_4 9)(\log_3 4+\log_9 2)$

$= \left(\log_2 3+\dfrac{\log_2 9}{\log_2 4}\right)\left(\log_3 2^2+\dfrac{\log_3 2}{\log_3 9}\right)$

$= \left(\log_2 3+\dfrac{\log_2 3^2}{\log_2 2^2}\right)\left(2\log_3 2+\dfrac{\log_3 2}{\log_3 3^2}\right)$

$= (\log_2 3+\log_2 3)\left(2\log_3 2+\dfrac{1}{2}\log_3 2\right)$

$= 2\log_2 3 \cdot \dfrac{5}{2}\log_3 2$

$= 5\log_2 3 \cdot \dfrac{\log_2 2}{\log_2 3} = \mathbf{5}$

> **POINT** 底の異なる対数の計算
> ⟹ 底の変換公式で底をそろえる

244 応用 解説 まず，$\log_3 5=b$, $\log_5 7=c$ の対数の底を2に変換して，$\log_2 5$, $\log_2 7$ を a, b, c で表す。

解答 $\log_3 5=b$ から $\dfrac{\log_2 5}{\log_2 3}=b$

$\log_2 3=a$ だから $\log_2 5=ab$

また，$\log_5 7=c$ から $\dfrac{\log_2 7}{\log_2 5}=c$

$\log_2 5=ab$ だから $\log_2 7=abc$

よって

$\log_{60} 126 = \dfrac{\log_2 126}{\log_2 60}$

$= \dfrac{\log_2(2\times 3^2\times 7)}{\log_2(2^2\times 3\times 5)}$

$= \dfrac{\log_2 2+2\log_2 3+\log_2 7}{2\log_2 2+\log_2 3+\log_2 5}$

$= \mathbf{\dfrac{1+2a+abc}{2+a+ab}}$

245 基本 解説 与えられた関数を変形して，関数 $y=\log_3 x$ のグラフの平行移動や対称移動を考える。

解答 (1) $y=\log_3(x-2)$ のグラフは，$y=\log_3 x$ のグラフを x 軸の方向に **2だけ平行移動**したものである。

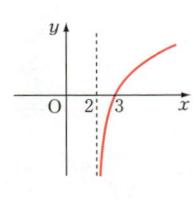

(2) $y=\log_3 9x$

$= \log_3 x+\log_3 9$

$= \log_3 x+2$

から，$y=\log_3 x$ のグラフを y 軸の方向に **2だけ平行移動**したものである。

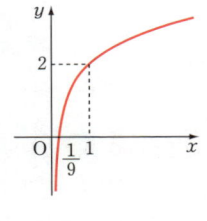

(3) $y=\log_{\frac{1}{3}}(x+1)=\dfrac{\log_3(x+1)}{\log_3 \frac{1}{3}}$

$= -\log_3(x+1)$

から，$y=\log_3 x$ のグラフを **x 軸に関して対称移動し，さらに x 軸の方向に -1 だけ平行移動**したものである。

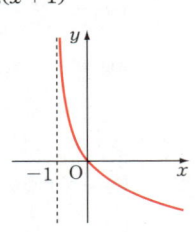

246 基本 解説 与えられた関数のグラフをかいて最大値と最小値を求めるか，あるいは，対数関数のグラフはつねに右上がりか右下がりであることを利用する。

解答 (1) $y=\log_2(x-1)$ のグラフは，$y=\log_2 x$ のグラフを x 軸の方向に1だけ平行移動したもので，単調に増加する。

よって，$3\leqq x\leqq 5$ のとき

最大値 $\log_2 4=\mathbf{2}$ $(x=5)$

最小値 $\log_2 2=\mathbf{1}$ $(x=3)$

(2) $y=\log_{\frac{1}{2}}(x-1)=\dfrac{\log_2(x-1)}{\log_2 \frac{1}{2}}$

$= -\log_2(x-1)$

から，(1)のグラフを x 軸に関して対称移動したものである。

第4章 指数関数・対数関数

よって，$3 \leqq x \leqq 5$ のとき

最大値
$-\log_2 2 = -1$ $(x=3)$

最小値
$-\log_2 4 = -2$ $(x=5)$

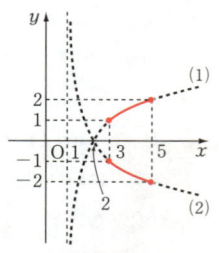

> **POINT**
> $y = \log_a x$ のグラフ
> $\Longrightarrow$ $0 < a < 1$ のとき，単調に減少
> $1 < a$ のとき，単調に増加

247 応用 解説 $\log_x y = t$ とおいて，与えられた 4 つの数を t の式で表す。ただし，t の変域は $1 < x < y < x^2$ のとき，x を底とする対数をとって $\log_x 1 < \log_x x < \log_x y < \log_x x^2$
すなわち，$1 < t < 2$ である。

解答 $\log_x y = t$ とおくと

$\log_y x = \dfrac{1}{\log_x y} = \dfrac{1}{t}$

$\log_x y^2 = 2\log_x y = 2t$, $(\log_x y)^2 = t^2$

$1 < x < y < x^2$ のとき，$x(>1)$ を底とする対数をとって

$\log_x 1 < \log_x x < \log_x y < \log_x x^2$
$0 < 1 < t < 2$ よって $1 < t < 2$

$1 < t < 2$ における 4 つの関数

$y_1 = t$, $y_2 = \dfrac{1}{t}$,
$y_3 = 2t$, $y_4 = t^2$

のグラフをかくと右図のようになるから，これらのグラフの上下関係から

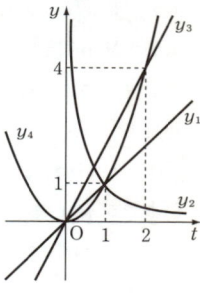

$y_2 < y_1 < y_4 < y_3$

よって $\log_y x < \log_x y < (\log_x y)^2 < \log_x y^2$

248 基本 解説 (1), (2) 定義に従って，対数の関係を指数の関係に直す。
(3) $\log_2 x = t$ とおいて，t の 2 次方程式を解く。$\log_2 x$ はすべての実数値をとり得るので，$\log_2 x = t$ を満たす x はつねに存在する。

解答 (1) $\log_2(x+1) = 2$ から
$x+1 = 2^2 = 4$ よって $x = 3$

(2) $\log_{\frac{1}{2}} x = 2$ から $x = \left(\dfrac{1}{2}\right)^2 = \dfrac{1}{4}$

(3) $\log_2 x + \log_x 2 = \dfrac{5}{2}$ から

$\log_2 x + \dfrac{1}{\log_2 x} = \dfrac{5}{2}$

$\log_2 x = t$ とおくと，方程式は

$t + \dfrac{1}{t} = \dfrac{5}{2}$

$2t^2 - 5t + 2 = 0$

$(t-2)(2t-1) = 0$ よって $t = 2, \dfrac{1}{2}$

すなわち $\log_2 x = 2, \dfrac{1}{2}$

これより $x = 2^2, 2^{\frac{1}{2}}$

したがって $x = 4, \sqrt{2}$

249 基本 解説 (1) 底が 1 より小さい場合，真数の大小関係に注意する。
(3) 「真数は正」の条件に注意する。
(4) 底 x が 1 より大きい場合と小さい場合に分けて考える。

解答 (1) $\log_{\frac{1}{3}} x < 3$

$\log_{\frac{1}{3}} x < \log_{\frac{1}{3}} \left(\dfrac{1}{3}\right)^3$

底 $\dfrac{1}{3}$ は 1 より小さいから $x > \dfrac{1}{27}$

(2) $\log_2(x+2) \geqq 1$
$\log_2(x+2) \geqq \log_2 2$
底 2 は 1 より大きいから $x+2 \geqq 2$
よって $x \geqq 0$

(3) $\log_{10} x + \log_{10}(2x+1) < 1$
真数は正だから $x > 0$ かつ $2x+1 > 0$
よって $x > 0$ ……①
不等式は $\log_{10} x(2x+1) < \log_{10} 10$
底 10 は 1 より大きいから
$x(2x+1) < 10$
$2x^2 + x - 10 < 0$
$(2x+5)(x-2) < 0$
よって $-\dfrac{5}{2} < x < 2$ ……②

したがって，①，② から $0 < x < 2$

(4)　　$\log_x(2x+3) > 2$

底の条件から　　$x > 0, x \neq 1$

このとき，真数条件 $2x+3 > 0$ は成り立つ。

不等式は　　$\log_x(2x+3) > \log_x x^2$

(i)　$x > 1$ のとき　　$2x+3 > x^2$

$x^2 - 2x - 3 < 0,\ (x+1)(x-3) < 0$

よって　　$-1 < x < 3$

これと $x > 1$ から　　$1 < x < 3$

(ii)　$0 < x < 1$ のとき　　$2x+3 < x^2$

$x^2 - 2x - 3 > 0,\ (x+1)(x-3) > 0$

よって　　$x < -1,\ 3 < x$

したがって，$0 < x < 1$ を満たす x は存在しない。以上から，不等式の解は　　$1 < x < 3$

POINT

対数不等式 $\log_a M > \log_a N$

$\implies$ $0 < a < 1$ のとき　$0 < M < N$

　　　　　$a > 1$ のとき　　$M > N > 0$

250 応用　解説　$\log_3 x = t$ とおいて，与えられた関数を t の2次関数に直す。

解答　$y = -(\log_3 x)^2 + 4\log_3 x$

$\log_3 x = t$ とおくと，与えられた関数は

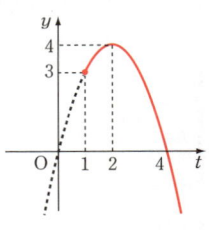

$y = -t^2 + 4t$
$ = -(t^2 - 4t)$
$ = -(t-2)^2 + 4$

$x \geq 3$ のとき

$t \geq \log_3 3$
$t \geq 1$

よって，右上のグラフから，$t = 2$ すなわち $x = 9$ のとき　　**最大値　4**

251 応用　解説　関数 $f(x, y)$ の底を2に変換し，さらに与えられた条件 $2x+y=8$ を使って y を消去して x だけの関数に直す。

解答　$f(x, y) = \log_2 x + 2\log_4 y$

$ = \log_2 x + 2 \cdot \dfrac{\log_2 y}{\log_2 4}$

$ = \log_2 x + \log_2 y$

$ = \log_2 xy$

$x > 0,\ y > 0,\ 2x + y = 8$ のとき

$y = 8 - 2x,\ 0 < x < 4$

したがって

$f(x, y) = \log_2 x(8-2x)$
$ = \log_2\{-2(x-2)^2 + 8\}$

$g(x) = -2(x-2)^2 + 8$ とおくと，$f(x, y)$ において，底2は1より大きいから

$f(x, y)$ が最大 $\iff g(x)$ が最大

となる。$z = g(x)$ のグラフは右図のようになるから，$g(x)$ は $x = 2$ のとき最大値8をとる。

したがって，$f(x, y)$ は $(x, y) = (2, 4)$ のとき最大で，最大値は　　$\log_2 8 = 3$

POINT

$a > 1$ のとき

$\log_a f(x)$ が最大 $\iff f(x)$ が最大

252 基本　解説　対数の性質を利用して，与えられた対数を $\log_{10} 2$ と $\log_{10} 3$ に分解する。

解答　(1)　$\log_{10} 20 = \log_{10}(2 \cdot 10)$

$\phantom{\log_{10} 20} = \log_{10} 2 + \log_{10} 10$

$\phantom{\log_{10} 20} = 0.3010 + 1 = \mathbf{1.3010}$

(2)　$\log_{10} 0.002 = \log_{10} \dfrac{2}{1000}$

$\phantom{\log_{10} 0.002} = \log_{10} 2 - \log_{10} 1000$

$\phantom{\log_{10} 0.002} = \log_{10} 2 - \log_{10} 10^3$

$\phantom{\log_{10} 0.002} = 0.3010 - 3 = \mathbf{-2.6990}$

(3)　$\log_{10} 6 = \log_{10}(2 \cdot 3)$

$\phantom{\log_{10} 6} = \log_{10} 2 + \log_{10} 3$

$\phantom{\log_{10} 6} = 0.3010 + 0.4771 = \mathbf{0.7781}$

(4)　$\log_{10} \dfrac{9}{4} = \log_{10}\left(\dfrac{3}{2}\right)^2$

$\phantom{\log_{10} \dfrac{9}{4}} = 2\log_{10} \dfrac{3}{2}$

$\phantom{\log_{10} \dfrac{9}{4}} = 2(\log_{10} 3 - \log_{10} 2)$

$\phantom{\log_{10} \dfrac{9}{4}} = 2(0.4771 - 0.3010) = \mathbf{0.3522}$

253 応用　解説　(1), (2)　いずれも両辺の常用対数をとる。

解答　(1)　①　$2^x = 10$ の両辺の常用対数をとると

$\log_{10} 2^x = \log_{10} 10$

$x\log_{10} 2 = 1$

$$x = \frac{1}{\log_{10}2} = \frac{1}{0.3010} = 3.3222\cdots$$

よって　　$x = 3.322$

② $4^x = 3^{x-1}$ の両辺の常用対数をとると

$$\log_{10}4^x = \log_{10}3^{x-1}$$
$$\log_{10}2^{2x} = \log_{10}3^{x-1}$$
$$2x\log_{10}2 = (x-1)\log_{10}3$$
$$(2\log_{10}2 - \log_{10}3)x = -\log_{10}3$$
$$(2 \times 0.3010 - 0.4771)x = -0.4771$$
$$0.1249x = -0.4771$$
$$x = -\frac{0.4771}{0.1249} = -3.8198\cdots$$

よって　　$x = -3.820$

(2) ① $2^n > 10^4$ の両辺の常用対数をとると

$$\log_{10}2^n > \log_{10}10^4$$
$$n\log_{10}2 > 4 \quad 0.3010n > 4$$
$$n > \frac{4}{0.3010} = 13.2\cdots$$

よって，整数 n の最小値は　　$n = 14$

② $(0.6)^n < 0.0001$ の両辺の常用対数をとると

$$\log_{10}(0.6)^n < \log_{10}0.0001$$
$$n\log_{10}\frac{6}{10} < \log_{10}10^{-4}$$
$$n(\log_{10}2 + \log_{10}3 - \log_{10}10) < -4$$
$$n(0.3010 + 0.4771 - 1) < -4$$
$$-0.2219n < -4$$
$$n > \frac{4}{0.2219} = 18.02\cdots$$

よって，整数 n の最小値は　　$n = 19$

254 応用　解説　前問同様，両辺の常用対数をとる。

解答　$1.04^n < 2$ の両辺の常用対数をとると

$$\log_{10}1.04^n < \log_{10}2$$
$$n\log_{10}1.04 < \log_{10}2$$
$$0.0170n < 0.3010$$
$$n < \frac{0.3010}{0.0170} = 17.7\cdots$$

よって，求める最大の整数 n は　　$n = 17$

255 基本　解説　不等式を N について解く。

解答　$2 \leq \log_{10}N < 3$

$$\log_{10}10^2 \leq \log_{10}N < \log_{10}10^3$$

底 10 は 1 より大きいから　　$100 \leq N < 1000$

よって，自然数 N は **3 桁の数** である。

256 応用　解説　常用対数をとる。

N は n 桁の整数 $\iff 10^{n-1} \leq N < 10^n$
$\qquad\qquad\qquad \iff n-1 \leq \log_{10}N < n$

このとき　　$N = a \times 10^{n-1} \quad (1 \leq a < 10)$

として，$\log_{10}a$ の値を計算すれば，最高位の数がわかる。

また，N の小数第 n 位に初めて 0 でない数字が現れる $\iff 10^{-n} \leq N < 10^{-(n-1)}$
$\qquad\qquad\qquad\qquad \iff -n \leq \log_{10}N < -(n-1)$

解答　2^{50} の常用対数をとると

$$\log_{10}2^{50} = 50\log_{10}2 = 50 \times 0.3010$$
$$= 15.05$$

よって　　$15 < \log_{10}2^{50} < 16$

すなわち　　$10^{15} < 2^{50} < 10^{16}$

したがって，2^{50} は **16 桁の数**

$2^{50} = a \times 10^{15} \quad (1 \leq a < 10)$ として

$$\log_{10}a = \log_{10}\frac{2^{50}}{10^{15}}$$
$$= \log_{10}2^{50} - \log_{10}10^{15}$$
$$= 15.05 - 15 = 0.05$$

から　　$\log_{10}1 < \log_{10}a < \log_{10}2$

すなわち　　$1 < a < 2$

よって，2^{50} の最も高い位の数は　　**1**

さらに，$\left(\dfrac{1}{6}\right)^{30}$ の常用対数をとると

$$\log_{10}\left(\frac{1}{6}\right)^{30} = 30\log_{10}\frac{1}{6}$$
$$= -30\log_{10}6$$
$$= -30\log_{10}(2 \cdot 3)$$
$$= -30(\log_{10}2 + \log_{10}3)$$
$$= -30(0.3010 + 0.4771)$$
$$= -30 \times 0.7781 = -23.343$$

よって　　$-24 < \log_{10}\left(\dfrac{1}{6}\right)^{30} < -23$

すなわち　　$10^{-24} < \left(\dfrac{1}{6}\right)^{30} < 10^{-23}$

したがって，$\left(\dfrac{1}{6}\right)^{30}$ は小数第 **24** 位に初めて 0 でない数字が現れる。

POINT

n を 0 以上の整数として

$\log_{10} x = n.\cdots\cdots$
$\iff x$ の整数部分は $(n+1)$ 桁

$\log_{10} x = -n.\cdots\cdots$
$\iff x$ は小数第 $(n+1)$ 位に初めて 0 でない数字が現れる

257 応用 【解説】1回のろ過で，雑菌の 20% が除去されるから，残っている雑菌ははじめの 80% である。したがって，はじめの雑菌の数を a とすると

1 回ろ過したあとの雑菌の数は $\dfrac{4}{5}a$

n 回ろ過したあとの雑菌の数は $\left(\dfrac{4}{5}\right)^n a$

n 回のろ過で 95% 以上を除去すると，残っている雑菌は 5% 未満になる。

【解答】1 回のろ過によって残る雑菌は，もとの $1 - \dfrac{20}{100} = \dfrac{4}{5}$ (倍) である。n 回のろ過によって残る雑菌はもとの $\left(\dfrac{4}{5}\right)^n$ 倍

雑菌の 95% 以上を除去すると，残った雑菌は 5% 未満だから $\left(\dfrac{4}{5}\right)^n < 0.05$

逆数をとって $\left(\dfrac{5}{4}\right)^n > 20$

両辺の常用対数をとると

$\log_{10}\left(\dfrac{5}{4}\right)^n > \log_{10} 20$

$n \log_{10} \dfrac{10}{8} > \log_{10}(2 \cdot 10)$

$n(\log_{10} 10 - 3\log_{10} 2) > \log_{10} 2 + \log_{10} 10$

$n(1 - 3 \times 0.3010) > 0.3010 + 1$

$0.0970n > 1.3010$

$n > 13.4\cdots$

n は整数だから $n \geqq 14$

よって，**最小限 14 回ろ過を繰り返せばよい。**

実戦問題① p.90〜91

1 【解説】(1) $a + a^{-1} = (a^{\frac{1}{2}} + a^{-\frac{1}{2}})^2 - 2a^{\frac{1}{2}} \cdot a^{-\frac{1}{2}}$
(3) $(a - a^{-1})^2 = (a + a^{-1})^2 - 4a \cdot a^{-1}$

【解答】(1) $a + a^{-1} = (a^{\frac{1}{2}})^2 + (a^{-\frac{1}{2}})^2$
$= (a^{\frac{1}{2}} + a^{-\frac{1}{2}})^2 - 2a^{\frac{1}{2}} \cdot a^{-\frac{1}{2}}$
$= (a^{\frac{1}{2}} + a^{-\frac{1}{2}})^2 - 2$

よって，$a^{\frac{1}{2}} + a^{-\frac{1}{2}} = 3$ のとき
$a + a^{-1} = 3^2 - 2 = \mathbf{7}$ (5 点)

(2) $a^2 + a^{-2} = (a + a^{-1})^2 - 2a \cdot a^{-1}$
$= 7^2 - 2 = \mathbf{47}$ (5 点)

(3) $(a - a^{-1})^2 = (a + a^{-1})^2 - 4a \cdot a^{-1}$
$= 7^2 - 4 = 45$

よって $a - a^{-1} = \pm\sqrt{45} = \mathbf{\pm 3\sqrt{5}}$ (5 点)

別解 (3) $a^{\frac{1}{2}} + a^{-\frac{1}{2}} = 3$ のとき，両辺に $a^{\frac{1}{2}}$ をかけて $(a^{\frac{1}{2}})^2 - 3a^{\frac{1}{2}} + 1 = 0$

解の公式から $a^{\frac{1}{2}} = \dfrac{3 \pm \sqrt{5}}{2}$

よって $a = \left(\dfrac{3 \pm \sqrt{5}}{2}\right)^2 = \dfrac{7 \pm 3\sqrt{5}}{2}$

一方 $a^{-1} = \dfrac{7 \mp 3\sqrt{5}}{2}$ (複号同順)

したがって

$a = \dfrac{7 + 3\sqrt{5}}{2}$ のとき $a - a^{-1} = \mathbf{3\sqrt{5}}$

$a = \dfrac{7 - 3\sqrt{5}}{2}$ のとき $a - a^{-1} = \mathbf{-3\sqrt{5}}$

2 【解説】それぞれの数を累乗の形で表し，指数の分母の最小公倍数 L を求め，それぞれの数を L 乗して大小を比較する。

【解答】$\sqrt[3]{5} = 5^{\frac{1}{3}}$, $\sqrt{3} = 3^{\frac{1}{2}}$, $\sqrt[4]{8} = 8^{\frac{1}{4}}$

指数の分母 3, 2, 4 の最小公倍数は 12 だから，それぞれを 12 乗して

$(\sqrt[3]{5})^{12} = 5^4 = 625$, $(\sqrt{3})^{12} = 3^6 = 729$,

$(\sqrt[4]{8})^{12} = 8^3 = 512$ (4 点)

よって $(\sqrt[4]{8})^{12} < (\sqrt[3]{5})^{12} < (\sqrt{3})^{12}$

$\sqrt[4]{8} > 0$, $\sqrt[3]{5} > 0$, $\sqrt{3} > 0$ だから

$\mathbf{\sqrt[4]{8} < \sqrt[3]{5} < \sqrt{3}}$ (10 点)

3 【解説】指数法則
$a^r a^s = a^{r+s}$, $a^r \div a^s = a^{r-s}$, $(a^r)^s = a^{rs}$
に従って求める。

【解答】(1) $8^{\frac{1}{4}} \times 8^{\frac{1}{3}} \div 8^{\frac{1}{12}} = 8^{\frac{1}{4} + \frac{1}{3} - \frac{1}{12}}$
$= 8^{\frac{1}{2}}$
$= \sqrt{8} = \mathbf{2\sqrt{2}}$ (5 点)

(2) $(216^{\frac{2}{3}})^{\frac{1}{2}} = 216^{\frac{1}{3}} = (6^3)^{\frac{1}{3}} = \mathbf{6}$ (5 点)

第 4 章 指数関数・対数関数

(3) $(a^{\frac{1}{4}}-b^{\frac{1}{4}})(a^{\frac{1}{4}}+b^{\frac{1}{4}})(a^{\frac{1}{2}}+b^{\frac{1}{2}})(a+b)$
$=\{(a^{\frac{1}{4}})^2-(b^{\frac{1}{4}})^2\}(a^{\frac{1}{2}}+b^{\frac{1}{2}})(a+b)$
$=(a^{\frac{1}{2}}-b^{\frac{1}{2}})(a^{\frac{1}{2}}+b^{\frac{1}{2}})(a+b)$
$=\{(a^{\frac{1}{2}})^2-(b^{\frac{1}{2}})^2\}(a+b)$
$=(a-b)(a+b)=a^2-b^2$ （5点）

4 解説 (1) $y=2^x$ のグラフの平行移動や対称移動を考える。
(2) 条件から，a^b と a^c の値を求める。

解答 (1) $y=-2^{x+1}+1$
から $y-1=-2^{x+1}$
このグラフは，$y=2^x$ のグラフを x 軸に関して対称移動し，さらに x 軸の方向に -1，y 軸の方向に 1 だけ平行移動したものである。
よって，右図のようになる。 （10点）

(2) $y=a^{b+cx}$
$x=1$ のとき，$y=8$ から
$a^{b+c}=8$ ……①
$x=2$ のとき，$y=16$ から
$a^{b+2c}=16$ ……②
②÷①から $a^{b+2c}\div a^{b+c}=16\div 8$
すなわち $a^{b+2c-(b+c)}=a^c=2$
①に代入して $a^b\cdot a^c=2a^b=8$
すなわち $a^b=4$
したがって，$y=a^b\cdot a^{cx}=a^b\cdot(a^c)^x$ から
$y=4\cdot 2^x=2^{x+2}$ （5点）
よって，$x=-1$ のとき
$y=2^{-1+2}=2$ （10点）

5 解説 (1), (2) 底をそろえて，指数の相等，指数の大小関係を利用する。
(3), (4) $2^x=t$ とおいて，t についての方程式・不等式を解く。$t>0$ に注意する。

解答 (1) $9^{3x}=81$ のとき $9^{3x}=9^2$
$3x=2$ よって $x=\dfrac{2}{3}$ （5点）

(2) $\dfrac{1}{8}\leqq\left(\dfrac{1}{2}\right)^{2x}\leqq 1$ のとき
$\left(\dfrac{1}{2}\right)^3\leqq\left(\dfrac{1}{2}\right)^{2x}\leqq\left(\dfrac{1}{2}\right)^0$
底 $\dfrac{1}{2}$ は 1 より小さいから

$3\geqq 2x\geqq 0$
よって $0\leqq x\leqq\dfrac{3}{2}$ （5点）

(3) $4^x-4\cdot 2^x-32=0$
$4^x=(2^2)^x=(2^x)^2$ だから
$(2^x)^2-4\cdot 2^x-32=0$
$2^x=t$ とおくと $t>0$ で，方程式は
$t^2-4t-32=0$
$(t+4)(t-8)=0$
$t>0$ だから $t=8$
よって $2^x=8=2^3$
したがって $x=3$ （5点）

(4) $2^{2x}-3\cdot 2^{x+1}+8>0$
$(2^x)^2-6\cdot 2^x+8>0$
$2^x=t$ とおくと $t>0$ で，不等式は
$t^2-6t+8>0$
$(t-2)(t-4)>0$
$t>0$ だから $0<t<2$，$4<t$
したがって $0<2^x<2$，$2^2<2^x$
底 2 は 1 より大きいから
$x<1$，$2<x$ （5点）

6 解説 $2^x=t$ とおいて，与えられた関数を t の 2 次関数に直す。$0\leqq x\leqq 2$ のときの t の変域に注意する。

解答 $f(x)=4^x-2^{x+2}+5$ $(0\leqq x\leqq 2)$
$f(x)=(2^2)^x-2^x\cdot 2^2+5$
$=(2^x)^2-4\cdot 2^x+5$
$2^x=t$ とおくと
$f(x)=g(t)=t^2-4t+5$ （2点）
$=(t-2)^2+1$
$0\leqq x\leqq 2$ のとき
$1\leqq t\leqq 4$ （4点）
よって，右の $y=g(t)$ の
グラフから （8点）
$t=4$ すなわち $x=2$ のとき 最大値 5
（14点）
$t=2$ すなわち $x=1$ のとき 最小値 1
（20点）

実戦問題② p.100〜101

1 【解説】(1) 対数の性質を利用して，1つの対数にまとめる。
(2) 底の変換公式を利用する。
(3) 与えられた値を x とおいて，3 を底とする対数をとる。

【解答】(1) $\log_2 10 - \log_2 8 + \log_2 \dfrac{4}{5}$

$= \log_2 \left(\dfrac{10}{8} \times \dfrac{4}{5} \right)$

$= \log_2 1 = \mathbf{0}$ (6点)

(2) 底を 10 に変換して

$\log_4 2 \cdot \log_3 4 \cdot \log_2 3$

$= \dfrac{\log_{10} 2}{\log_{10} 4} \cdot \dfrac{\log_{10} 4}{\log_{10} 3} \cdot \dfrac{\log_{10} 3}{\log_{10} 2} = \mathbf{1}$ (6点)

(3) $x = 3^{\log_9 5}$ とおくと

$\log_3 x = \log_3 3^{\log_9 5} = \log_9 5 = \dfrac{\log_3 5}{\log_3 9}$

$= \dfrac{1}{2} \log_3 5$

$= \log_3 \sqrt{5}$

よって $x = \sqrt{5}$ (6点)

【別解】(3) $3^{\log_9 5} = 3^{\frac{\log_3 5}{\log_3 9}} = 3^{\frac{1}{2}\log_3 5} = 3^{\log_3 \sqrt{5}} = \sqrt{5}$

  ($a^{\log_a x} = x$ から)

2 【解説】「真数は正」に注意し，対数の性質に従って解く。

【解答】(1) $2\log_2 x - \log_2(x+4) - 1 = 0$

真数は正だから $x > 0$ かつ $x+4 > 0$
よって $x > 0$
方程式は $2\log_2 x = \log_2(x+4) + 1$
   $\log_2 x^2 = \log_2 2(x+4)$
よって $x^2 = 2(x+4)$
$x^2 - 2x - 8 = 0$
$(x+2)(x-4) = 0$
$x = -2, 4$
$x > 0$ だから $\mathbf{x = 4}$ (8点)

(2) $\log_{\frac{1}{3}}(x-1) + \log_{\frac{1}{3}}(5-x) = -1$
真数は正だから $x-1 > 0$ かつ $5-x > 0$
よって $1 < x < 5$
方程式は $\log_{\frac{1}{3}}(x-1)(5-x) = \log_{\frac{1}{3}} 3$

よって $(x-1)(5-x) = 3$
  $x^2 - 6x + 8 = 0$
  $(x-2)(x-4) = 0$
  $x = 2, 4$
これらはともに $1 < x < 5$ を満たす。
したがって $\mathbf{x = 2, 4}$ (8点)

(3) $\log_2(x+1) + \log_2(x-2) < 2$
真数は正だから $x+1 > 0$ かつ $x-2 > 0$
よって $x > 2$
不等式は $\log_2(x+1)(x-2) < \log_2 4$
底 2 は 1 より大きいから
  $(x+1)(x-2) < 4$
  $x^2 - x - 6 < 0$
  $(x+2)(x-3) < 0$
よって $-2 < x < 3$
これと $x > 2$ から $\mathbf{2 < x < 3}$ (8点)

(4) $\log_{\frac{1}{4}}(3x^2+9) < \log_{\frac{1}{2}}(3-2x)$
真数は正だから
$3x^2 + 9 > 0$ かつ $3-2x > 0$
よって $x < \dfrac{3}{2}$
底を $\dfrac{1}{2}$ にそろえると，不等式は

$\dfrac{\log_{\frac{1}{2}}(3x^2+9)}{\log_{\frac{1}{2}} \frac{1}{4}} < \log_{\frac{1}{2}}(3-2x)$

$\dfrac{1}{2} \log_{\frac{1}{2}}(3x^2+9) < \log_{\frac{1}{2}}(3-2x)$

両辺を 2 倍して
$\log_{\frac{1}{2}}(3x^2+9) < \log_{\frac{1}{2}}(3-2x)^2$

底 $\dfrac{1}{2}$ は 1 より小さいから
$3x^2 + 9 > (3-2x)^2$
$x^2 - 12x < 0, \; x(x-12) < 0$
よって $0 < x < 12$
これと $x < \dfrac{3}{2}$ から $\mathbf{0 < x < \dfrac{3}{2}}$ (8点)

3 【解説】$\log_a x = t$ とおいて，与えられた対数をすべて t の式で表す。$1 < x < a$ のときの t の変域に注意する。

【解答】$\log_a x = t$ とおくと
$(\log_a x)^2 = t^2, \; \log_a x^2 = 2\log_a x = 2t$

$$\log_a(\log_a x) = \log_a t$$ (3点)

$1 < x < a$ のとき $\log_a 1 < \log_a x < \log_a a$

よって $0 < t < 1$ (6点)

このとき $2t - t^2 = t(2-t) > 0$ から

$0 < t^2 < 2t$ ……①

また,$a > 1$ だから,$0 < t < 1$ のとき

$\log_a t < 0$ ……②

したがって,①,②から

$\log_a t < t^2 < 2t$

よって $\log_a(\log_a x) < (\log_a x)^2 < \log_a x^2$

(12点)

4 解説 関数 $y = \log_2 x$ の定義域は正の数全体で,グラフは単調に増加する。

解答 $y = \log_2(-x^2 + 3x - 2)$ ……①

$f(x) = -x^2 + 3x - 2$ とおく。

$f(x) = -\left(x - \dfrac{3}{2}\right)^2 + \dfrac{1}{4}$ から $f(x) \leqq \dfrac{1}{4}$

(4点)

底 2 が 1 より大きいから,①のグラフは $f(x)$ が増加するとともに単調に増加するので,$f(x)$ が最大値をとるとき,①の関数も最大値をとる。

したがって,最大値は

$x = \dfrac{3}{2}$ のとき $y = \log_2 \dfrac{1}{4} = -2$ (10点)

5 解説 常用対数をとって考える。

解答 (1) 5^{10} の常用対数をとると

$\log_{10} 5^{10} = 10 \log_{10} 5$

$= 10 \log_{10} \dfrac{10}{2}$

$= 10(\log_{10} 10 - \log_{10} 2)$

$= 10(1 - 0.3010)$

$= 6.99$ (4点)

よって $6 < \log_{10} 5^{10} < 7$

すなわち $10^6 < 5^{10} < 10^7$

したがって,5^{10} は **7桁** の数。 (8点)

(2) $\left(\dfrac{1}{5}\right)^{20}$ の常用対数をとると

$\log_{10}\left(\dfrac{1}{5}\right)^{20} = 20 \log_{10} \dfrac{1}{5}$

$= 20 \log_{10} \dfrac{2}{10}$

$= 20(\log_{10} 2 - \log_{10} 10)$

$= 20(0.3010 - 1)$

$= -13.98$ (4点)

よって $-14 < \log_{10}\left(\dfrac{1}{5}\right)^{20} < -13$

すなわち $10^{-14} < \left(\dfrac{1}{5}\right)^{20} < 10^{-13}$

したがって,$\left(\dfrac{1}{5}\right)^{20}$ は **小数第14位** に初めて 0 でない数字が現れる。 (8点)

6 解説 ガラスを n 枚重ねると,光の強さははじめの $\left(1 - \dfrac{20}{100}\right)^n$ 倍になる。

解答 ガラスを 1 枚通るごとに光の強さは

$1 - \dfrac{20}{100} = \dfrac{4}{5}$(倍)になるので,ガラスを n 枚重ねると,光の強さははじめの $\left(\dfrac{4}{5}\right)^n$ 倍になる。

これが $\dfrac{1}{2}$ 以下になるとき

$\left(\dfrac{4}{5}\right)^n \leqq \dfrac{1}{2}$ (5点)

逆数をとって $\left(\dfrac{5}{4}\right)^n \geqq 2$

両辺の常用対数をとると

$\log_{10}\left(\dfrac{5}{4}\right)^n \geqq \log_{10} 2$

$n \log_{10} \dfrac{10}{8} \geqq \log_{10} 2$

$n(\log_{10} 10 - 3\log_{10} 2) \geqq \log_{10} 2$

$n(1 - 3 \times 0.3010) \geqq 0.3010$

$0.0970 n \geqq 0.3010$

$n \geqq 3.1\cdots$ (10点)

n は自然数だから $n \geqq 4$

よって,求める n の最小値は $n = 4$

(12点)

第5章 微分法・積分法

第1節 微分法

258 基本 解説 (3), (4) 約分してから求める。

解答 (1) $\lim_{x \to -2} 5(x+1)^3 = 5 \cdot (-1)^3 = -5$

(2) $\lim_{x \to 2}(x+2)(x-3) = 4 \cdot (-1) = -4$

(3) $\lim_{x \to 0}\dfrac{(3+x)^2 - 9}{x} = \lim_{x \to 0}(x+6) = 6$

(4) $\lim_{x \to 0}\dfrac{x^3 - 2x^2}{x^2} = \lim_{x \to 0}(x-2) = -2$

259 基本 解説 いずれも約分して求める。

解答 (1) $\lim_{x \to 1}\dfrac{x^2 + 3x - 4}{x-1}$
$= \lim_{x \to 1}\dfrac{(x-1)(x+4)}{x-1}$
$= \lim_{x \to 1}(x+4) = 5$

(2) $\lim_{x \to -3}\dfrac{x+3}{x^2+2x-3} = \lim_{x \to -3}\dfrac{x+3}{(x+3)(x-1)}$
$= \lim_{x \to -3}\dfrac{1}{x-1} = -\dfrac{1}{4}$

(3) $\lim_{x \to 2}\dfrac{x^2-3x+2}{x^2-4} = \lim_{x \to 2}\dfrac{(x-2)(x-1)}{(x-2)(x+2)}$
$= \lim_{x \to 2}\dfrac{x-1}{x+2} = \dfrac{1}{4}$

260 基本 解説 (2) 微分係数の定義に従って
$f'(2) = \lim_{h \to 0}\dfrac{f(2+h)-f(2)}{h}$ から求める。

解答 (1) x が 2 から $2+h$ まで変化するときの平均変化率は
$$\dfrac{f(2+h)-f(2)}{(2+h)-2} = \dfrac{3(2+h)^2 - 3 \times 2^2}{h}$$
$$= 12 + 3h = 3(h+4)$$

(2) 微分係数の定義から
$$f'(2) = \lim_{h \to 0}\dfrac{f(2+h)-f(2)}{h}$$
$$= \lim_{h \to 0} 3(h+4) = 12$$

> **POINT** 微分係数 $f'(a)$ の定義
> $\Longrightarrow f'(a) = \lim_{h \to 0}\underbrace{\dfrac{f(a+h)-f(a)}{h}}_{\text{(平均変化率)}}$

261 基本 解答 (1) $f'(2) = \lim_{h \to 0}\dfrac{f(2+h)-f(2)}{h}$
$f(2+h)-f(2)$
$= (2+h)^2 - 7(2+h) + 4 - (4-14+4)$
$= h^2 - 3h$
よって $f'(2) = \lim_{h \to 0}\dfrac{h^2-3h}{h}$
$= \lim_{h \to 0}(h-3) = -3$

(2) $f'(3) = \lim_{h \to 0}\dfrac{f(3+h)-f(3)}{h}$
$f(3+h)-f(3)$
$= (3+h)^2 - 7(3+h) + 4 - (9-21+4)$
$= h^2 - h$
よって $f'(3) = \lim_{h \to 0}\dfrac{h^2-h}{h}$
$= \lim_{h \to 0}(h-1) = -1$

262 応用 解説 (2) $f'(c)$ は微分係数のもう1つの定義 $f'(c) = \lim_{x \to c}\dfrac{f(x)-f(c)}{x-c}$ から求める。

解答 (1) $x=a$ から b までの平均変化率は
$$\dfrac{f(b)-f(a)}{b-a} = \dfrac{3b^2 - 3a^2}{b-a} = 3(a+b)$$

(2) $f'(c) = \lim_{x \to c}\dfrac{f(x)-f(c)}{x-c}$
$= \lim_{x \to c} 3(x+c) = 6c$

これが(1)の平均変化率に等しいので
$6c = 3(a+b)$
よって $c = \dfrac{a+b}{2}$

> **POINT** もう1つの微分係数の定義
> $\Longrightarrow f'(a) = \lim_{x \to a}\dfrac{f(x)-f(a)}{x-a}$

263 応用 解説 微分係数の定義
$f'(a) = \lim_{h \to 0}\dfrac{f(a+h)-f(a)}{h}$
が使えるように変形する。

解答 (1) $\lim_{h \to 0}\dfrac{f(a+3h)-f(a)}{h}$
$= \lim_{h \to 0} 3 \cdot \dfrac{f(a+3h)-f(a)}{3h} = 3f'(a)$

(2) $\displaystyle\lim_{h\to 0}\frac{f(a+h)-f(a-h)}{h}$

$=\displaystyle\lim_{h\to 0}\frac{f(a+h)-f(a)-f(a-h)+f(a)}{h}$

$=\displaystyle\lim_{h\to 0}\left\{\frac{f(a+h)-f(a)}{h}+\frac{f(a-h)-f(a)}{-h}\right\}$

$=f'(a)+f'(a)=\mathbf{2f'(a)}$

264 応用 解説 分母 $x-1\to 0$ $(x\to 1)$ だから,分子 $f(x)\to 0$ $(x\to 1)$ が必要条件である。

解答 与えられた等式

$$\lim_{x\to 1}\frac{f(x)}{x-1}=8 \quad\cdots\cdots\text{①}$$

の左辺で $x\to 1$ のとき,分母 $x-1\to 0$ だから,等式が成り立つためには,分子 $f(x)=x^2+ax+b$ について

$$\lim_{x\to 1}f(x)=1+a+b=0$$

が必要条件である。

このとき, $b=-a-1$ を用いて,①は

$\displaystyle\lim_{x\to 1}\frac{(x-1)(x+a+1)}{x-1}$

$=\displaystyle\lim_{x\to 1}(x+a+1)=a+2=8$

よって $\mathbf{a=6,\ b=-7}$

POINT

$x\to a$ のとき,$g(x)\to 0$ かつ

$\displaystyle\lim_{x\to a}\frac{f(x)}{g(x)}=k$ (k は有限確定値)

$\Longrightarrow \displaystyle\lim_{x\to a}f(x)=0$

265 基本 解説 導関数の公式 $(x^n)'=nx^{n-1}$ を利用。

解答 (1) $y'=(3x+5)'=\mathbf{3}$

(2) $y'=(10-5x-5x^2)'=\mathbf{-5-10x}$

(3) $y=(2x-3)(x+1)=2x^2-x-3$
  $y'=\mathbf{4x-1}$

(4) $y'=(x^3+2x^2-5x-3)'$
  $=\mathbf{3x^2+4x-5}$

(5) $y=(2x+3)^3$
  $=8x^3+36x^2+54x+27$
  $y'=\mathbf{24x^2+72x+54}$

注意 積の導関数

$\{f(x)g(x)\}'=f'(x)g(x)+f(x)g'(x)$

を知っていれば,(3)は

$y'=(2x-3)'(x+1)+(2x-3)(x+1)'$
$=2(x+1)+(2x-3)\cdot 1=4x-1$

また $\{(ax+b)^n\}'=na(ax+b)^{n-1}$

を知っていれば,(5)は

$y'=3\cdot 2(2x+3)^2=6(2x+3)^2$

266 基本 解説 導関数の公式に従って微分する。

解答 (1) $\dfrac{dV}{dr}=\mathbf{4\pi r^2}$

(2) $\dfrac{ds}{dt}=\mathbf{3t^2-4t-\dfrac{1}{3}}$

(3) $p=2q^3+3q^2+2q+3$ から

$\dfrac{dp}{dq}=\mathbf{6q^2+6q+2}$

(4) $\dfrac{dl}{d\theta}=\mathbf{2\pi\theta-1}$

267 応用 解説 $f'(x)=\displaystyle\lim_{h\to 0}\frac{f(x+h)-f(x)}{h}$

解答 $f(x+h)-f(x)$
$=(x+h)^3-2(x+h)^2+1-(x^3-2x^2+1)$
$=3hx^2+(3h^2-4h)x+h^3-2h^2$

よって
$f'(x)=\displaystyle\lim_{h\to 0}\{3x^2+(3h-4)x+h^2-2h\}$
$=\mathbf{3x^2-4x}$

POINT

導関数の定義

$\Longrightarrow f'(x)=\displaystyle\lim_{h\to 0}\frac{f(x+h)-f(x)}{h}$

268 基本 解説 $f(x)=ax^2+bx+c$ $(a\ne 0)$ とおいて,条件から a, b, c の値を求める。

解答 $f(x)=ax^2+bx+c$ $(a\ne 0)$ とおくと
  $f'(x)=2ax+b$

条件から $f(0)=c=1$, $f'(0)=b=2$
  $f'(2)=4a+b=-2$

よって $a=-1$, $b=2$, $c=1$

したがって $f(x)=\mathbf{-x^2+2x+1}$

269 応用 解説 $f(x)=ax^2+bx+c$ $(a\ne 0)$ とおいて,x の係数 b を a で表す。

解答 $f(x)=ax^2+bx+c$ $(a\ne 0)$ とおくと
  $f(0)=f(4)$ のとき $c=16a+4b+c$
          $b=-4a$

したがって　$f(x)=ax^2-4ax+c$
　　$f'(x)=2ax-4a$
よって　$f'(2)=2a\cdot 2-4a=0$

注意 $f(0)=f(4)$ から，2次関数 $y=f(x)$ のグラフは直線 $x=2$ に関して対称であり，$f'(2)$ は頂点 $(2,\ f(2))$ における接線の傾きを表す。

270 基本 解説　$f'(x)$ を求め，与えられた条件から $a,\ b,\ c,\ d$ の値を求める。

解答　$f(x)=ax^3+bx^2+cx+d$
　　$f'(x)=3ax^2+2bx+c$
$f(0)=1$ から　$d=1$
$f(2)=8$ から　$8a+4b+2c+d=8$
$f'(0)=2$ から　$c=2$
$f'(2)=-2$ から　$12a+4b+c=-2$
これらを解いて
　　$a=-\dfrac{7}{4},\ b=\dfrac{17}{4},\ c=2,\ d=1$

271 応用 解説　$f(x)=ax^3+bx^2+cx+d\ (a\ne 0)$ とおいて，$f'(0)=f'(2)$ から b を a で表す。

解答　$f(x)=ax^3+bx^2+cx+d\ (a\ne 0)$ とおくと
　　$f'(x)=3ax^2+2bx+c$
$f'(0)=f'(2)$ のとき
　　$c=12a+4b+c$　よって　$b=-3a$
したがって　$f'(x)=3ax^2-6ax+c$
このとき　$f'(-1)=3a+6a+c=9a+c$
　　　　　$f'(3)=27a-18a+c=9a+c$
よって　$f'(-1)=f'(3)$

272 応用 解説　導関数の公式によって $y=(ax+3)^3$ を x について微分して，x の係数を 90 とおく。

解答　$y=(ax+3)^3$
　　　$=a^3x^3+9a^2x^2+27ax+27$
　　$y'=3a^3x^2+18a^2x+27a$
y' の x の係数が 90 のとき　$18a^2=90$
よって　$a^2=5$

273 基本 解説　接線の方程式
　　$y-f(a)=f'(a)(x-a)$
の公式を利用する。

解答　$y=x^2-5x+6,\ y'=2x-5$
(1) 点 $(1,\ 2)$ における接線の方程式は
　　$y-2=-3(x-1),\ \boldsymbol{y=-3x+5}$

(2) $x=-1$ のとき　$y=12,\ y'=-7$
したがって，接線の方程式は
　　$y-12=-7(x+1),\ \boldsymbol{y=-7x+5}$

(3) 接線の傾きが3だから　$y'=2x-5=3$
よって　$x=4,\ y=2$
したがって，接線の方程式は
　　$y-2=3(x-4),\ \boldsymbol{y=3x-10}$

274 基本 解説　曲線外の点から引いた接線だから，接点を $(t,\ f(t))$ とおく。

解答　$y=x^2-2x,\ y'=2x-2$
点 $(t,\ t^2-2t)$ における接線の方程式は
　　$y-(t^2-2t)=(2t-2)(x-t)$
　　$y=(2t-2)x-t^2$
これが点 $(3,\ -1)$ を通るとき
　　$-1=3(2t-2)-t^2,\ t^2-6t+5=0$
　　$(t-1)(t-5)=0$　よって　$t=1,\ 5$
したがって，求める接線の方程式は
　　$\boldsymbol{y=-1,\ y=8x-25}$

POINT 曲線外の点 $(a,\ b)$ から引いた接線
$\implies y-f(t)=f'(t)(x-t)$ が
$(a,\ b)$ を通るとして t を決定

275 応用 解説　前問と同様に考える。

解答　$y=x^3,\ y'=3x^2$
点 $(t,\ t^3)$ における接線の方程式は
　　$y-t^3=3t^2(x-t),\ y=3t^2x-2t^3$
これが点 $(1,\ 0)$ を通るとき
　　$0=3t^2-2t^3,\ t^2(2t-3)=0$
よって　$t=0,\ \dfrac{3}{2}$
したがって，求める接線の方程式は
　　$\boldsymbol{y=0,\ y=\dfrac{27}{4}x-\dfrac{27}{4}}$

276 応用 解説　点 $\left(t,\ \dfrac{1}{2}t^2\right)$ における接線が点 A を通るとして t の2次方程式を導く。この2次方程式の2つの解が求める接線の傾きになる。

解答　$y=\dfrac{1}{2}x^2,\ y'=x$
点 $\left(t,\ \dfrac{1}{2}t^2\right)$ における接線の方程式は

$$y - \frac{1}{2}t^2 = t(x-t)$$
$$y = tx - \frac{1}{2}t^2$$

これが点 $A\left(\frac{3}{4},\ k\right)$ を通るとき

$$k = \frac{3}{4}t - \frac{1}{2}t^2,\quad 2t^2 - 3t + 4k = 0$$

この2次方程式の解を α, β とすると，2本の接線の傾きは α, β になる。したがって

2本の接線が直交する $\iff \alpha\beta = -1$

から $\alpha\beta = \dfrac{4k}{2} = -1$ よって $k = -\dfrac{1}{2}$

277 基本 解答 $y = x^2(x-6) = x^3 - 6x^2$
$y' = 3x^2 - 12x = 3x(x-4)$
$y' = 0$ から
$x = 0,\ 4$

したがって，y の増減表は右のようになるから

x	$\cdots$	0	$\cdots$	4	$\cdots$
y'	$+$	0	$-$	0	$+$
y	↗	0	↘	-32	↗

$x < 0,\ 4 < x$ のとき 増加
$0 < x < 4$ のとき 減少

278 基本 解説 $y = f(x)$ がすべての x で単調に増加 $\iff f'(x) \geqq 0$

解答 $y = x^3 + ax,\ y' = 3x^2 + a$

すべての x で単調に増加するとき，すべての x で $y' \geqq 0$ だから $a \geqq 0$

POINT
$y = f(x)$ がすべての x で単調に増加
$\iff$ すべての x で $f'(x) \geqq 0$

279 基本 解説 y' の符号から判定する。

解答 $y = -x^3 + x^2,\ y' = -3x^2 + 2x$
$y' > 0$ を解くと，$3x^2 - 2x < 0$ から
$x(3x-2) < 0$ すなわち $0 < x < \dfrac{2}{3}$

$y' < 0$ を解くと $x < 0,\ \dfrac{2}{3} < x$

よって，増加する範囲は $0 < x < \dfrac{2}{3}$

減少する範囲は $x < 0,\ \dfrac{2}{3} < x$

280 応用 解説 $0 \leqq x \leqq 1$ で $y' \geqq 0$ となるための条件を考える。

解答 $y = \dfrac{1}{3}x^3 + ax^2 + bx + c$

$y' = x^2 + 2ax + b = g(x)$ とおくと
$g(x) = (x+a)^2 + b - a^2$

y が $0 \leqq x \leqq 1$ で単調に増加するのは $0 \leqq x \leqq 1$ で $y' \geqq 0$，すなわち $0 \leqq x \leqq 1$ における $g(x)$ の最小値が 0 以上となるときである。

(i) $-a \leqq 0$ のとき $g(0) = b \geqq 0$
(ii) $0 < -a < 1$ のとき $g(-a) = b - a^2 \geqq 0$
(iii) $1 \leqq -a$ のとき $g(1) = 1 + 2a + b \geqq 0$

よって，求める条件は
「$a \geqq 0$ かつ $b \geqq 0$」
または 「$-1 < a < 0$ かつ $b \geqq a^2$」
または 「$a \leqq -1$ かつ $2a + b + 1 \geqq 0$」

（c は任意の実数）

POINT
$y = f(x)$ が区間 I で単調に増加
$\iff$ 区間 I での $f'(x)$ の最小値 $\geqq 0$

281 基本 解説 y' を求めて，y の増減を調べる。

解答 (1) $y = 12x - x^3$
$y' = 12 - 3x^2$
$= -3(x+2)(x-2)$

したがって，増減表は次のようになる。

x	$\cdots$	-2	$\cdots$	2	$\cdots$
y'	$-$	0	$+$	0	$-$
y	↘	-16 極小	↗	16 極大	↘

(2) $y = x^3 - 2x^2 + x - 1$
$y' = 3x^2 - 4x + 1$
$= (3x - 1)(x - 1)$

したがって，増減表は次のようになる。

x	$\cdots$	$\dfrac{1}{3}$	$\cdots$	1	$\cdots$
y'	$+$	0	$-$	0	$+$
y	↗	$-\dfrac{23}{27}$ 極大	↘	-1 極小	↗

(3) $y=x^3-3x^2+3x+1$

$y'=3x^2-6x+3=3(x-1)^2$

したがって，$y' \geqq 0$（等号成立は $x=1$）で，y は単調に増加する。

(4) $y=-x^4+4x^3-12$

$y'=-4x^3+12x^2=-4x^2(x-3)$

したがって，増減表は次のようになる。

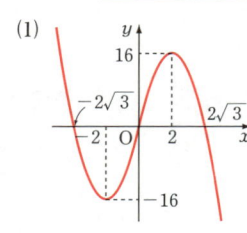

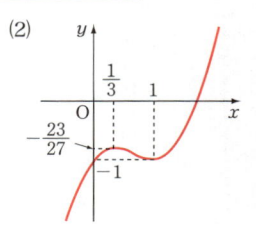

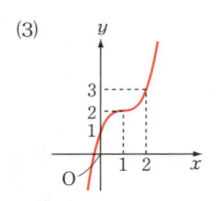

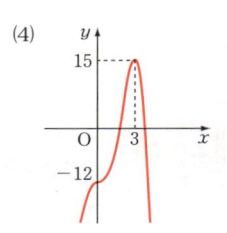

x	$\cdots$	0	$\cdots$	3	$\cdots$
y'	$+$	0	$+$	0	$-$
y	↗	-12	↗	15 極大	↘

(1) (2) (3) (4) のグラフ

282 応用 解説 3次関数 $f(x)$ が極値をもつ $\iff f'(x)=0$ が異なる 2 つの実数解をもつ

解答 $y=x^3+ax^2+3x+2$

$y'=3x^2+2ax+3$

3次関数 y が極大値と極小値をもつのは，$y'=0$ の判別式 $D>0$ のときだから

$\dfrac{D}{4}=a^2-9>0$

よって $a<-3, \ 3<a$

283 基本 解説 $f(1)=1, \ f'(1)=0$ から，必要条件として $a, \ b$ の値を求める。

解答 $f(x)=-x^3+ax^2+bx-1$

$f'(x)=-3x^2+2ax+b$

$x=1$ で極値 1 をとるとき

$f(1)=-1+a+b-1=1$ から $a+b=3$

$f'(1)=-3+2a+b=0$ から $2a+b=3$

よって $a=0, \ b=3$

このとき $f(x)=-x^3+3x-1$

$f'(x)=-3x^2+3=-3(x+1)(x-1)$

から，$f(x)$ は $x=1$ で確かに極大となる。

したがって $a=0, \ b=3$

極小値は $f(-1)=1-3-1=-3$

POINT $f(x)$ が $x=\alpha$ で極値をもつ $\implies f'(\alpha)=0$（逆は成り立たない）

284 基本 解説 $f'(1)=f'(2)=0$ から必要条件として $a, \ b$ の値が求められる。

解答 $f(x)=x^3+3ax^2+3bx+1$

$f'(x)=3(x^2+2ax+b)$

$x=1$ で極大，$x=2$ で極小となるから

$f'(1)=0$ かつ $f'(2)=0$

$2a+b=-1$ かつ $4a+b=-4$

よって $a=-\dfrac{3}{2}, \ b=2$

このとき $f(x)=x^3-\dfrac{9}{2}x^2+6x+1$

$f'(x)=3(x^2-3x+2)=3(x-1)(x-2)$

から，確かに $f(x)$ は $x=1$ で極大，$x=2$ で極小となる。

したがって $a=-\dfrac{3}{2}, \ b=2$

極大値は $f(1)=\dfrac{7}{2}$，極小値は $f(2)=3$

285 応用 解説 $x=1$ のとき $y'=0$ となることから，a の値を求め，極大となるかどうか吟味する。

解答 $y=x(x-a)^2=x^3-2ax^2+a^2x$

$y'=3x^2-4ax+a^2$

$x=1$ で極値をとるから

$3-4a+a^2=0$

$(a-1)(a-3)=0$ よって $a=1, \ 3$

$a=1$ のとき $y=x^3-2x^2+x$

$y'=3x^2-4x+1=(3x-1)(x-1)$

これは $x=1$ で極小となり適さない。

$a=3$ のとき $y=x^3-6x^2+9x$

$y'=3x^2-12x+9=3(x-1)(x-3)$

これは $x=1$ で極大となり適する。

したがって $a=3$，極大値 $f(1)=4$

第 5 章 微分法・積分法

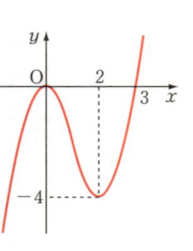

286 応用 解説 $y=f(x)$ とおくと，$f'(1)=0$，$f(2)=1$，$f'(2)=-3$ を満たす。

解答 $y=f(x)=x^3+ax^2+bx+c$ とおくと
$$f'(x)=3x^2+2ax+b$$
$x=1$ で極値をとるから
$$f'(1)=0 \text{ より} \quad 2a+b=-3 \quad \cdots\cdots ①$$
点 $(2, 1)$ を通るから
$$f(2)=1 \text{ より} \quad 4a+2b+c=-7 \quad \cdots\cdots ②$$
点 $(2, 1)$ における接線の傾きが -3 だから
$$f'(2)=-3 \text{ より} \quad 4a+b=-15 \quad \cdots\cdots ③$$
①，②，③から $a=-6$，$b=9$，$c=-1$
このとき $y=x^3-6x^2+9x-1$
$$y'=3x^2-12x+9=3(x-1)(x-3)$$
から，$x=1$ で確かに極値をとる。
よって $a=-6, \ b=9, \ c=-1$

287 基本 解説 与えられた区間における $f(x)$ の増減を調べる。

解答 (1) $y=x^3+3x^2-9x+5$
$$y'=3x^2+6x-9=3(x+3)(x-1)$$
したがって，$-2 \leqq x \leqq 2$ における $f(x)$ の増減表は次のようになる。

x	-2	$\cdots$	1	$\cdots$	2
y'		$-$	0	$+$	
y	27	↘	0	↗	7

よって 最大値 27 $(x=-2)$
　　　 最小値 0 $(x=1)$

(2) $y=x^2(x+3)=x^3+3x^2$ $(-1 \leqq x \leqq 3)$
$$y'=3x^2+6x=3x(x+2)$$

x	-1	$\cdots$	0	$\cdots$	3
y'		$-$	0	$+$	
y	2	↘	0	↗	54

よって 最大値 54 $(x=3)$
　　　 最小値 0 $(x=0)$

288 応用 解説 $f(x)$ が $-1 \leqq x \leqq 1$ の範囲で極値をもつときともたないときに場合を分ける。

解答 $f(x)=x^3-3a^2x$ $(a>0)$
$$f'(x)=3(x^2-a^2)=3(x+a)(x-a)$$

x	$\cdots$	$-a$	$\cdots$	a	$\cdots$
$f'(x)$	$+$	0	$-$	0	$+$
$f(x)$	↗	$2a^3$	↘	$-2a^3$	↗

(ア) $a \geqq 1$ のとき
$-1 \leqq x \leqq 1$ で $f'(x) \leqq 0$ だから，$f(x)$ の最大値は $f(-1)=3a^2-1$

(イ) $0<a<1$ のとき
$f(-a)=2a^3$ と，$f(1)=1-3a^2$ の大小を比べると
$$f(-a)-f(1)=2a^3+3a^2-1$$
$$=(a+1)^2(2a-1)$$
$f(-a)-f(1)>0$ のとき
$$\frac{1}{2}<a<1$$

したがって，$-1 \leqq x \leqq 1$ における最大値は

$0<a<\dfrac{1}{2}$ のとき $1-3a^2$ $(x=1)$

$a=\dfrac{1}{2}$ のとき $\dfrac{1}{4}$ $\left(x=-\dfrac{1}{2}, 1\right)$

$\dfrac{1}{2}<a<1$ のとき $2a^3$ $(x=-a)$

$a \geqq 1$ のとき $3a^2-1$ $(x=-1)$

POINT 閉区間における最大値 $\Longrightarrow$ 極大値と両端の関数値を比較

289 応用 解説 $a>0$ のとき，$f(a)-f(-a)=2a^3>0$ から $f(a)>f(-a)$ に着目する。

解答 $f(x)=x^3-3x^2$ $(-a \leqq x \leqq a)$
$$f'(x)=3x^2-6x=3x(x-2)$$

x	$\cdots$	0	$\cdots$	2	$\cdots$
$f'(x)$	$+$	0	$-$	0	$+$
$f(x)$	↗	0	↘	-4	↗

$a>0$ のとき
$$f(a)-f(-a)=2a^3>0$$
より $f(a)>f(-a)$
$f(x)=x^2(x-3)=0$
のとき $x=0, 3$
右図から，最大値を M，最小値を m とおくと

$0 < a < 3$ のとき　　$M=0$　　　　$(x=0)$
　　　　　　　　　　$m=-a^3-3a^2$　$(x=-a)$
$a=3$ のとき　　　　$M=0$　　　　$(x=0, 3)$
　　　　　　　　　　$m=-54$　　　$(x=-3)$
$a>3$ のとき　　　　$M=a^3-3a^2$　$(x=a)$
　　　　　　　　　　$m=-a^3-3a^2$　$(x=-a)$

290 基本 解説 底面の円の半径を x cm とする。

解答 底面の円の半径を x cm とすると，高さは $18-2x$ [cm] だから，直円柱の体積 V は
$$V=\pi x^2(18-2x)=2\pi(9x^2-x^3)\,[\text{cm}^3]$$
$$\frac{dV}{dx}=2\pi(18x-3x^2)=-6\pi x(x-6)$$
$x>0$ かつ $18-2x>0$ から　$0<x<9$

x	0	$\cdots$	6	$\cdots$	9
V'		+	0	−	
V		↗	極大	↘	

よって，V が最大となるときの高さは
$18-2\cdot 6=6$ [cm]

POINT　文章題の最大・最小問題
　　　　　⟹ 変数 x の変域に注意

291 応用 解説 直円すいの底面の円の半径を r cm とすると，$r^2+(x-6)^2=6^2$ が成り立つ。

解答 直円すいの底面の円の半径を r cm とすると
$r^2+(x-6)^2=6^2$ から　$r^2=12x-x^2$
したがって，直円すいの体積 V は
$$V=\frac{1}{3}\pi r^2 x=\frac{\pi}{3}(12x^2-x^3)\quad(0<x<12)$$
$$\frac{dV}{dx}=\frac{\pi}{3}(24x-3x^2)=-\pi x(x-8)$$

x	0	$\cdots$	8	$\cdots$	12
V'		+	0	−	
V		↗	極大	↘	

よって，V が最大となる x の値は　$x=8$

292 応用 解説 直円柱の高さを $2x$ として考える。

解答 直円柱の底面の円の半径を r，高さを $2x$ とすると，$0<x<a$ で，直円柱の体積 V は
$$V=\pi r^2\cdot 2x=\pi(a^2-x^2)\cdot 2x$$
$$=2\pi(a^2 x-x^3)$$

$$\frac{dV}{dx}=2\pi(a^2-3x^2)$$
$$=-6\pi\left(x+\frac{a}{\sqrt{3}}\right)\left(x-\frac{a}{\sqrt{3}}\right)$$

x	0	$\cdots$	$\dfrac{a}{\sqrt{3}}$	$\cdots$	a
V'		+	0	−	
V		↗	極大	↘	

よって，V が最大となるときの
高さは　$2x=\dfrac{2a}{\sqrt{3}}=\dfrac{2\sqrt{3}}{3}a$

293 応用 解説 二等辺三角形の高さを x で表す。

解答 (1) 二等辺三角形の等辺の長さを y とおくと，
$2x+2y=2L$ から　$y=L-x$
$x>0$ かつ $2y>2x$ から　$0<x<\dfrac{L}{2}$
高さは　$\sqrt{y^2-x^2}=\sqrt{(L-x)^2-x^2}$
$\qquad\qquad\quad=\sqrt{L^2-2Lx}$
よって　$S(x)=\dfrac{1}{2}\cdot 2x\cdot\sqrt{L^2-2Lx}$
$\qquad\qquad=x\sqrt{L^2-2Lx}$

(2) (1)から　$S(x)=\sqrt{L^2 x^2-2Lx^3}$
ルート内を $f(x)=L^2 x^2-2Lx^3$ とおくと
$f'(x)=2L^2 x-6Lx^2=-2Lx(3x-L)$

x	0	$\cdots$	$\dfrac{L}{3}$	$\cdots$	$\dfrac{L}{2}$
$f'(x)$		+	0	−	
$f(x)$		↗	極大	↘	

よって，$f(x)$ すなわち $S(x)$ が最大となるときの底辺の長さは　$2x=\dfrac{2}{3}L$

294 基本 解説 与えられた関数のグラフをかく。

解答 (1) $y=x^3-3x+2$
$y'=3x^2-3=3(x+1)(x-1)$

x	$\cdots$	-1	$\cdots$	1	$\cdots$
y'	+	0	−	0	+
y	↗	4	↘	0	↗

次ページのグラフから，共有点は **2個**

(2) $y=x^3-3x+3$
$y'=3x^2-3=3(x+1)(x-1)$

x	$\cdots$	-1	$\cdots$	1	$\cdots$
y'	+	0	−	0	+
y	↗	5	↘	1	↗

次ページのグラフから，共有点は **1個**

第 5 章　微分法・積分法

(1)　(2)

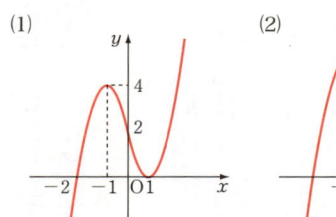

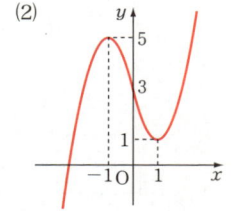

295 基本　解説　方程式 $f(x)=0$ の実数解の個数は，$y=f(x)$ のグラフと x 軸との共有点の個数。

解答　(1) $y=x^3+3x^2-4$ とおくと
$$y'=3x^2+6x=3x(x+2)$$

x	$\cdots$	-2	$\cdots$	0	$\cdots$
y'	$+$	0	$-$	0	$+$
y	↗	0	↘	-4	↗

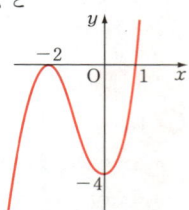

右上のグラフから，異なる実数解は　**2個**

(2) $f(x)=x^3-6x^2+12x-8$ とおくと
$$f'(x)=3x^2-12x+12=3(x-2)^2 \geq 0$$

よって，$y=f(x)$ は単調に増加するから，異なる実数解の個数は　**1個**

POINT
$f(x)=0$ の異なる実数解の個数
$\iff y=f(x)$ のグラフと x 軸との共有点の個数

296 基本　解説　$y=x^3-3x$ のグラフをかき，a の値によって場合を分ける。

解答　$y=x^3-3x$　……①
$$y'=3x^2-3=3(x+1)(x-1)$$

x	$\cdots$	-1	$\cdots$	1	$\cdots$
y'	$+$	0	$-$	0	$+$
y	↗	2	↘	-2	↗

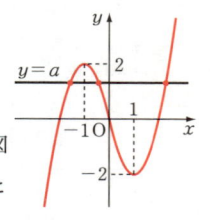

したがって，グラフは右図のようになり，直線 $y=a$ との共有点の個数は

$-2<a<2$ のとき　　**3個**
$a=\pm 2$ のとき　　　**2個**
$a<-2$，$2<a$ のとき　**1個**

297 応用　解説　方程式を $f(x)=a$ と変形し，$y=f(x)$ のグラフと直線 $y=a$ との共有点を考える。

解答　方程式は　$2x^3-3x^2=a$

方程式の実数解は，$y=f(x)=2x^3-3x^2$ のグラフと直線 $y=a$ との共有点の x 座標である。
$$f'(x)=6x^2-6x=6x(x-1)$$

x	$\cdots$	0	$\cdots$	1	$\cdots$
$f'(x)$	$+$	0	$-$	0	$+$
$f(x)$	↗	0	↘	-1	↗

よって，$y=f(x)$ のグラフは右の図のようになる。

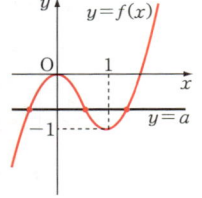

求める実数解の個数は

$-1<a<0$ のとき　　**3個**
$a=-1$，0 のとき　　**2個**
$a<-1$，$0<a$ のとき　**1個**

POINT
$f(x)=a$ の異なる実数解の個数
$\iff y=f(x)$ のグラフと直線 $y=a$ との共有点の個数

298 応用　解説　$x^3-3x^2=a$ の形に変形して考える。

解答　方程式は　$x^3-3x^2=a$
$y=f(x)=x^3-3x^2$ とおくと
$$f'(x)=3x^2-6x=3x(x-2)$$

x	$\cdots$	0	$\cdots$	2	$\cdots$
$f'(x)$	$+$	0	$-$	0	$+$
$f(x)$	↗	0	↘	-4	↗

よって，$y=f(x)$ のグラフは右図のようになる。

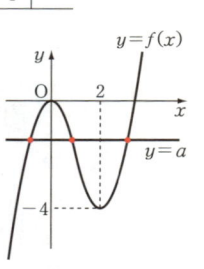

このグラフと直線 $y=a$ が x の正の部分で2個，x の負の部分で1個共有点をもつ a の値の範囲は

$-4<a<0$

299 応用　解説　$f(x)=a$ の形に表せないので，$y=f(x)=x^3-a^2x$ とおいて考える。

解答　$f(x)=x^3-a^2x$ とおくと
$$f'(x)=3x^2-a^2$$

$a=0$ のとき　$f'(x)=3x^2 \geq 0$ から
$f(x)$ は単調に増加し，実数解は　**1個**

$a \neq 0$ のとき　$f'(x)=3x^2-a^2=0$ から
$$x=\pm\sqrt{\frac{a^2}{3}}=\pm\frac{a}{\sqrt{3}}$$

極値は
$$f\left(\frac{a}{\sqrt{3}}\right)=-\frac{2\sqrt{3}}{9}a^3,\ f\left(-\frac{a}{\sqrt{3}}\right)=\frac{2\sqrt{3}}{9}a^3$$

したがって,極値の積$=-\frac{4}{27}a^6<0$ だから

実数解は 3個

よって　　**$a=0$ のとき　1個**

　　　　　$a\neq 0$ のとき　3個

(注意) $f(x)=x(x+a)(x-a)$ と因数分解できるから,$f(x)=0$ の実数解は,$a\neq 0$ のとき $x=0,\ \pm a$ の3個

300 応用　解説　$x^3-x=mx$ の実数解を考える。

解答　$y=x^3-x$ と $y=mx$ との共有点の x 座標は,$x^3-x=mx$ から
$$f(x)=x^3-(m+1)x=0$$
の実数解になる。
$$f'(x)=3x^2-(m+1)$$
$m+1\leqq 0$ のとき $f'(x)\geqq 0$ から $f(x)$ は単調に増加し,共有点の個数は　1個

$m+1>0$ のとき　$f'(x)=0$ から
$$x^2=\frac{m+1}{3}\quad \text{よって}\quad x=\pm\sqrt{\frac{m+1}{3}}$$
$$f\left(-\sqrt{\frac{m+1}{3}}\right)=\frac{2}{3}(m+1)\sqrt{\frac{m+1}{3}}$$
$$f\left(\sqrt{\frac{m+1}{3}}\right)=-\frac{2}{3}(m+1)\sqrt{\frac{m+1}{3}}$$

だから,極値の積$=-\frac{4}{27}(m+1)^3<0$

よって,共有点の個数は　3個

以上から,求める共有点の個数は

$m\leqq -1$ のとき　1個

$m>-1$ のとき　3個

POINT
3次関数 $y=f(x)$ で,極値の積<0
$\iff$ 3次方程式 $f(x)=0$ の
　　　　異なる実数解は3個

301 応用　解説　(1) 極大値または極小値の一方が0のときである。

解答　(1) $f(x)=x^3-3ax+2b\ (a>0)$
$$f'(x)=3x^2-3a=3(x^2-a)$$
$f'(x)=0$ を解くと　$x=\pm\sqrt{a}$

x	$\cdots$	$-\sqrt{a}$	$\cdots$	$\sqrt{a}$	$\cdots$
$f'(x)$	$+$	0	$-$	0	$+$
$f(x)$	↗	極大	↘	極小	↗

極大値　$f(-\sqrt{a})=2(a\sqrt{a}+b)$
極小値　$f(\sqrt{a})=2(-a\sqrt{a}+b)$

曲線 $y=f(x)$ が x 軸に接するのは,極大値または極小値の一方が0のときだから
$$2(a\sqrt{a}+b)\cdot 2(-a\sqrt{a}+b)=0$$
よって　　**$a^3-b^2=0$**

(2) $f(x)=0$ が異なる3つの実数解をもつのは,極値の積<0 のときで　**$a^3-b^2>0$**

302 基本　解説　(1) $f(x)=(x+1)^3-(6x^2+1)$ とおいて,$f(x)\geqq 0$ を示す。

解答　(1) $f(x)=(x+1)^3-(6x^2+1)$
とおくと　$f(x)=x^3-3x^2+3x$
$$f'(x)=3x^2-6x+3=3(x-1)^2\geqq 0$$
したがって,$f(x)$ は単調に増加する。
$f(0)=0$ だから,$x\geqq 0$ のとき　$f(x)\geqq 0$
よって　　$(x+1)^3\geqq 6x^2+1\quad (x\geqq 0)$

(2) $f(x)=x^3+16-12x$ とおくと
$$f'(x)=3x^2-12=3(x+2)(x-2)$$
したがって,右の増減表から $x>1$ のとき
$f(x)\geqq 0$

x	1	$\cdots$	2	$\cdots$
$f'(x)$		$-$	0	$+$
$f(x)$		↘	0	↗

よって　　$x^3+16\geqq 12x\quad (x>1)$

POINT
$f(x)\geqq g(x)$ の証明
$\iff F(x)=f(x)-g(x)$ とおき,
　　　$F(x)$ の最小値$\geqq 0$ を示す

303 応用　解説　$f(x)=x^3-2x^2+4x+2-(x^2+1)$
とおいて,$x>0$ における $f(x)$ の増減を調べる。

解答　$f(x)=x^3-2x^2+4x+2-(x^2+1)$ とおくと
$$f(x)=x^3-3x^2+4x+1$$
$$f'(x)=3x^2-6x+4$$
$$=3(x-1)^2+1>0$$
したがって,$f(x)$ は単調に増加する。
$f(0)=1>0$ だから
$x>0$ のとき　$f(x)>0$

第5章　微分法・積分法

よって　$x^3-2x^2+4x+2>x^2+1$

304 応用 解説 $f(x)=2x^3-3x^2-12+a$ とおいて，$x\geqq 0$ における $f(x)$ の最小値を考える。

解答 $f(x)=2x^3-3x^2-12+a$ とおくと
$f'(x)=6x^2-6x=6x(x-1)$

x	0	...	1	...
$f'(x)$	0	$-$	0	$+$
$f(x)$	$a-12$	↘	極小	↗

したがって，$x\geqq 0$ では $x=1$ で極小かつ最小となり，最小値は　$f(1)=a-13$

$x\geqq 0$ のすべての x に対して $f(x)\geqq 0$ なので
$a-13\geqq 0$　よって　$a\geqq 13$

注意 重要例題79 と同様に，$a\geqq -2x^3+3x^2+12$ として，$f(x)=-2x^3+3x^2+12$ の最大値を考えてもよい。

305 応用 解説 $f(x)=ax^3-3x^2+1$ とおいて，前問と同様に $x>0$ における $f(x)$ の最小値を考える。

解答 $f(x)=ax^3-3x^2+1 \ (a>0)$ とおくと
$f'(x)=3ax^2-6x=3x(ax-2)$
$f'(x)=0$ から　$x=0, \dfrac{2}{a}$　$\left(\dfrac{2}{a}>0\right)$

x	0	...	$\dfrac{2}{a}$	...
$f'(x)$		$-$	0	$+$
$f(x)$		↘	極小	↗

したがって，$x>0$ では $x=\dfrac{2}{a}$ で極小かつ最小となり，求める条件は
$f\left(\dfrac{2}{a}\right)=a\left(\dfrac{2}{a}\right)^3-3\left(\dfrac{2}{a}\right)^2+1=1-\dfrac{4}{a^2}\geqq 0$
よって　$a^2\geqq 4$　　$a>0$ だから　$a\geqq 2$

別解 不等式 $ax^3-3x^2+1\geqq 0$　……①
の両辺を $x^3(>0)$ で割って
$a-\dfrac{3}{x}+\dfrac{1}{x^3}\geqq 0$
$\dfrac{1}{x}=t$ とおくと，$t>0$ で　$a-3t+t^3\geqq 0$
すなわち　$a\geqq -t^3+3t$　……②
関数 $g(t)=-t^3+3t$ の増減は
$g'(t)=-3t^2+3=-3(t+1)(t-1)$
から，次の表のようになる。すべての正の実数 x について①が成り立つための条件は，すべての

正の実数 t について②が成り立つことである。

t	0	...	1	...
$g'(t)$		$+$	0	$-$
$g(t)$		↗	極大	↘

よって，求める a の値の範囲は
$a\geqq g(1)$　　よって　$a\geqq 2$

第2節　積分法

306 基本 解説 $\displaystyle\int x^n dx=\dfrac{1}{n+1}x^{n+1}+C$ を利用。

(3), (4)については，まず展開する。

解答 (1) $\displaystyle\int(x^2-x)dx=\dfrac{1}{3}x^3-\dfrac{1}{2}x^2+C$

（C は積分定数）（以下省略）

(2) $\displaystyle\int(3x^2+6x-4)dx=x^3+3x^2-4x+C$

(3) 与式 $=\displaystyle\int(x^2+5x)dx=\dfrac{1}{3}x^3+\dfrac{5}{2}x^2+C$

(4) 与式 $=\displaystyle\int(4x^2+12x+9)dx$
$=\dfrac{4}{3}x^3+6x^2+9x+C$

307 基本 解説 前問と同様に計算する。

解答 (1) 与式 $=\displaystyle\int(u^2+3u+2)du$
$=\dfrac{1}{3}u^3+\dfrac{3}{2}u^2+2u+C$

(2) 与式 $=a\displaystyle\int(t^2+bt)dt$
$=a\left(\dfrac{1}{3}t^3+\dfrac{b}{2}t^2\right)+C$
$=\dfrac{a}{6}(2t^3+3bt^2)+C$

308 基本 解説 (1) $k\displaystyle\int f(x)dx+l\displaystyle\int g(x)dx$
$=\displaystyle\int\{kf(x)+lg(x)\}dx$ を用いる。

解答 (1) 与式 $=\displaystyle\int\{(x-a)^2-(x+a)^2\}dx$
$=\displaystyle\int(-4ax)dx=-2ax^2+C$

(2) 与式 $=\displaystyle\int\{(6x^2-6x-3)$
$\qquad +2(-3x^2+4x-1)\}dx$
$=\displaystyle\int(2x-5)dx=x^2-5x+C$

(3) 与式 $=\int\{(t+1)^3-(t-1)^3\}dt$

$=\int(6t^2+2)dt=\underline{2t^3+2t+C}$

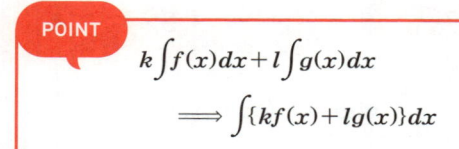

POINT
$k\int f(x)dx+l\int g(x)dx$
$\Longrightarrow \int\{kf(x)+lg(x)\}dx$

309 基本 解説 不定積分によって $f(x)$ を求め，与えられた関数値の条件から，積分定数の値を決定する。

解答 (1) $f(x)=\int(2x-3)dx$
$=x^2-3x+C$

$f(-2)=3$ から
$10+C=3$　よって　$C=-7$

したがって　$\underline{f(x)=x^2-3x-7}$

(2) $f(x)=\int(x-2)^2dx=\int(x^2-4x+4)dx$
$=\dfrac{1}{3}x^3-2x^2+4x+C$

$f(2)=-1$ から
$\dfrac{8}{3}+C=-1$　よって　$C=-\dfrac{11}{3}$

したがって　$\underline{f(x)=\dfrac{1}{3}x^3-2x^2+4x-\dfrac{11}{3}}$

310 応用 解説 $f'(x)=kx^2$ とおいて，$f(0)=1$，$f(-3)=10$ から k および積分定数を求める。

解答 題意から　$f'(x)=kx^2$ （k は比例定数）

$f(x)=\int kx^2 dx=\dfrac{k}{3}x^3+C$

2点 $(0, 1)$, $(-3, 10)$ を通るから
$f(0)=C=1$, $f(-3)=-9k+C=10$
よって　$C=1$, $k=-1$

したがって　$\underline{f(x)=-\dfrac{1}{3}x^3+1}$

311 応用 解説 $f'(x)=x^2-2x-3$, $f(0)=1$ から $f(x)$ を求め，$f(x)$ の増減を調べる。

解答 $f'(x)=x^2-2x-3$ から
$f(x)=\int(x^2-2x-3)dx$
$=\dfrac{1}{3}x^3-x^2-3x+C$

$f(0)=1$ から　$C=1$

よって　$f(x)=\dfrac{1}{3}x^3-x^2-3x+1$

$f'(x)=(x+1)(x-3)=0$ から　$x=-1, 3$

x	$\cdots$	-1	$\cdots$	3	$\cdots$
$f'(x)$	$+$	0	$-$	0	$+$
$f(x)$	↗	極大	↘	極小	↗

したがって　極大値 $\dfrac{8}{3}$　$(x=-1)$

極小値 -8　$(x=3)$

312 基本 解説 定積分の定義に従って計算する。

解答 (1) 与式 $=\int_{-1}^{2}(3x^2-5x-2)dx$
$=\left[x^3-\dfrac{5}{2}x^2-2x\right]_{-1}^{2}$
$=-6-\left(-\dfrac{3}{2}\right)=\underline{-\dfrac{9}{2}}$

(2) 与式 $=\left[x^2-\dfrac{x^3}{3}\right]_{1}^{3}=0-\dfrac{2}{3}=\underline{-\dfrac{2}{3}}$

(3) 与式 $=\left[x+x^2-\dfrac{x^3}{3}\right]_{0}^{\sqrt{2}}=\underline{2+\dfrac{\sqrt{2}}{3}}$

313 基本 解説 積分区間が同じなので，1つの関数にまとめてから積分する。

解答 (1) 与式
$=\int_{-2}^{1}\{(x^3-2x+1)-(x^3+2x+1)\}dx$
$=\int_{-2}^{1}(-4x)dx=\left[-2x^2\right]_{-2}^{1}=\underline{6}$

(2) 与式
$=\int_{-\frac{1}{2}}^{\frac{1}{3}}\{(4x^2+6x+2)+2(1-3x-2x^2)\}dx$
$=\int_{-\frac{1}{2}}^{\frac{1}{3}}4dx=4\left[x\right]_{-\frac{1}{2}}^{\frac{1}{3}}=\underline{\dfrac{10}{3}}$

POINT
積分区間が同じ定積分
$\Longrightarrow$ 1つにまとめてから積分する

314 基本 解説 偶関数・奇関数の性質を利用する。

解答 (1) 与式 $=2\int_{0}^{a}(4x^2+13)dx$
$=2\left[\dfrac{4}{3}x^3+13x\right]_{0}^{a}=\underline{\dfrac{8}{3}a^3+26a}$

(2) 与式 $=2\int_{0}^{1}(-6t^2+1)dt$
$=2\left[-2t^3+t\right]_{0}^{1}=\underline{-2}$

第5章　微分法・積分法

(3) 与式 $= 2\int_0^3 (-3x^2+4)dx$

$\qquad = 2\Big[-x^3+4x\Big]_0^3 = -30$

POINT

$$\int_{-a}^{a} x^n dx$$
$$\Longrightarrow \begin{cases} n \text{ が偶数のとき} \quad 2\int_0^a x^n dx \\ n \text{ が奇数のとき} \quad 0 \end{cases}$$

315 応用 解説 絶対値記号の中の正負を調べて，絶対値記号をはずす。

解答 (1) 与式 $= -\int_0^1 (x-1)dx + \int_1^3 (x-1)dx$

$\qquad = -\Big[\dfrac{x^2}{2}-x\Big]_0^1 + \Big[\dfrac{x^2}{2}-x\Big]_1^3$

$\qquad = -\Big(-\dfrac{1}{2}\Big) + \dfrac{3}{2} - \Big(-\dfrac{1}{2}\Big) = \dfrac{5}{2}$

(2) 与式 $= -\int_0^1 (x^2-1)dx + \int_1^2 (x^2-1)dx$

$\qquad = -\Big[\dfrac{x^3}{3}-x\Big]_0^1 + \Big[\dfrac{x^3}{3}-x\Big]_1^2$

$\qquad = -\Big(-\dfrac{2}{3}\Big) + \dfrac{2}{3} - \Big(-\dfrac{2}{3}\Big) = 2$

(3) 与式

$\qquad = -\int_0^1 (x^2+x-2)dx + \int_1^2 (x^2+x-2)dx$

$\qquad = -\Big[\dfrac{x^3}{3}+\dfrac{x^2}{2}-2x\Big]_0^1 + \Big[\dfrac{x^3}{3}+\dfrac{x^2}{2}-2x\Big]_1^2$

$\qquad = -\Big(-\dfrac{7}{6}\Big) + \dfrac{2}{3} - \Big(-\dfrac{7}{6}\Big) = 3$

316 応用 解説 $(x-a)^2$ を展開してから積分するか，あるいは平行移動の考えを利用する。

解答 $\int_a^b (x-a)^2 dx$

$\qquad = \int_a^b (x^2-2ax+a^2)dx = \Big[\dfrac{x^3}{3}-ax^2+a^2x\Big]_a^b$

$\qquad = \dfrac{1}{3}(b^3-a^3) - a(b^2-a^2) + a^2(b-a)$

$\qquad = \dfrac{1}{3}(b-a)\{(b^2+ba+a^2) - 3a(b+a) + 3a^2\}$

$\qquad = \dfrac{1}{3}(b-a)(b^2-2ba+a^2) = \dfrac{1}{3}(b-a)^3$

注意 $(x-a)^2$ を x 軸の方向に $-a$ だけ平行移動すると

$\int_a^b (x-a)^2 dx = \int_0^{b-a} x^2 dx$

$\qquad = \Big[\dfrac{x^3}{3}\Big]_0^{b-a} = \dfrac{1}{3}(b-a)^3$

317 応用 解説 左辺の定積分を計算する。

解答 $f(x) = px+q$

$\int_a^b f(x)dx = \int_a^b (px+q)dx$

$\qquad = \Big[\dfrac{p}{2}x^2+qx\Big]_a^b$

$\qquad = \dfrac{p}{2}(b^2-a^2) + q(b-a)$

$\qquad = \dfrac{b-a}{2}\{p(b+a)+2q\}$

$\qquad = \dfrac{b-a}{2}(pa+q+pb+q)$

$\qquad = \dfrac{b-a}{2}\{f(a)+f(b)\}$

よって，等式は成り立つ。

318 応用 解説 $x^2-2x-1=0$ の 2 つの解は $x=1\pm\sqrt{2}$ だから，公式が適用できる。

解答 $x^2-2x-1=0$ を解くと $\quad x=1\pm\sqrt{2}$

よって

$\int_{1-\sqrt{2}}^{1+\sqrt{2}} (x^2-2x-1)dx$

$\qquad = \int_{1-\sqrt{2}}^{1+\sqrt{2}} \{x-(1-\sqrt{2})\}\{x-(1+\sqrt{2})\}dx$

$\qquad = -\dfrac{1}{6}\{(1+\sqrt{2})-(1-\sqrt{2})\}^3$

$\qquad = -\dfrac{1}{6}(2\sqrt{2})^3 = -\dfrac{8\sqrt{2}}{3}$

POINT

$$\int_\alpha^\beta (x-\alpha)(x-\beta)dx$$
$$= -\dfrac{1}{6}(\beta-\alpha)^3$$

319 応用 解説 条件 $f(1)=1$ を用いると，問題の定積分は a（あるいは b）の 2 次式で表される。

解答 $f(1) = a+b = 1$ から

$\qquad b = 1-a$

このとき

$\qquad \{f(x)\}^2 = (ax+1-a)^2$

$\qquad\qquad\quad = a^2x^2 + 2a(1-a)x + (1-a)^2$

よって

$$\int_0^1 \{f(x)\}^2 dx$$
$$= \left[\frac{a^2}{3}x^3 + a(1-a)x^2 + (1-a)^2 x\right]_0^1$$
$$= \frac{1}{3}a^2 - a + 1 = \frac{1}{3}\left(a - \frac{3}{2}\right)^2 + \frac{1}{4}$$

これは，$a = \frac{3}{2}$ のとき最小値 $\frac{1}{4}$ をとる。

よって，求める a，b の値は $a = \frac{3}{2}$，$b = -\frac{1}{2}$

320 応用 解説 $f(x) = ax^2 + bx + c$ ($a \neq 0$) とおいて，条件式から a，b，c の値を求める。

解答 $f(x) = ax^2 + bx + c$ ($a \neq 0$)

とおくと $f'(x) = 2ax + b$

$f(1) = 0$ から $a + b + c = 0$ ……①

$f'(2) = 3$ から $4a + b = 3$ ……②

$$\int_0^1 f(x) dx = \int_0^1 (ax^2 + bx + c) dx$$
$$= \left[\frac{a}{3}x^3 + \frac{b}{2}x^2 + cx\right]_0^1$$
$$= \frac{a}{3} + \frac{b}{2} + c = \frac{7}{6}$$

よって $2a + 3b + 6c = 7$ ……③

①，②，③から $a = 2$，$b = -5$，$c = 3$

したがって $f(x) = 2x^2 - 5x + 3$

321 応用 解説 $f(x) = ax + b$ ($a \neq 0$) とおいて，2つの定積分を計算する。

解答 $f(x) = ax + b$ ($a \neq 0$) とおくと

$$\int_{-1}^1 f(x) dx = 2\int_0^1 b\, dx = 2\Big[bx\Big]_0^1 = 2b = 4$$

よって $b = 2$

$$\int_0^3 xf(x) dx = \int_0^3 (ax^2 + 2x) dx$$
$$= \left[\frac{a}{3}x^3 + x^2\right]_0^3 = 9a + 9 = 0$$

よって $a = -1$

したがって $f(x) = -x + 2$

322 応用 解説 両辺をそれぞれ計算して，a について解く。

解答 $$\int_0^a x(x-2) dx = \int_0^a (x^2 - 2x) dx$$
$$= \left[\frac{x^3}{3} - x^2\right]_0^a = \frac{a^3}{3} - a^2$$

$$\int_0^2 ax^2 dx = \left[\frac{a}{3}x^3\right]_0^2 = \frac{8}{3}a$$

したがって，等式は
$$2\left(\frac{a^3}{3} - a^2\right) = \frac{8}{3}a$$
$$a^3 - 3a^2 - 4a = 0$$
$$a(a+1)(a-4) = 0$$

$a > 0$ だから $a = 4$

323 基本 解説 $\dfrac{d}{dx}\int_a^x f(t) dt = f(x)$ を利用する。

解答 $$\int_1^x f(t) dt = x^2 - 2x + a \quad \cdots\cdots ①$$

①の両辺を x で微分すると

$$\frac{d}{dx}\int_1^x f(t) dt = \frac{d}{dx}(x^2 - 2x + a)$$

したがって $f(x) = 2x - 2$

また，①で $x = 1$ とおくと

$0 = 1 - 2 + a$ よって $a = 1$

POINT

$$F(x) = \int_a^x f(t) dt$$
$$\iff F'(x) = f(x) \text{ かつ } F(a) = 0$$

324 応用 解説 前問と同様に考える。

解答 $$\int_1^x f(t) dt = x^3 + 3a^2 x^2 - x + 2a - 1$$

この両辺を x で微分すると

$f(x) = 3x^2 + 6a^2 x - 1$

また，$x = 1$ とおくと

$0 = 1 + 3a^2 - 1 + 2a - 1$

$3a^2 + 2a - 1 = 0$

$(a+1)(3a-1) = 0$

よって $a = -1$，$\dfrac{1}{3}$

したがって

$a = -1$ のとき $f(x) = 3x^2 + 6x - 1$

$a = \dfrac{1}{3}$ のとき $f(x) = 3x^2 + \dfrac{2}{3}x - 1$

325 応用 解説 $\int_x^a f(t) dt = -\int_a^x f(t) dt$ と変形してから，両辺を x で微分する。

解答 与えられた等式は

$$-\int_a^x f(t) dt = 3x^2 - 2x + 2 - 3a$$

$$\int_a^x f(t) dt = -3x^2 + 2x + 3a - 2 \quad \cdots\cdots ①$$

①の両辺を x で微分すると $f(x)=-6x+2$

また，①で $x=a$ とおくと
$$0=-3a^2+2a+3a-2$$
$$3a^2-5a+2=0$$
$$(a-1)(3a-2)=0$$

よって $a=1, \dfrac{2}{3}$

326 応用 解説 これは微分型ではなく定数型。
$$\int_0^1 (x-t)f(t)dt = x\int_0^1 f(t)dt - \int_0^1 tf(t)dt$$
$$= kx-l \quad (k, l \text{ は定数})$$

解答 $f(x) = 1 + \int_0^1 (x-t)f(t)dt$
$$= 1 + x\int_0^1 f(t)dt - \int_0^1 tf(t)dt$$

$\int_0^1 f(t)dt = k, \int_0^1 tf(t)dt = l$ (k, l は定数)

とおくと $f(x) = kx + 1 - l$

このとき
$$k = \int_0^1 f(t)dt = \int_0^1 (kt+1-l)dt$$
$$= \dfrac{k}{2} + 1 - l$$

よって $k+2l=2$ ……①

$$l = \int_0^1 tf(t)dt = \int_0^1 \{kt^2+(1-l)t\}dt$$
$$= \dfrac{k}{3} + \dfrac{1-l}{2}$$

よって $2k-9l=-3$ ……②

①，②から $k=\dfrac{12}{13}, l=\dfrac{7}{13}$

したがって $f(x)=\dfrac{12}{13}x+\dfrac{6}{13}$

POINT
$\int_a^b f(t)dt$ （a, b は定数）
$\Longrightarrow \int_a^b f(t)dt = k$ （k は定数）
とおく

327 基本 解説 $F(x)=\int_a^x f(t)dt$ であるから，$F'(x)=f(x)$ を用いて増減表をかく。

解答 $F(x)=\int_{-1}^x (t^2-1)dt$

$F'(x) = x^2-1 = (x+1)(x-1)$

関数 $F(x)$ の増減表は次のようになる。

x	$\cdots$	-1	$\cdots$	1	$\cdots$
$F'(x)$	$+$	0	$-$	0	$+$
$F(x)$	↗	極大	↘	極小	↗

ここで $F(-1) = \int_{-1}^{-1}(t^2-1)dt = 0$

$$F(1) = \int_{-1}^1 (t^2-1)dt = 2\int_0^1 (t^2-1)dt$$
$$= 2\left[\dfrac{t^3}{3}-t\right]_0^1 = -\dfrac{4}{3}$$

よって 極大値 0，極小値 $-\dfrac{4}{3}$

328 応用 解説 $t \geq 0$ だから
$$|t(t-2x)| = t|t-2x|$$
と変形できて，積分区間 $0 \leq t \leq 1$ と $2x$ の値により場合を分ける。

解答 (1) $f(x) = \int_0^1 t|t-2x|dt$ から

(ア) $2x \leq 0$ すなわち $x \leq 0$ のとき
$$f(x) = \int_0^1 t(t-2x)dt = \left[\dfrac{t^3}{3}-xt^2\right]_0^1$$
$$= -x + \dfrac{1}{3}$$

(イ) $0 < 2x < 1$ すなわち $0 < x < \dfrac{1}{2}$ のとき
$$f(x) = -\int_0^{2x} t(t-2x)dt + \int_{2x}^1 t(t-2x)dt$$
$$= -\left[\dfrac{t^3}{3}-xt^2\right]_0^{2x} + \left[\dfrac{t^3}{3}-xt^2\right]_{2x}^1$$
$$= \dfrac{8}{3}x^3 - x + \dfrac{1}{3}$$

(ウ) $1 \leq 2x$ すなわち $\dfrac{1}{2} \leq x$ のとき
$$f(x) = -\int_0^1 t(t-2x)dt = x - \dfrac{1}{3}$$

$0 < x < \dfrac{1}{2}$ の範囲では
$$f'(x) = 8x^2 - 1$$
$$= (2\sqrt{2}x+1)(2\sqrt{2}x-1)$$

x	0	$\cdots$	$\dfrac{1}{2\sqrt{2}}$	$\cdots$	$\dfrac{1}{2}$
$f'(x)$		$-$	0	$+$	
$f(x)$		↘	極小	↗	

よって，$y=f(x)$ のグラフは次の図のようになる。

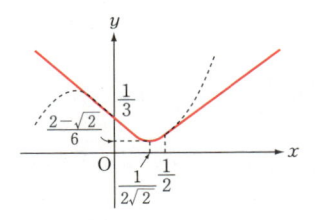

(2) (1)のグラフから，$f(x)$ は

$$x=\frac{\sqrt{2}}{4} \text{ のとき } \quad \text{最小値 } \frac{2-\sqrt{2}}{6}$$

POINT

関数 $f(x)=\int_a^b |t-x|dt \quad (a<b)$

$\Longrightarrow x\leqq a,\ a<x<b,\ b\leqq x$

の場合に分ける

329 応用 解説 まず積分計算を行ってから，導関数 $f'(x)$ を求めて，増減を調べる。

解答 $f(x)=\int_{-2}^x (x-t)(2-t)dt$

$=\int_{-2}^x \{2x-(x+2)t+t^2\}dt$

$=\left[2xt-\frac{x+2}{2}t^2+\frac{t^3}{3}\right]_{-2}^x$

$=\left(2x^2-\frac{x+2}{2}\cdot x^2+\frac{x^3}{3}\right)$
$\quad -\left\{-4x-2(x+2)-\frac{8}{3}\right\}$

$=-\frac{x^3}{6}+x^2+6x+\frac{20}{3}$

したがって

$f'(x)=-\frac{x^2}{2}+2x+6$

$=-\frac{1}{2}(x+2)(x-6)$

$x>-2$ における関数 $f(x)$ の増減表は次のようになる。

x	-2	$\cdots$	6	$\cdots$
$f'(x)$		$+$	0	$-$
$f(x)$		↗	極大	↘

よって，求める最大値は

$f(6)=-6^2+6^2+36+\frac{20}{3}=\frac{128}{3}$

330 基本 解説 2次関数を基本変形して，まず，グラフをかく。

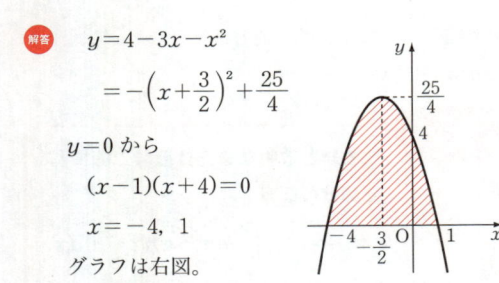

解答 $y=4-3x-x^2$

$=-\left(x+\frac{3}{2}\right)^2+\frac{25}{4}$

$y=0$ から

$(x-1)(x+4)=0$

$x=-4,\ 1$

グラフは右図。

$-4\leqq x\leqq 1$ で $y\geqq 0$ だから，求める面積 S は

$S=-\int_{-4}^1 (x+4)(x-1)dx$

$=\frac{1}{6}\{1-(-4)\}^3=\frac{125}{6}$

331 基本 解説 直線 $y=ax+b$ は，2点 $(-2, 4)$，$(4, 16)$ を通る。

解答 点 $(4,\ \boxed{ウ})$ は放物線 $y=x^2$ 上の点だから，この点は $(4,\ 16)$ $\cdots$ $\boxed{ウ}$

直線 $y=ax+b$ は 2点 $(-2, 4)$，$(4, 16)$ を通るから $\quad 4=-2a+b,\ 16=4a+b$

よって $\quad a=2,\ b=8$

したがって $\quad y=2x+8$ $\cdots$ $\boxed{ア}$，$\boxed{イ}$

$-2\leqq x\leqq 4$ で直線は放物線の上方にあるから，求める面積 S は

$S=\int_{-2}^4 (2x+8-x^2)dx$

$=-\int_{-2}^4 (x+2)(x-4)dx$

$=\frac{1}{6}\{4-(-2)\}^3=36$ $\cdots$ $\boxed{エ}$

332 基本 解説 2つの放物線の交点の座標を求める。

解答 2つの放物線の交点の x 座標は

$\frac{1}{2}x^2-2x+\frac{19}{2}=-x^2+4x+5$ から

$\frac{3}{2}x^2-6x+\frac{9}{2}=0$

$\frac{3}{2}(x-1)(x-3)=0$ よって $x=1,\ 3$

$1\leqq x\leqq 3$ で，$-x^2+4x+5\geqq \frac{1}{2}x^2-2x+\frac{19}{2}$

だから

$S=\int_1^3 \left\{(-x^2+4x+5)-\left(\frac{1}{2}x^2-2x+\frac{19}{2}\right)\right\}dx$

$=-\frac{3}{2}\int_1^3 (x-1)(x-3)dx$

$=-\frac{3}{2}\left\{-\frac{1}{6}(3-1)^3\right\}=2$

第5章 微分法・積分法

(注意) 一方は上に凸，他方は下に凸だから，上下関係は明らか。

POINT 放物線と放物線または直線で囲まれた部分の面積
$$\Longrightarrow \int_\alpha^\beta a(x-\alpha)(x-\beta)dx = -\frac{a}{6}(\beta-\alpha)^3 \text{ を適用}$$

333 応用 解説 $y=x^2-2$ の x 軸より下方の部分を考慮して求めると，計算がラクである。

解答 $y=|x^2-2|$
$= \begin{cases} x^2-2 & (x\leq -\sqrt{2},\ \sqrt{2}\leq x) \\ -(x^2-2) & (-\sqrt{2}\leq x\leq \sqrt{2}) \end{cases}$

$x^2-2=2$ のとき，$x^2=4$ から $x=\pm 2$

したがって，求める面積 S は

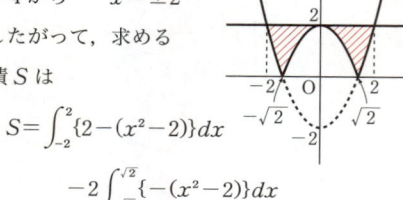

$S=\int_{-2}^{2}\{2-(x^2-2)\}dx$
$\quad -2\int_{-\sqrt{2}}^{\sqrt{2}}\{-(x^2-2)\}dx$
$= -\int_{-2}^{2}(x+2)(x-2)dx$
$\quad +2\int_{-\sqrt{2}}^{\sqrt{2}}(x+\sqrt{2})(x-\sqrt{2})dx$
$= \frac{1}{6}\{2-(-2)\}^3 - \frac{1}{3}\{\sqrt{2}-(-\sqrt{2})\}^3$
$= \underline{\dfrac{32-16\sqrt{2}}{3}}$

334 応用 解説 積分区間に注意する。

解答 $y=x^2+2x+3$, $y'=2x+2$

点 $(1,\ 6)$ における接線の方程式は
$y-6=4(x-1)$
$y=4x+2$

したがって，求める面積 S は
$S=\int_0^1\{(x^2+2x+3)-(4x+2)\}dx$
$=\int_0^1(x^2-2x+1)dx$
$=\left[\dfrac{x^3}{3}-x^2+x\right]_0^1=\underline{\dfrac{1}{3}}$

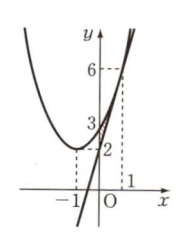

335 応用 解答 $y=\dfrac{1}{3}x^2$, $y'=\dfrac{2}{3}x$

点 $\left(1,\ \dfrac{1}{3}\right)$ における接線の方程式は
$y-\dfrac{1}{3}=\dfrac{2}{3}(x-1)$ から $y=\dfrac{2}{3}x-\dfrac{1}{3}$

点 $(-3,\ 3)$ における接線の方程式は
$y-3=-2(x+3)$ から
$y=-2x-3$

$\dfrac{2}{3}x-\dfrac{1}{3}=-2x-3$ から
$x=-1$

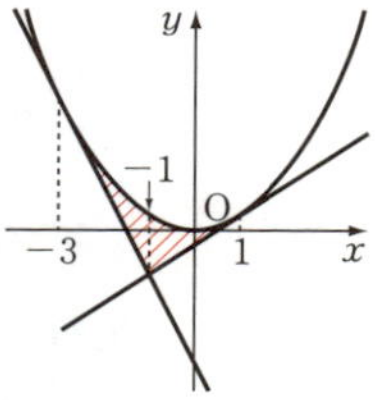

よって，求める面積 S は
$S=\int_{-3}^{-1}\left\{\dfrac{1}{3}x^2-(-2x-3)\right\}dx$
$\quad +\int_{-1}^{1}\left\{\dfrac{1}{3}x^2-\left(\dfrac{2}{3}x-\dfrac{1}{3}\right)\right\}dx$
$=\left[\dfrac{x^3}{9}+x^2+3x\right]_{-3}^{-1}+\dfrac{2}{3}\int_{-1}^{1}(x^2+1)dx$
$=-\dfrac{19}{9}-(-3)+\dfrac{2}{3}\left[\dfrac{x^3}{3}+x\right]_0^1$
$=\dfrac{8}{9}+\dfrac{2}{3}\times\dfrac{4}{3}=\underline{\dfrac{16}{9}}$

336 応用 解説 D は y 軸によって 2 つの部分に分けられるが，その面積は $x\geq 0$ にある部分のほうが明らかに大きい。

解答 (1) $y=x^2$ と $y=x+2$ を連立させて
$x^2=x+2$ から
$(x+1)(x-2)=0$
$x=-1,\ 2$

問題の部分 D は右図の斜線部分で，その面積を S とすると 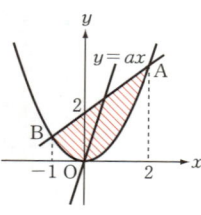
$S=\int_{-1}^{2}\{(x+2)-x^2\}dx$
$=-\int_{-1}^{2}(x+1)(x-2)dx$
$=\dfrac{1}{6}\{2-(-1)\}^3=\underline{\dfrac{9}{2}}$

(2) 直線 $y=ax$ が S を 2 等分するとき，直線 OA：$y=2x$ に注意して $a>2$

このとき，線分 AB と直線 $y=ax$ の交点の x 座標は $ax=x+2$ よって $x=\dfrac{2}{a-1}$

また，D の $x\leq 0$ にある部分の面積は

$$\int_{-1}^{0}(x+2-x^2)dx=\left[\frac{x^2}{2}+2x-\frac{x^3}{3}\right]_{-1}^{0}$$
$$=-\left(\frac{1}{2}-2+\frac{1}{3}\right)=\frac{7}{6}$$

であるから
$$\frac{7}{6}+\frac{1}{2}\cdot 2\cdot\frac{2}{a-1}=\frac{S}{2}$$

すなわち $\quad\dfrac{2}{a-1}=\dfrac{9}{4}-\dfrac{7}{6}=\dfrac{13}{12}$

$24=13(a-1)$

よって $\quad a=\dfrac{37}{13}$

337 応用 解説 3次関数のグラフについての面積計算では，$\int x^3 dx=\dfrac{1}{4}x^4+C$ を用いる。

解答 (1) $f(x)=x^3-3x+2$
$f'(x)=3x^2-3=3(x+1)(x-1)$

x	$\cdots$	-1	$\cdots$	1	$\cdots$
$f'(x)$	$+$	0	$-$	0	$+$
$f(x)$	↗	4 極大	↘	0 極小	↗

上の増減表から，$y=f(x)$ のグラフは右図のようになる。

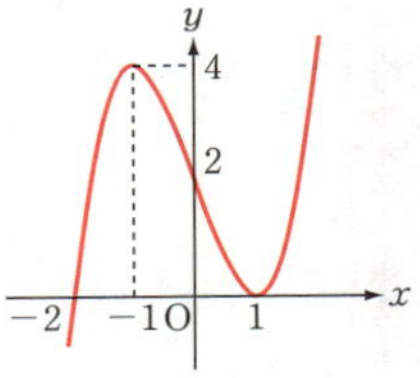

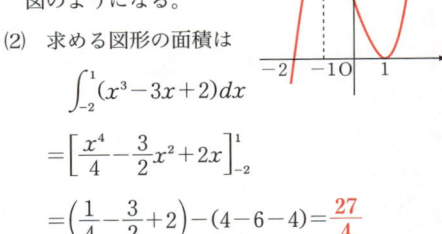

(2) 求める図形の面積は
$$\int_{-2}^{1}(x^3-3x+2)dx$$
$$=\left[\frac{x^4}{4}-\frac{3}{2}x^2+2x\right]_{-2}^{1}$$
$$=\left(\frac{1}{4}-\frac{3}{2}+2\right)-(4-6-4)=\frac{27}{4}$$

338 応用 解説 x 軸との共有点の x 座標を求め，面積 $S=\int_{\alpha}^{\beta}|f(x)|dx$ から求める。

解答 曲線 $y=x^3-x^2-2x$ と x 軸との共有点の x 座標は，$x^3-x^2-2x=0$ から
$x(x+1)(x-2)=0$
よって $\quad x=-1,\ 0,\ 2$
$-1\leqq x\leqq 0$ のとき $\quad y\geqq 0$
$0\leqq x\leqq 2$ のとき $\quad y\leqq 0$
だから，求める面積 S は
$$S=\int_{-1}^{0}(x^3-x^2-2x)dx-\int_{0}^{2}(x^3-x^2-2x)dx$$
$$=\left[\frac{x^4}{4}-\frac{x^3}{3}-x^2\right]_{-1}^{0}-\left[\frac{x^4}{4}-\frac{x^3}{3}-x^2\right]_{0}^{2}$$
$$=-\left(-\frac{5}{12}\right)-\left(-\frac{8}{3}\right)=\frac{37}{12}$$

339 応用 解説 (2) 接線 ℓ と曲線との接点以外の共有点の x 座標を求める。

解答 (1) $y=x^3-2x,\ y'=3x^2-2$
点 $(t,\ t^3-2t)$ における接線の方程式は
$y-(t^3-2t)=(3t^2-2)(x-t)$
よって $\quad y=(3t^2-2)x-2t^3$
これが点 $(0,\ 2)$ を通るとき
$2=-2t^3$ から $\quad t=-1$
したがって，直線 ℓ の方程式は $\quad y=x+2$

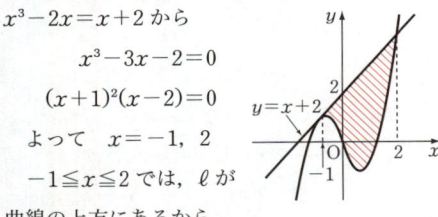

(2) 曲線と ℓ との共有点の x 座標は
$x^3-2x=x+2$ から
$x^3-3x-2=0$
$(x+1)^2(x-2)=0$
よって $\quad x=-1,\ 2$
$-1\leqq x\leqq 2$ では，ℓ が曲線の上方にあるから
$$S=\int_{-1}^{2}\{x+2-(x^3-2x)\}dx$$
$$=\int_{-1}^{2}(-x^3+3x+2)dx$$
$$=\left[-\frac{x^4}{4}+\frac{3}{2}x^2+2x\right]_{-1}^{2}$$
$$=6-\left(-\frac{3}{4}\right)=\frac{27}{4}$$

別解 (2) 定積分の公式
$$\int_{\alpha}^{\beta}(x-\alpha)^2(x-\beta)dx=-\frac{1}{12}(\beta-\alpha)^4$$
を用いると
$$S=-\int_{-1}^{2}(x^3-3x-2)dx$$
$$=-\int_{-1}^{2}(x+1)^2(x-2)dx=\frac{1}{12}\cdot 3^4=\frac{27}{4}$$

実戦問題① p.117〜118

1 解説 (2) 約分してから求める。

解答 (1) $\lim_{x\to 2}(x^2-2x+3)$
$=2^2-2\cdot 2+3=3$ （5点）

(2) 与式 $=\lim_{x\to 1}\dfrac{(x-1)(x+2)}{x-1}$
$=\lim_{x\to 1}(x+2)=3$ （5点）

第5章 微分法・積分法

2 【解説】 (2) $f'(a)=\lim_{x\to a}\dfrac{f(x)-f(a)}{x-a}$ から求める。

または $f'(a)=\lim_{h\to 0}\dfrac{f(a+h)-f(a)}{h}$

【解答】 (1) $\dfrac{f(2)-f(1)}{2-1}=\dfrac{3-1}{1}=2$ (5点)

(2) 微分係数の定義から
$$f'(1)=\lim_{x\to 1}\dfrac{f(x)-f(1)}{x-1}$$
$$=\lim_{x\to 1}\dfrac{x^2-x}{x-1}=\lim_{x\to 1}x=1 \quad (5点)$$

3 【解説】 曲線上の接点を $(t,\ t^2+2)$ とおく。

【解答】 $y=x^2+2,\ y'=2x$

点 $(t,\ t^2+2)$ における接線の方程式は
$$y-(t^2+2)=2t(x-t)$$
$$y=2tx-t^2+2 \quad (4点)$$

これが点 $(1,\ -1)$ を通るとき
$$-1=2t-t^2+2$$
$$t^2-2t-3=0$$
$$(t+1)(t-3)=0$$
よって $t=-1,\ 3$ (7点)

したがって,求める接線の方程式は
$$y=-2x+1,\ y=6x-7 \quad (10点)$$

4 【解説】 一般に,2曲線 $y=f(x),\ y=g(x)$ が, $x=t$ の点で共通の接線をもつとき
$$f(t)=g(t) \quad かつ \quad f'(t)=g'(t)$$
が成り立つ。

【解答】 $y=f(x)=x^2,\ y=g(x)=-x^2+ax-2$ とおくと
$$f'(x)=2x,\ g'(x)=-2x+a$$

2曲線が $x=t$ の点で共通の接線をもつとき
$$f(t)=g(t) \quad かつ \quad f'(t)=g'(t)$$
から $t^2=-t^2+at-2$ ……①
$2t=-2t+a$ ……② (7点)

②から $t=\dfrac{a}{4}$

これを①に代入して
$$2\left(\dfrac{a}{4}\right)^2-a\cdot\dfrac{a}{4}+2=0$$
$a^2=16$ よって $a=\pm 4$ (13点)

このとき,接点の x 座標は $t=\pm 1$

したがって $a=\pm 4$ (15点)

5 【解説】 $f(x)=ax^3+bx^2+cx+d\ (a\ne 0)$ とおいて,条件から $a\sim d$ の値を求める。

【解答】 $f(x)=ax^3+bx^2+cx+d\ (a\ne 0)$ とおくと $f'(x)=3ax^2+2bx+c$

$x=-1$ で極大値 22 をとるから
$$f(-1)=-a+b-c+d=22 \quad ……①$$
$$f'(-1)=3a-2b+c=0 \quad ……②$$

$x=2$ で極小値 -5 をとるから
$$f(2)=8a+4b+2c+d=-5 \quad ……③$$
$$f'(2)=12a+4b+c=0 \quad ……④ \quad (4点)$$

③-①から $3a+b+c=-9$ ……⑤

②,④,⑤を解いて
$$a=2,\ b=-3,\ c=-12$$

①に代入して $d=15$

よって $f(x)=2x^3-3x^2-12x+15$ (7点)

このとき $f'(x)=6x^2-6x-12$
$$=6(x+1)(x-2)$$

から, $f(x)$ は $x=-1$ で極大, $x=2$ で極小となり,題意に適する。 (9点)

よって $f(x)=2x^3-3x^2-12x+15$ (10点)

6 【解説】 与えられた範囲における $f(x)$ の増減を調べる。

【解答】 (1) $f(x)=x^3-3x+1\ (-3\leqq x\leqq 3)$
$$f'(x)=3x^2-3=3(x+1)(x-1)$$

したがって, $-3\leqq x\leqq 3$ における $f(x)$ の増減は次のようになる。

x	-3	$\cdots$	-1	$\cdots$	1	$\cdots$	3
$f'(x)$		$+$	0	$-$	0	$+$	
$f(x)$	-17	↗	3	↘	-1	↗	19

よって **最大値 19** $(x=3)$

最小値 -17 $(x=-3)$ (10点)

(2) $f(x)=x^3-3x^2-9x+10\ (-1\leqq x\leqq 4)$
$$f'(x)=3x^2-6x-9=3(x+1)(x-3)$$

したがって, $-1\leqq x\leqq 4$ における $f(x)$ の増減は次のようになる。

x	-1	$\cdots$	3	$\cdots$	4
$f'(x)$	0	$-$	0	$+$	
$f(x)$	15	↘	-17	↗	-10

よって **最大値 15** $(x=-1)$

最小値 -17 $(x=3)$ (10点)

7 解答 $f(x)=x^3-3x+1$ とおくと
$f'(x)=3x^2-3=3(x+1)(x-1)$

x	$\cdots$	-1	$\cdots$	1	$\cdots$
$f'(x)$	$+$	0	$-$	0	$+$
$f(x)$	↗	3	↘	-1	↗

よって，異なる実数解の個数は **3 個** (6点)

また，$f(0)=1>0$ だから
正の解 2個，負の解 1個 (10点)

8 解説 (1) 底面の円の半径を求める。

解答 (1) 直円柱の底面の円の半径を r とする。
$\left(\dfrac{x}{2}\right)^2+r^2=(\sqrt{3})^2$ から $r^2=3-\dfrac{x^2}{4}$

よって $V=\pi r^2 x=\pi\left(3x-\dfrac{x^3}{4}\right)$
$(0<x<2\sqrt{3})$ (7点)

(2) $\dfrac{dV}{dx}=\pi\left(3-\dfrac{3}{4}x^2\right)=-\dfrac{3}{4}\pi(x+2)(x-2)$

したがって，V の増減は次のようになる。

x	0	$\cdots$	2	$\cdots$	$2\sqrt{3}$
V'		$+$	0	$-$	
V		↗	極大	↘	

よって，**$x=2$ のとき V は最大**となり，**最大値は 4π** (8点)

実戦問題② p.130〜131

1 解答 $f'(x)=x^2-4x+3$ のとき
$f(x)=\int(x^2-4x+3)dx$
$=\dfrac{1}{3}x^3-2x^2+3x+C$ （C は積分定数）

$f(1)=3$ から $\dfrac{1}{3}-2+3+C=3$
$C=\dfrac{5}{3}$

よって $f(x)=\dfrac{1}{3}x^3-2x^2+3x+\dfrac{5}{3}$ (10点)

2 解説 (2) 偶関数・奇関数の性質を利用する。

解答 (1) 与式 $=\left[x-\dfrac{2}{3}x^3\right]_3^0$
$=-\left(3-\dfrac{2}{3}\cdot 3^3\right)=\mathbf{15}$ (5点)

(2) 与式 $=2\displaystyle\int_0^1(t^2-1)dt$
$=2\left[\dfrac{t^3}{3}-t\right]_0^1=-\dfrac{4}{3}$ (5点)

3 解答 $x^2-3x+2=(x-1)(x-2)$
から $1\leqq x\leqq 2$ のとき $x^2-3x+2\leqq 0$
$0\leqq x\leqq 1,\ 2\leqq x\leqq 3$ のとき $x^2-3x+2\geqq 0$

与式 $=\displaystyle\int_0^1(x^2-3x+2)dx$
$-\displaystyle\int_1^2(x^2-3x+2)dx+\displaystyle\int_2^3(x^2-3x+2)dx$
(5点)
$=\displaystyle\int_0^3(x^2-3x+2)dx-2\displaystyle\int_1^2(x^2-3x+2)dx$
$=\left[\dfrac{x^3}{3}-\dfrac{3}{2}x^2+2x\right]_0^3-2\displaystyle\int_1^2(x-1)(x-2)dx$
$=\dfrac{3}{2}-2\times\left\{-\dfrac{1}{6}(2-1)^3\right\}=\dfrac{11}{6}$ (15点)

4 解説 等式の両辺を x で微分する。

解答 $\displaystyle\int_a^x f(t)dt=3x^2-7x-6$ ……①

①の両辺を x で微分すると
$\dfrac{d}{dx}\displaystyle\int_a^x f(t)dt=\dfrac{d}{dx}(3x^2-7x-6)$

よって $f(x)=6x-7$ (9点)

また，①で $x=a$ とおくと
$0=3a^2-7a-6$
$(3a+2)(a-3)=0$

よって $a=-\dfrac{2}{3},\ 3$ (15点)

5 解説 $\displaystyle\int_0^1 f(x)dx=k$ （k は定数）とおく。

解答 $\displaystyle\int_0^1 f(x)dx=k$ （k は定数）とおくと
$f(x)=x^2-3x+\dfrac{6}{5}k$ (3点)

このとき $k=\displaystyle\int_0^1\left(x^2-3x+\dfrac{6}{5}k\right)dx$
$=\left[\dfrac{x^3}{3}-\dfrac{3}{2}x^2+\dfrac{6}{5}kx\right]_0^1$
$=\dfrac{1}{3}-\dfrac{3}{2}+\dfrac{6}{5}k=\dfrac{6}{5}k-\dfrac{7}{6}$

よって $k=\dfrac{35}{6}$ (10点)

したがって $f(x)=x^2-3x+7$ (15点)

6 解説 題意の領域を図示し，図から読みとって要領よく計算する。

解答 $-x^2+3x=2x$ を解くと
$x=0$, 1
$-x^2+3x=x$ を解くと
$x=0$, 2
したがって，与えられた領域は右図の斜線部分で，求める面積 S は

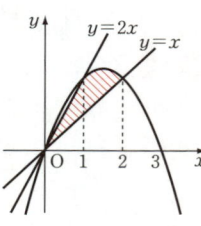

$$S=\int_0^2(-x^2+3x-x)dx$$
$$-\int_0^1(-x^2+3x-2x)dx \quad \text{(7点)}$$
$$=\int_0^2(-x^2+2x)dx-\int_0^1(-x^2+x)dx$$
$$=\left[-\frac{x^3}{3}+x^2\right]_0^2-\left[-\frac{x^3}{3}+\frac{x^2}{2}\right]_0^1$$
$$=\frac{4}{3}-\frac{1}{6}=\frac{7}{6} \quad \text{(15点)}$$

注意 $\int_0^1(2x-x)dx+\int_1^2(-x^2+3x-x)dx$
から求めてもよい。

7 **解説** 接線の方程式を求めるために，放物線の $x=t$ における接線が点 $(0, 1)$ を通ると考えて，t の2次方程式を作る。

解答 $y=x^2+2x+2$ ……①
から $y'=2x+2$
放物線①上の点 (t, t^2+2t+2) における接線の方程式は $y-(t^2+2t+2)=(2t+2)(x-t)$
整理して $y=(2t+2)x-t^2+2$
これが点 $(0, 1)$ を通るとき
$-t^2+2=1$ よって $t=\pm 1$ (8点)
したがって，接線は
$y=4x+1$, $y=1$
である。 (12点)
問題の部分は右図の斜線部分であるから，求める面積 S は

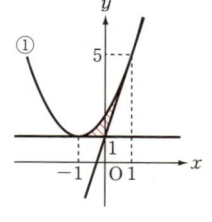

$$S=\int_{-1}^1(x^2+2x+2-1)dx-\frac{1}{2}\cdot 1\cdot 4$$
$$=2\int_0^1(x^2+1)dx-2$$
$$=2\left[\frac{x^3}{3}+x\right]_0^1-2=\frac{8}{3}-2=\frac{2}{3} \quad \text{(20点)}$$